U0171933

国家科学技术学术著作出版基金资助出版

地图学空间认知眼动实验原理与方法

董卫华 等　编著

科学出版社

北京

内容简介

本书围绕地图学空间认知理论-实验-方法-应用的知识体系，系统、完整地介绍了地图学空间认知眼动实验原理与方法。全书共6章，第1章重点阐述开展地图学空间认知研究所需要的理论知识，包括地图认知理论、空间认知理论和视觉认知理论与眼动实验。第2章系统性概述地图学空间认知眼动实验方法，包括眼动仪原理与眼动实验范式、眼动实验任务、眼动实验环境、眼动实验刺激材料等。第3、4章从多角度阐述实验数据的分析过程，包括预处理过程、定量化统计过程、轨迹分析过程与行为模式挖掘过程。第5章为应用专题，从认知主体、认知表达、认知客体和数据应用四方面提供地图学空间认知眼动实验案例。第6章从脑神经科学和人工智能等方面展望未来地图学空间认知研究。

本书可作为地理信息科学、测绘工程等专业本科生、研究生教材，也可作为地图学及相关领域高等学校师生及研究人员的参考书。

图书在版编目（CIP）数据

地图学空间认知眼动实验原理与方法/董卫华等编著. —北京：科学出版社，2023.6

ISBN 978-7-03-071104-5

Ⅰ.①地… Ⅱ.①董… Ⅲ.① 地图学–认知科学–研究 Ⅳ.①P28

中国版本图书馆CIP数据核字（2021）第264066号

责任编辑：杨 红 郑欣虹 / 责任校对：杨 赛
责任印制：张 伟 / 封面设计：有道文化

科学出版社 出版
北京东黄城根北街 16 号
邮政编码：100717
http://www.sciencep.com

北京中科印刷有限公司印刷

科学出版社发行 各地新华书店经销

*

2023年6月第 一 版 开本：787×1092 1/16
2023年6月第一次印刷 印张：14 1/4
字数：335 000

定价：89.00元

（如有印装质量问题，我社负责调换）

《地图学空间认知眼动实验原理与方法》
编写委员会

董卫华　杨天宇　廖　华　刘　兵　詹智成

王圣凯　秦　桐　英　琪　唐斯靓　史博文

何　冰　刘毅龙　田雨阳　武钰林

序

地图空间认知主要研究人类如何感知、理解、记忆地理空间，进行地理分析、可视化、推理和决策，一直以来是地图学与地理信息科学理论研究的基础核心问题，是一门涉及地理信息科学、人工智能、制图学、心理学以及神经科学等多领域的交叉学科。典型的问题如：如何微观、定量、实时刻画人类寻路行为与地图、环境之间的关系？如何评价地理信息可视化的可用性？如何有效评价人的地图阅读能力与空间导航能力？进入 ICT(信息与通信技术) 时代后，地理空间、信息空间与人文社会空间高度融合，地图空间认知的主体、客体和表达方式都发生了显著变化，赛博地图、VR/AR 地图等层出不穷，传统空间认知实验方法如调查问卷、访谈、出声思维、量表等已经无法满足新时代地图空间认知研究的需求，无法支撑现代地理空间信息精准、高效、移动、个性化认知表达的应用实践，地图研究者迫切需要一种适应泛地图时代的地图学空间认知研究方法。

眼动跟踪方法从视觉认知的角度为地图空间认知研究提供了新的突破口，尤其是近年来眼动跟踪设备变得更廉价、更便携、更精确，眼动跟踪受到研究者的广泛关注。相比传统的空间认知研究方法，眼动跟踪具有微观、定量、实时、可回溯等特点，可以提供高信度和高效度的实验支撑。21 世纪以来，国内外以眼动跟踪为手段的地图视觉认知研究展现出新活力，推动地图空间认知研究取得了一系列新进展。尽管当前眼动方法已经应用于地图空间研究的各个主题，但是目前国内外仍然缺乏系统介绍地图学空间认知眼动实验原理、方法与案例的著作。

董卫华团队十余年来专注于地图空间认知眼动研究，开展了一系列不同用户群体、不同地图类型、不同地理环境下的地图空间认知眼动实验，提出了一套空间认知实验方法、实验规范、指标体系和空间认知理论模型，在空间导航、地图设计、智能交互、国防训练、地理认知科普教育等领域取得了一系列成果，有力推动了国内外地图空间认知研究。

《地图学空间认知眼动实验原理与方法》一书是董卫华团队研究成果的集中体现，也是当前国内外地图认知眼动研究的经验总结，具有以下 3 个特点：

（1）完整构建了地图学空间认知眼动实验理论框架。该书结合地图学、地理学、认知神经科学等多学科知识，构建了地图学空间认知眼动研究的理论框架，阐述了地图认知、空间感知、视觉认知等重要概念的内涵与外延。

（2）系统阐述了地图学空间认知眼动实验原理与方法。该书结合实验心理学、统计学、人工智能等方法，系统介绍了地图学空间认知眼动实验范式、眼动实验设计、眼动数据分析方法和行为模式挖掘方法。

（3）提供了丰富的研究案例。该书从认知主体、认知客体、认知环境与眼动应用

4 个方面，介绍了 14 个研究案例供学习者参考。

该书既可作为跟踪地图学空间认知研究最新进展的学术著作，也可作为指导学生开展地图学空间认知研究的基础教材。相信该书的出版将使相关领域的学生、学者受益，并推动国内外地图空间认知研究迈上新台阶。

王桥

中国工程院院士

前　言

随着地理信息科学的飞速发展，人类社会已经步入了地理空间、信息空间与人文社会空间相互融合的三元空间时代。在人工智能、大数据、虚拟现实等科学技术的驱动下，地图制图的类型、对象和环境均发生了显著变化，地图空间认知的主体 (人 / 机器)、客体 (环境) 和表达方式 (地图) 呈现出泛化特征：①认知主体从专业制图者、地理学家扩展到普通大众甚至机器人；②认知客体从传统地理空间延展到人文社会空间和信息空间；③表达方式突破传统静态二维地图的表达，走向动态、多维、交互、移动、实时表达。

以上变化对传统地图空间的静态、单向认知模式提出了巨大的挑战，传统地图空间认知研究的实验手段和理论方法已经无法支撑现代地理空间信息精准、高效、移动、个性化认知表达的应用实践。主要表现在：①传统空间认知研究主要通过定性描述地理信息感知 - 表象 - 记忆 - 思维的宏观认知过程进行，无法从微观上定量揭示地理信息人脑视觉空间认知机制；②传统地图认知实验主要通过问卷、量表等方法实现地理信息传输过程的跟踪，该类方法是一种事后评价，无法对眼睛、大脑等器官在认知过程中的实时响应进行跟踪和定量化，信度与效度较低；③具有动态、多维、交互、移动、实时特点的全新地图表达方式与人、环境相互作用的过程和机制尚不明晰，其有效性和实用性缺乏实验和理论支撑；④人文社会空间和信息空间如何通过新的地图方式进行表达，如何设计和实现具有可验证效果的新地图表达方式急需实验 - 理论 - 实践的支持。上述问题目前已成为国际地图空间认知研究的热点和前沿问题。另外，研究者也逐渐认识到必须依靠地图学、地理学、认知心理学、计算机科学等多学科交叉和高度融合才能突破这些瓶颈问题，但具体如何实现突破却是一个难度很大的问题，目前鲜有成功的范例。

眼动跟踪方法为地图学空间认知研究提供了一条新的途径。俗话说“眼睛是心灵的窗户”，视觉是人类获得外部信息的主要感觉通道，眼睛的运动 (即眼动) 反映了大脑的视觉信息处理过程。文献表明，人类大脑多达 40% 的功能都用来处理视觉信息。因此，使用精密仪器 (眼动仪) 记录眼球的运动并以此分析视觉认知规律和大脑信息处理过程就成为认知研究中最自然的研究手段。眼动跟踪方法从 20 世纪 60 年代开始应用于心理学、神经科学的研究中，在 70 年代初被引入地图学与地理信息科学中。地图学眼动研究在经历了发展期 (20 世纪 70~80 年代末) 和沉寂期 (20 世纪 80 年代末 ~20 世纪末) 之后重新受到相关领域学者的重视，在过去的 10 多年中，国内外以眼动跟踪为手段的地图视觉认知研究在理论和应用上取得了一系列新的研究成果，地图学眼动研究焕发出新的活力。然而，目前尚且缺乏一部系统介绍地图学空间认知眼动实验原理、方法与案例的著作。

本书研究团队在国家重点研发计划“地理大数据挖掘与时空模式发现”(2017YFB0503602)、国家自然科学基金“基于眼动跟踪的行人地图导航行为模式识别与预测方法研究”(41871366)、“基于视觉注意与眼动跟踪的地图认知计算模型与方法研究”(41471382)和“虚拟环境与真实环境下的行人地图导航视觉行为模式研究”(42001410)的支持下，开展了大量以眼动跟踪实验为核心的地图空间认知研究，提出了实验与认知心理学 - 可用性工程 - 数据驱动的空间认知实验方法，构建了地图空间认知实验规范和指标体系，创建了地理信息视觉感知 - 认知 - 行为的空间认知理论模型，并在空间导航、地图设计、地理教育等领域取得了一系列成果，推动了传统地图空间认知模式到现代地理信息空间认知模式的转变。

本书围绕研究团队多年来在地图空间认知领域上的实验设计、数据分析、信息挖掘等方面的成果、经验与积累，结合地图学、心理学、脑科学等多学科的基本理论以及最新的研究进展，系统地梳理了地图认知、空间认知、视觉认知等地图学空间认知研究理论框架，结合实验心理学、统计学、人工智能等方法，详细地介绍了地图学眼动实验研究范式、眼动实验设计、眼动数据分析与行为模式挖掘方法。同时，结合本书研究团队以往开展的空间认知眼动实验，系统地介绍了不同群体、不同地图、不同环境下的地图空间认知眼动实验研究，为读者提供了丰富的应用案例。

全书共 6 章：第 1 章概述了地图学空间认知原理，从地图、空间和视觉认知的定义出发，详细解释了地图视觉变量、认知地图、人类视知觉过程等重要理论基础，明确地图学研究重要概念，为开展地图学研究梳理理论框架。第 2 章从实验范式、实验任务、实验环境、实验刺激材料、实验准备与实施、辅助实验手段等方面，对地图学空间认知眼动实验方法进行了详细介绍。第 3 章阐述了地图学空间认知眼动实验常用的数据分析方法，包括预处理方法、注视点空间校正与语义标注、可视化分析、眼动实验指标、眼动实验定量化统计、眼动轨迹分析、眼动数据分析的挑战等。第 4 章从数据挖掘的角度，介绍了地图空间认知行为模式挖掘的数据预处理、特征提取、传统机器学习方法、模型评价、深度学习方法等步骤。第 5 章从认知主体、认知表达、认知客体和数据应用四个方面，总结了已有基于眼动跟踪的地图学空间认知研究，提供了 10 余个地图学空间认知眼动实验应用案例。第 6 章结合脑神经科学与人工智能，介绍和探讨了地图学空间认知研究的重要动态和发展趋势。

本书主要的读者对象为从事地图空间认知基础研究方向的地图学、地理学、心理学学者，地图学、地理信息科学专业、认知心理学专业的高年级本科生、硕士研究生、博士研究生，以及对地图学研究及眼动跟踪方法感兴趣的读者。本书既可作为教材为相关专业的学生提供地图学理论方法学习的重要知识，也可作为专著为国内地图学与地理学理论研究提供详细的眼动实验原理与方法。

董卫华负责本书内容的策划与审定，各章主要分工为：第 1 章由杨天宇、廖华、武钰林、刘毅龙、董卫华撰写，第 2 章由秦桐、英琪、刘兵、董卫华撰写，第 3 章由詹智成、武钰林、唐斯靓、王圣凯、董卫华撰写，第 4 章由廖华、詹智成、史博文、董卫华撰写，第 5 章由刘兵、王圣凯、田雨阳、董卫华撰写，第 6 章由王圣凯、杨天宇、史博文、何冰、秦桐、唐斯靓、董卫华撰写。全书由董卫华、杨天宇、刘毅龙整理统稿。

本书作为研究团队过去十年期间在地图学空间认知领域研究的阶段性成果，是团队成员日夜努力和不断成长的结晶，也凝结了团队每一位成员的心血。感谢研究团队所有成员的孜孜付出，也感谢在本书编写过程中提出意见、指出缺漏、提供帮助的各位专家学者与编辑人员。

由于成书时间与篇幅有限，本书难免存在不足之处，敬请读者批评指正。

作　者

2022年11月

目　录

第 1 章　地图学空间认知原理概述

假设你的面前摆着两幅地图，两幅图都在描述我国年均气温状况。其中，一幅地图整饰规整，格网简洁，气温区域划分明显，注记间的间隙适当；而另一幅地图比例夸张，注记相互覆盖，等温线和政区线主次不分，甚至用黄色指代气温低的地域，用绿色指代气温高的地域。即使是刚上地理课的中学生，也能从审美的角度明显分辨出第一幅地图的可用性 (map usability) 要高于第二幅地图。

这就是一个简单的地图认知 (map cognition) 过程。地图认知过程，是指读图者对地图视觉变量和地图符号 (map symbol) 所表达的语义信息进行解读的过程 (毛赞猷等，2017)。在地图认知研究中，一个很明确的问题是，究竟什么样的地图设计方法，才能使地图更便于使用，传递空间信息的效率更高。这个问题可以从地图视觉变量、符号注记设计、制图综合方法等多个方面探讨。厘清这些因素如何影响地图的可用性，可以更好地帮助地图设计者制作更有效、更适人化的地图 (Krassanakis and Cybulski，2021)。

相比于地图认知侧重读图者对“地图自身”的认知，地图空间认知 (map spatial cognition) 则更强调读图者使用地图来认识在地理空间中“诸事物、现象的形态与分布、相互位置、依存关系以及变化和趋势”的能力和过程 (高俊，1992)。地图空间认知侧重通过地图获取空间知识，并用来进行空间决策 (如空间定位和定向)。地图空间认知的过程是用户对真实世界、地图世界和认知世界三个空间的认知相结合和统一的过程。地图认知和地图空间认知是在不同方面对同一种行为的阐述。典型的地图空间认知的例子就是行人使用地图寻路。

地图空间认知是空间认知 (spatial cognition) 在地图学上的延伸。空间认知的概念有狭义和广义之分。狭义上的 (或者说是地理学上的) 空间认知，指的是人类对不同尺度下物理空间中物体的大小、形状、方位、距离等信息的搜索、加工和存储的过程。研究地理学上空间认知的学科，则被 Montello(2018) 定义为“认知地理学”，即“人类如何认知空间、地点和环境”的学科。

而广义上，可以从两个角度扩展空间认知的内容。在空间的种类上，认知的对象可以扩展到信息网络空间 (Cohen，2007)、社交空间 (Williams and Smith，1983)、认知空间 (Couclelis and Gale，1986) 等；在心理学和认知科学的范畴中，空间认知则更倾向于研究人类对空间的内部表征过程，即：①将空间信息编码 (encode) 到空间记忆的过程；②空间记忆的内部表征；③将空间记忆用于决策的解码 (decode) 过程 (Gärling and Golledge，1993)。Lloyd 认为，空间认知是一个地理学和心理学交叉融合的研究领域，包括对空间信息的知觉、编码、存储、记忆和解码等一系列心理过程。

大多数空间信息都以视觉作为传输通道。地图认知和空间认知过程都要以视知觉 (visual perception) 作为生理的感知基础。视知觉是这两种认知过程的起点，不管是地图上的路网信息，还是场景中的地标特征，都要以可见光的形式，通过视网膜和视神经到达大脑，开始信息处理。人类的视觉注意 (visual attention) 机制在空间信息的搜索和加工过程中起到了至关重要的作用。正因为如此，在地图认知和空间认知研究中，研究者可以通过眼动跟踪数据对人的认知行为进行分析。

所以，地图认知与空间认知和视觉认知都有着千丝万缕的关系。地图认知既涉及对视觉变量和符号的认知过程，也涉及对空间信息的认知过程。本章将从地图认知、空间认知和视觉认知三部分，对地图空间认知原理进行介绍。1.1 节讨论地图认知，包括地图视觉变量、地图符号和地图空间认知过程。1.2 节将地图认知延伸到空间认知，并从认知地图、空间知识、空间记忆与空间能力等多个方面讨论空间认知理论。1.3 节着重讨论视觉认知理论与眼动实验，介绍人类视知觉过程、视觉注意与眼动行为，并阐述使用眼动实验研究地图空间认知问题的必要性。

1.1 地图认知理论

1.1.1 地图视觉变量

1. 地图视觉变量的定义与意义

展开一幅地图，映入眼帘的便是各种各样的地图符号，或是圆点，或是曲线，或是不规则的几何图形，它们指代了繁多的地理实体，如河流、山峰、高原、街道、医院等。这些地图符号所表现出的地理信息都是由各种视觉变量 (visual variable) 通过视觉传达给读图者的。

“视觉变量”本身是一个艺术设计上的概念，由法国图形学家、巴黎大学教授 Bertin 于 1967 年在其出版的著作 *Semiology of Graphics* 中提出 (Christophe and Hoarau，2012)。视觉变量的灵感来自于 Bertin 对符号论的研究，他认为，视觉变量是一切可视化事物的基本单元。通过对符号进行分解，可以重新认识模糊或多义的符号，并可以进行重新设计、改进 (Bertin，2010)。

在地图上，视觉变量的含义往往代表着地图上能够引起视觉变化的、构成地图符号基本的图形、色彩因素 (MacEachren et al.，2012)。作为在视觉上可以察觉到的差别和变化，这些图形和色彩虽然在视觉产生初期就被人的视觉系统所“感知”(perception)，但它又包含着自上而下知识的因素和心理的影响，进而产生各种各样的认知效果，帮助读图者理解地理事物、现象或过程 (Hochstein and Ahissar，2002)。Roth(2017) 进一步认为，地图视觉变量的解构 (deconstruction) 可以揭示地图设计过程中隐含的价值观和权力关系，从而有助于对地图符号系统中社会建构和文化协商的批判性分析。经过几十年的发展，地图视觉变量已经成为地图设计与研究的重要理论框架之一。

2. 对地图视觉变量分类的讨论

虽然地图视觉变量在地图学上的重要地位早已是公认的事实，但是其分类方法却一直多有争议。经过 20 多年的研究，Bertin 总结了一套视觉变量的基本内容，即形状 (shape)、尺寸 (size)、方向 (orientation)、亮度 (brightness)、色相 (color hue) 和纹理 (texture)(图 1-1)。Morrison(1974) 提出图形要素可以包括形状、尺寸、色相、亮度、饱和度以及图案的方向、排列和纹理。Board 和 Taylor(1977) 认为，用“制图字母”(cartographic letter) 表示视觉变量更形象，他们认为“制图字母”可以包括形状、尺寸、图案 (方向、排列)、纹理、色彩 (色相、饱和度、亮度)。Keats 在 *Understanding maps* 一书中提出图形要素可称为“图形变量”，包括形状、尺度、亮度和联合使用。Robinson 等 (1995) 在 *Elements of cartography*(第六版) 中提出视觉变量可划分为基本的和从属的两部分，其中，基本视觉变量包括形状、尺寸、方向、色相、亮度、饱和度，从属视觉变量则包括网纹的排列、纹理和方向。

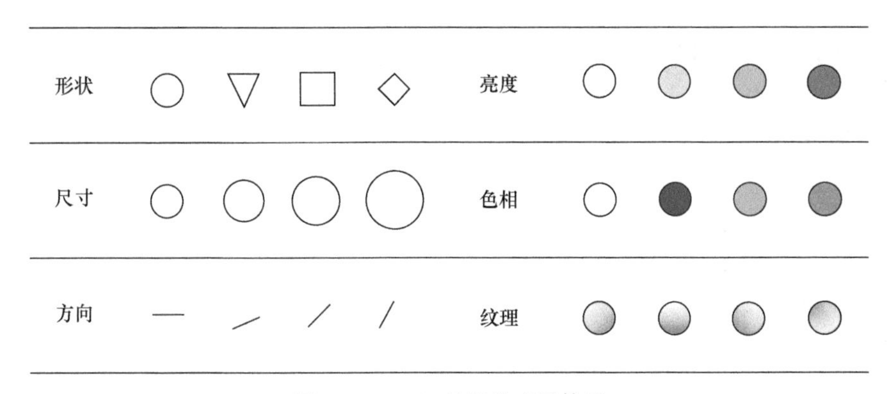

图 1-1　Bertin 的视觉变量体系

3. 基本地图视觉变量

目前，普遍被大家接受的地图视觉变量包括形状、尺寸、方向、纹理和颜色。颜色的三个特性，即色相、亮度和饱和度，也可以作为独立的视觉变量来理解。在最近十几年间，也有一些新的视觉变量逐渐被提出，如排列 (arrangement)、清晰度 (crispness)、分辨率 (resolution) 和透明度 (transparency) 等 (MacEachren et al.，2012)(图 1-2)。

1) 形状变量

形状变量指不同几何图形的独立个体。对于不同符号来说，形状变量的内涵各有不同。对于点状符号，符号即为单个的个体，本身就体现了形状变量。而线状符号，则可抽象为无数个点状符号的线形连续。同理，面状符号即是构成封闭图形的一系列线状变量的面形连续。

这里需要注意，线状符号和面状符号的总体大小、形态、轮廓，以及其所蕴含的语义信息并不属于形状变量；构成线或面的点状符号单元，其形态才为对应的形状变量。这体现了 Bertin 把视觉变量当作从各种图画中抽象出来的基本因素，并不涉及图形本身与图形所指代的地理对象 (高俊，2012)。

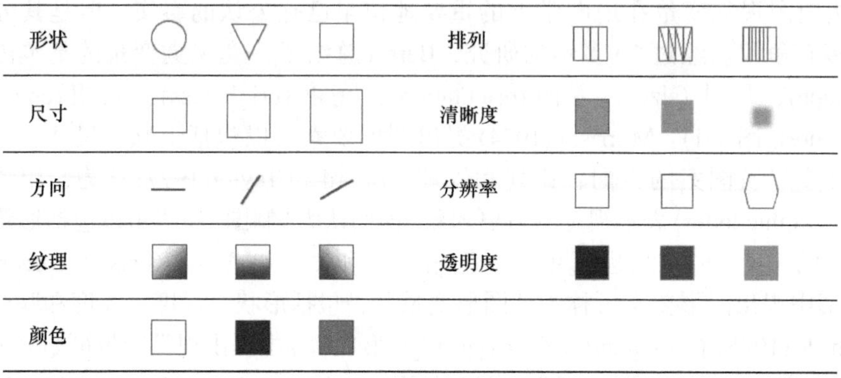

形状	排列
尺寸	清晰度
方向	分辨率
纹理	透明度
颜色	

图 1-2 基本地图视觉变量

2) 尺寸变量

尺寸变量指在同种形状在量度上的改变。在视觉效果上，即为点符号、生成线的点符号和生成面的点符号的大小变化。

3) 方向变量

方向变量指几何图形的朝向。在地图范畴中，方向的变化既有视觉传达的含义，也有空间变化的含义。对于拥有半长轴的几何图形 (如椭圆形符号) 而言，方向变量的变化才有意义 (圆形符号就无方向之分)。

4) 纹理变量

纹理变量主要应用于面状符号，指在面内部对线条、图形和图案的重复交替使用造成的变量。纹理变量所对应的单体不仅仅是点，还有不同方向、不同粗细的线状符号，例如，Caivano(1998) 描述纹理变量为“相对高阶的视觉变量，包含着纹理单体的方向、大小和密度”。纹理有许多种，可被归纳为线状纹理、点状纹理和混合纹理。在实际使用时，纹理单体的排列既可以是规律的，也可以是不规律的，而且往往与其他变量复合使用。

5) 颜色变量与三种从属视觉变量

颜色变量即单体所对应的色相、亮度和饱和度的变化 (如果为非彩色，则只有亮度变化)。颜色作为最活跃的一种视觉变量 (毛赞猷等，2017)，在地图制图中，不同色相、不同亮度和饱和度在分级制图中使用非常频繁，因此也可各自成为一种视觉变量。作为视觉显著性强的一种视觉变量，颜色变量在制图实践中占有相当大的空间，尤其适用于等值图绘制以及其他使用颜色来指定类别的专题地图 (Slocum et al.，2008)。毛赞猷 (1989) 认为，颜色变量可以提升地图作为媒介表达地理信息的容量，并可用视觉次序反映地物的数量和动态变化，还可以增进地图的艺术感。

色相又称色调，即电磁波谱可见部分地图符号的主要波长。色相的差异既影响读图者对地理事物的感知 (如蓝色往往代表着水体，绿色往往代表着植被)，也对制图者情感的表达有着重要意义。亮度又称明度，即颜色的明亮程度。在色彩学中，白色亮度最高，当降至 50% 时即为原色，降至 0% 时即为黑色。饱和度 (saturation) 又称纯度 (pureness)，即颜色的鲜艳程度。在色彩学中，原色饱和度最高，随着饱和度降低，色彩变得暗淡直至成为无彩色，即失去色相的色彩。亮度和饱和度在设计面状分级地图时相当重要 (Slocum et al.，2008)。

6) 排列变量

排列变量定义为构成地图符号的面状符号的布局。排列变量既可以是规则的 (即图形标记在网格状结构中顺序排列)，也可以是不规则的 (即图形标记随机放置或合并成簇)。

以下是一些新提出来的视觉变量。

7) 清晰度变量

清晰度指符号边界的清晰度。在数据可视化中，清晰度也被称为“景深程度”(depth of fields) 和“模糊度”(fuzziness)。MacEachren 等 (2012) 发现在点状符号中，清晰度变量是表示不确定性最有效的视觉变量。边界清晰的地图符号更容易表示确定的地理事物，而模糊的地图符号对于表示一些边界、数量不确定的地理事物 (如古代游牧民族的边界) 则更加有效。

8) 分辨率变量

分辨率指显示地图符号的空间精度。分辨率涉及制图 (尤其是电子地图) 设计中的制图综合问题，它描述了在地图设计中抽象真实世界时简化细节的结果。分辨率可以利用不同的抽象级别来编码信息。具体到电子地图的种类中，栅格地图下，分辨率是指网格大小的粗糙程度，而在矢量地图下，分辨率指的是细节的数量 (即节点或边的数量)。

9) 透明度变量

透明度指地图符号和地图背景之间的图形混合量。MacEachren 等 (2012) 将透明度称为“雾”(fog)，表示影响地图符号清晰度的半透明屏障。Alpha 通道表示计算机图形中的透明度，广泛应用于电子地图的设计当中 (Catmull，1978)。不透明的地图符号即边界清晰的地图符号，往往用来表示语义确定的地理事物。

图 1-3　应用多种视觉变量的地图示例

由于不同视觉变量给人的感知效果不同，为了描述复杂的地理现象，增加地图的可用性，往往会使用多个视觉变量来表达一个主题 (图 1-3)。复合视觉变量的应用在地图设计实践中非常常见。例如，使用色相变量和亮度变量表现不同种类、不同程度传染病的感染人数分布；使用形状变量和尺寸变量来表现不同类型城市人口的数量多少，使用尺寸变量和亮度变量表现不同地区的人口密度和人口数量。但是复合视觉变量会造成地图信息量的增加，有时也会有负面的影响。高俊 (2012) 指出，视觉变量的相加的认知效果有时会增强，有时则会减弱，这和 Bertin 的视觉变量理论认为的任何两种变量相加的认知效果总是增强的论点不一致。

4. 视觉引导性与视觉恒常性

视觉引导性 (visual guidance) 和视觉恒常性 (visual constancy) 是视觉变量的重要性质，这两个性质可以在不同的方面提升地图认知的准确性和效率。

1) 视觉引导性

如果读图者需要在地图上寻找一个地物，那么他就会以此为目标进行信息搜索；但是如果没有一个任务，仅让他自由观看，则搜索的过程就是没有被引导的。这是对引导性描述的一个简单的例子，而这种现象被称为引导搜索 (guided search)。而如果一种视觉变量能够吸引人的注意力，引导人的视觉去关注其本身，那么这种视觉变量就是拥有视觉引导性的 (Wolfe and Horowitz，2004)。

Wolfe 通过一个例子来描述不同变量视觉引导性的差异 [图 1-4(a)]。一幅充满蓝色等线字体“5”的图像，人们很难从里面寻找到一个同样蓝色等线字体的“2”。但是如果其中一个“5”的字号、字体颜色或者字的倾斜度出现变化，那么这个“5”就很容易被发现。因此，相比于文字的翻转，颜色、方向和尺寸更具有视觉引导性。根据 Wolfe 的综述，这三种变量也是他认为具有高视觉引导性的视觉变量。亮度和形状也存在视觉引导性，但是相比这三者，程度较弱。

正如其名，视觉引导性的主要作用是通过视觉变量，引导读图者去关注地图上更加重要的信息，促进对地理事物和现象的认知。例如，首都往往会使用醒目的红色五角星显示，而重要地物的注记往往会加大字号、加粗字形，这些情况就是利用了颜色和尺寸的引导性。

2) 视觉恒常性

假设给读图者一张夕阳照射的科隆大教堂照片，读图者仍然会轻松地通过其他特征 (如尖顶高塔) 判断出该图表达的是科隆大教堂 [图 1-4(b)]——尽管这些物体本身并不是这样的。视觉恒常性 (或称为知觉恒常性，perceptual constancy) 是指某种视觉变量改变时，对其反映的事物的语义信息保持不变的特性 (Cohen，2015)。根据变量的不同，可将视觉恒常性分为尺寸恒常性、颜色恒常性、形状恒常性等。

视觉恒常性是读图者认知地图、认知世界的一个重要特性。体现在视觉变量上，如果一幅地图使用的符号发生了变化，如分级统计地图使用的颜色改变，或者指代不同土地类型的纹理发生改变，对地图使用并未发生影响——指代的地理事物和现象是相同的。另外一个主要应用方面在于对不同地图投影的认知。墨卡托投影下的世界地图和桑逊投影下的世界地图轮廓完全不同，但是读图者还是能判断出两幅地图中的俄罗斯是同一国家。这体现了不同地图投影下地图轮廓的形状恒常性。视觉恒常性保证了读图者稳定地通过视觉变量获取空间信息，不受变量表达的改变和外界信息的干扰。

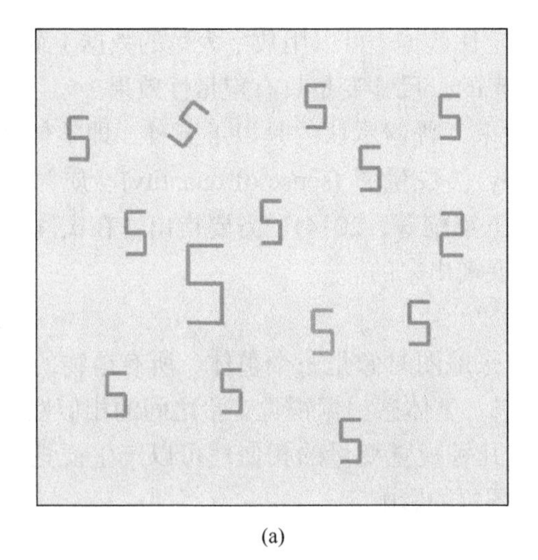
(a)

(b)

图 1-4　视觉引导性和视觉恒常性举例

5. 地图视觉变量的感知效果

不同视觉变量的感知效果是不一样的。事实上，同样的视觉变量也会引起视觉感知的多种效果。Bertin 在总结感知效果时，根据视觉变量的组织层次 (level of organization)，提出了从低到高的四种感知效果 (Green，1998)。表 1-1 列出了能够提供这四种感知效果的视觉变量。

表 1-1　Bertin 视觉变量的感知效果及对应的视觉变量

效果 / 视觉变量	尺寸	亮度	纹理	色相	方向	形状
关联性效果			√	√	√	√
选择性效果	√	√	√	√	√	
排序性效果	√	√	√			
定量性效果	√					

(1) 关联性效果 (associative)。如果一种变量的改变不会影响对属性的感知，则这种变量具有关联性效果。例如，可以很简单地将不同形状但是相同色调的几何图形分为同种属性，却很难将不同尺寸但是相同色调的几何图形分为同种属性。所以，形状变量具有关联性效果，而尺寸变量不具有。

(2) 选择性效果 (selective)。如果一种变量能够筛选出不同组别的属性，则这种变量具有选择性效果。例如，可以使用不同的颜色代表不同的种类，但是不能使用不同的形状代表不同的种类。选择性效果和关联性效果都是针对分类数据而言的。

(3) 排序性效果 (ordered)。如果一种变量能够按照某种顺序排列，则这种变量具有排序性效果。例如，运用尺寸变量的变化表达从小到大的感知效果，运用亮度变量的变化表达从明到暗的感知效果。排序性效果针对定序数据而言。

(4) 定量性效果 (quantitative)。如果一种变量可以估计属性的数值差异，则这种变量具有定量性效果。定量性效果针对定比数据 (可以用数字表达的数据) 而言。这种效果往往是可以根据变量的变化测量出来的。尺寸变量具有定量性效果。

而具体到地图视觉变量的感知效果，普遍承认的是以下五种，即整体感 (sense of wholeness)、等级感 (sense of hierarchy)、数量感 (sense of quantity)、质量感 (sense of quality) 和动态感 (sense of dynamic)(王家耀等，2014)。需要指出，在实际应用时，这些感知效果往往是通过多种视觉变量展现出来的。

1) 整体感

整体感指观察由不同地物组成一张地图时像是一个整体，所有地物的视觉显著性 (visual saliency) 均不太突出的感知效果。整体感根据视觉变量之间的相似性来实现，通过控制对形状、方向、颜色、密度等几种视觉变量的相似性可以产生视觉整体感，但效果如何还取决于视觉相似性和地图图幅的影响。

2) 等级感

等级感指将地物显著地分为几个等级的感知效果。分级表示法一直是地图上的基本表示方法之一，等级感不论是在普通地图上还是在专题地图上，都是一种十分重要的感知效果。产生明显的等级感的视觉变量主要是尺寸、亮度和密度。除了常见的分级表示法外，政区图中将城市分为首都、城市和村镇也是直观的等级感表达案例。

3) 数量感

数量感指读图者从地图中获得定量差异的效果。高俊 (2012) 认为，数量感受心理学因素的影响很大，也与读图者的教育水平有关。有效产生数量感的视觉变量是尺度变量，但是对应地图符号的复杂度越高，产生的数量感越差。根据 Michaelidou 等 (2007) 的研究，方形符号产生数量感的效果最好，便于进行数据间的比较。圆形、柱形和三角形也是便于产生数量感的主要图形。

4) 质量感

质量感是指将地物显著地分为多种类别的效果。质量感要求地物间存在显著的差异，但差异之间是相互独立的，无等级之分。刚才提到，尺寸变量可以产生数量感，但较难使读图者产生质量感。常见的产生质量感的变量为色彩变量和形状变量。例如，使用不同的色彩代表不同的国家，使用不同的形状表示在大尺度下的建筑物类型等。

5) 动态感

动态感指根据静态符号给读图者以运动视觉的效果。这种动态感也称自动效应 (autokinetic effect)(Luchins，1954)。视觉变量在空间上有顺序地排列往往容易产生运动感，例如，在描述红军长征过程中军队人数的空间变化时，就可以使用大小不一的圆形符号顺着长征路线排列来表达。箭头是一种反映动态的有效方法，也是流状图 (flow map) 的基础地图符号。

1.1.2　地图符号

1. 地图符号的分类

地图视觉变量是无法单独存在的，需要载体才能表征。这种载体就是地图符号。有了地图，就有了地图符号，正如最初地图和图画本为一体，最早的地图符号也与象形文字没有什么区别 (王庸，1959)。随着时代的变迁，制图者放弃了模糊而烦琐的绘画手法，渐渐形成了标准而简洁的地图符号形态。现代的地图符号不仅让地图表现出严谨的数学基础，也让地图表达位置、数量、质量等感受更加高效，成为一种功能完备的符号系统 (祝国瑞，2004)。

地图符号的定义，有广义和狭义之分。狭义的地图符号较为明确，是指在地图上表示地物空间分布、数量、质量等特征的图形信息载体。广义上的地图符号，则将定义扩展到了要素层次，既包括了狭义定义指代的图形要素，也包括了数学要素 (如比例尺、方里网等) 和辅助要素 (如注记、指北针、图例等)。

根据毛赞猷等 (2017) 的论述，地图符号的功能主要体现在以下四个方面：①地图符号是空间信息传递的间接手段；②地图符号能够反映区域的基本面貌，并且不受比例尺放缩的限制；③地图符号提供了极大的空间表达能力；④地图符号可对难以表达的地理现象建立构想模型。王家耀等 (2014) 在《地图学原理与方法》中指出，地图符号的特性以三个角度体现：①地图符号是空间信息和视觉形象的复合体；②地图符号具有一定的约定性；③地图符号可以使用多种变量等价代换。

地图符号分类的方式多种多样。从空间分布的角度来说，可以将地图符号分类为点状符号、线状符号、面状符号，分别代表着对地理事物或规律的点位分布、线状分布、面积分布这三种分布类型。

从视觉抽象程度来说，可以将地图符号分类为具象符号和抽象符号。具象符号指与地理事物、规律、特征一致或相似的符号系列，而抽象符号则是使用简单几何形状表示的符号系列。例如，使用餐叉表示餐厅、树木的正视图表示树林，就是具象符号；使用黑色三角表示铁矿、蓝色平直虚线纹理表示沼泽，就是抽象符号。

从对比例尺的关系上来说，还可以将地图符号分为依比例符号、不依比例符号和半依比例符号 (图 1-5)。典型的依比例符号和不依比例符号的例子就是在不同比例尺下的城市。在 1 ∶ 1000 万比例尺下的全国地图中，所有的城市均以点状符号表示，这就是不依比例符号。而在 1 ∶ 10 万比例尺下的市级地图中，一些大型城市的轮廓往往就会以面状符号的形式表现出来，这就是依比例符号。半依比例符号往往在小比例尺下的线状符号中使用，如河流、铁路等。

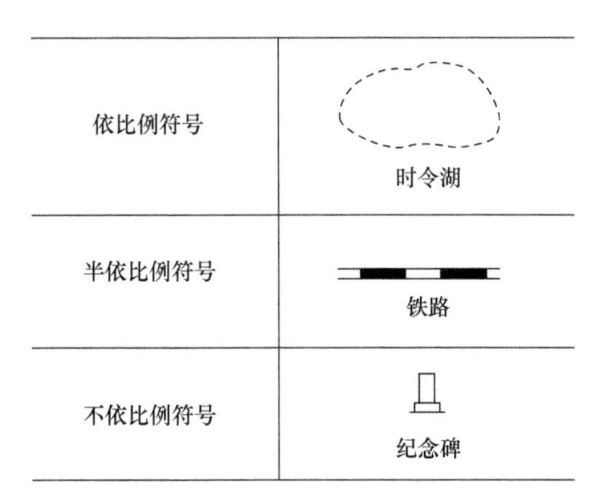

图 1-5　依比例符号、半依比例符号和不依比例符号

在接下来的叙述当中，本书使用第一种地图符号分类方法进行说明。此外，对于非图形的注记，也会将其作为典型的广义地图符号作介绍。

几乎所有的事物和现象都可以表示为点位分布、线状分布和面积分布之一。点位分布指存在于一个独立位置上，并且可以忽略其面积的空间现象，如大尺度下的城市、测量过程中的控制点、栖息地中生存的每个狮子个体，都可算作点位分布。因此点状符号在地图上是一个定位点。线状分布指存在于空间的延伸性的序列现象，如河流、道路，它们的特点在于地物在某一方向延伸很长，以至于宽度有时可以忽略不计。因此线状符号多为具有一定长度的直线段或曲线。面积分布是指连续空间现象的占有范围。区域性的资源分布、人口分布、国家疆域等都可以用面状符号表示，因此面状符号在地图上是一块多边形或图斑。

2. 点位分布与点状符号

当地图符号所代表的地物现象在点位分布下可表现为几何上的点时，则称其为点状符号 [图 1-6(a)]。这时，符号的大小和比例尺无关，并且具有位置特征，因此所有的点状符号均存在精确的定位点。

点状符号的认知作用主要是说明点位分布的位置、重要性和地物属性。点位分布的位置可通过点状符号的定位点来表达；重要性通过点状符号的尺寸变量表达；而属性则通过形成点状符号的各种其他视觉变量来表达。

点状符号可以选用圆形、三角形、正方形或其他多边形表示，其中，圆形是点状符号在数量对比时经常采用的几何符号。理由是：①在视觉感受上圆形最稳定；②圆面积只由半径一个变量所决定；③在相同面积的各种形状中，圆形所占图上的视觉空间最小 (毛赞猷等，2017)。

3. 线状分布与线状符号

当地图符号所代表的地物现象在线状分布下可表现为几何上的线段时，称为线状符号 [图 1-6(b)]。这些符号沿着某一方向延伸，且其长度与地图比例尺相关，如河流、道路等。

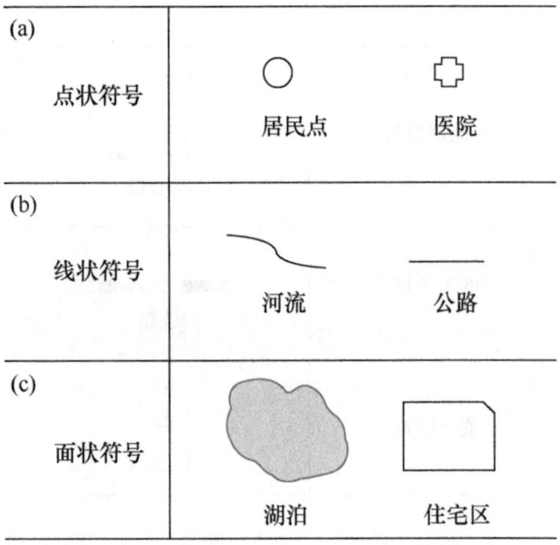

(a) 点状符号	居民点	医院
(b) 线状符号	河流	公路
(c) 面状符号	湖泊	住宅区

图 1-6 点状符号、线状符号与面状符号

与点状符号相似，线状符号的认知作用主要是说明线状分布的位置、层级和分类。线状分布的位置可通过线状符号的中心线来表达；层级通过尺寸变量或亮度变量来表达；分类则通过其他视觉变量来表达。

对于线状符号，还有两种特殊的表现形式：流 (flow) 和等值线 (isogram)。流又称运动线，它表示地图信息在图面的移动轨迹。它的用处主要体现在：①表示移动的起点和止点或联系关系；②表示行进的路线；③表示行进的方向；④表示行进的流量；⑤表示运动对象的特征。

等值线主要描述定量分布的抽象地理现象，如描述地表起伏使用等高线，反映气温梯度使用等温线，强调人口稠密程度则使用人口密度等值线，以此来表示空间分布体积或抽象的结构。等值线的特点为：①等值线显示了空间数据的整体变化，其采集的数据必须是连续的，经过制图构成封闭的、三维的线状表面；②等值线是定量的符号，因此可以使用等值线在地图上进行量测，从而获得任意点的语义数值；③在比例尺变换时，等值线容易通过制图法进行图形的概括 (毛赞猷等，2017)。

4. 面积分布与面状符号

地球表面的许多物质是以连续分布的形式覆盖在大地上的，这种面积数据主要体现的是定性数据。当地图符号所代表的地物和现象在面积分布下可作为几何上的多边形时，称为面状符号 [图 1-6(c)]。面状符号的范围往往和地图比例尺有着紧密的联系。面状符号的认知作用主要是说明地理事物和现象以面积分布的性质和分布范围。面积分布的性质主要通过符号内部的颜色变量、纹理变量来表达；而分布范围则通过面状符号的外围轮廓线来表达。面状符号是依比例尺变化的，在较大尺度下，面状符号就可以根据地图概括技术转化为点状符号 (王家耀等，2014)。

5. 注记地图符号

地图注记也属于地图符号，它是地图内容的一个重要组成部分，也是制图者和用图者之间信息传递的重要方面。地图注记设计得好坏直接影响地图信息的传输效果 (王家耀等，2014)。地图注记设计包括的内容很多，在此主要讨论注记地图符号的功能与认知特点，以及与其相关的视觉变量。

图形地图符号用于显示地理物体或现象的空间位置和分类属性，而地图注记以文字的形式辅助地图符号，说明各要素的具体名称、种类、性质和数量特征等 (高俊，2012) (图 1-7)。具体来说，注记的主要作用是注明各种空间信息、指示空间信息的属性、说明难以用图形语言表达的含义。

(1) 注明各种空间信息。地图用符号表示地理事物和地理现象，同时用注记注明各种对象的名称。实际上，图形地图符号对应着地物的类型和空间属性；而注记符号则对应着地物类型的具体实例，这样就可以准确标识制图对象的位置和类型。

(2) 指示空间信息的属性。各种说明注记可用于指示空间信息的某些具体属性。这种使用方法尤其常见于标准地形图中。例如，某个建筑物的面状符号中添加说明注记“木”或“砼”，以说明该建筑物的材质。也可以运用数字注记进一步说明一些定量属性的特征，如水深、高程、面积等。

(3) 说明难以用图形语言表达的含义。一方面，注记可以位于地图图廓线以外，解释说明地图对应区域的其他地理信息 (如人口、历史、经济等)，这些信息或是难以用图形语言表达，或若表达就会大幅增加地图的复杂度。另一方面，对于无图例的专题地图来说，位于地图主区内的注记也会发挥图例的作用。

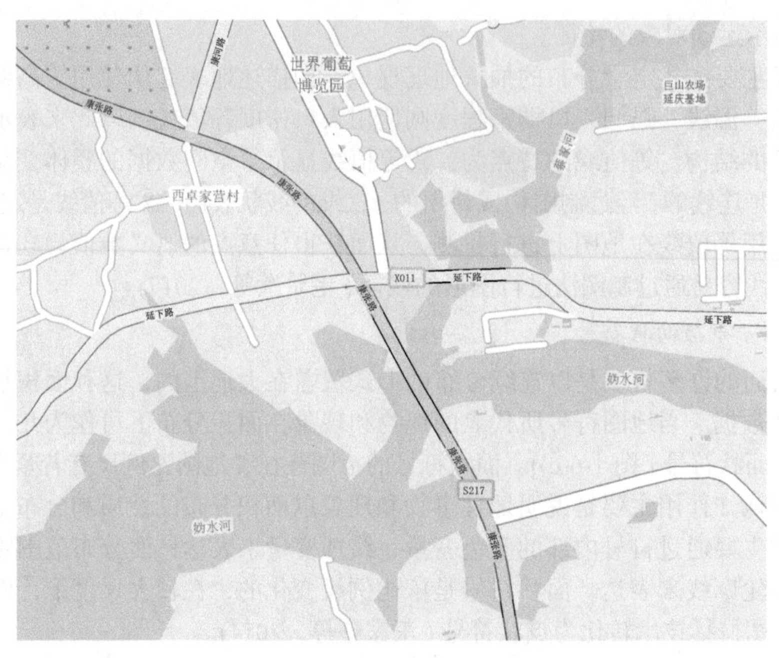

图 1-7　地图中的不同注记符号

与地图注记符号相关的视觉变量主要针对文字而言，包括字体类型、字体间隔、字体大小、字体颜色等。注记符号和对应图形地图符号的尺寸、距离、颜色都会影响读图者进行信息搜索的过程，因此处理好文字和图形的关系，是增强地图可用性的重要原则。许多注记符号早已经成为制图标准，如水体相关的使用蓝色倾斜宋体，这些标准也约定俗成，成为读图者的基本地图空间知识。除此之外，对于整张地图而言，注记的复杂程度、编排密度都会显著影响地图的可用性 (Liao et al.，2019b)。

6. 地图符号与制图综合

地球表面上拥有的地理事物理论上可以全部表现在一张图上，但是如果真存在这样的地图，那么这幅图的可用性必然近乎为零 (因为地图复杂度过高，几乎无法完成信息的感知和搜索)，更何况这在制图工艺上也不可能实现。所以制图者需要针对不同的地图读图需求，将事物与现象概括化，再使用地图符号着重表达概括后的地理事物和现象。

制图综合 (map generalization)，常又译为地图概括，是指对空间地理实体的内容选取、简化、概括和协调，建立能够反映地理规律和特点的制图方法，以符合地图用途、比例尺和地图区域特征 (王家耀等，1992)。从古至今，制图综合都是地图设计的重要法则之一。古代的鱼鳞图、城郭图，就是人们通过内部表象对空间属性进行简化和分类的产物。现在所制作的地图，也是对测量数据或遥感影像进行概括的结果。

制图综合的方法，可以归纳为分类、简化、夸张和符号化四个步骤，这四个步骤只是叙述次序，在实施地图的概括时，它们是相互影响、不可分离的 (王家耀，1993)。

(1) 分类。即对空间地理实体的排序、分级和分群。制图者会根据实体本身属性的差异性，对相似性高的不同实体进行合并，也会对相似性低的单个实体进行拆分，并对具有一系列次序特征的实体进行排序。

(2) 简化。即对空间地理实体舍弃不重要的细枝末节。这个步骤往往与地图本身的需求和比例尺相关，还和地理现象(尤其是空间相似性和空间异质性)紧密联系在一起。一方面，会对读图者不关注的属性数据进行简化；另一方面，也会抽象化空间实体的形状、方向，甚至位置。

(3) 夸张。即对空间地理实体某些重要特征的强调。与简化相同，制图者会夸大空间信息的属性数据和空间数据，从而达到提升地图可用性和地图审美的目的。

(4) 符号化。空间地理实体通过分类、简化、夸张等方法所获得的数据，根据其特征、含义、重要性和位置制定成各种符号，即把空间数据具象化为视觉可见的图形。因此，符号化的过程也就是视觉化的过程。在这个过程后，真实的地理事物就变成了地图上的各个符号。

1.1.3　地图空间认知过程

1. 地图信息传输过程

当读图者在阅读地图时，他们往往忽略了这个过程已经是人的大脑第二次与世界产生的交互。地图是人造的读物，意味着它们本身就是另一批人(也就是制图者)理解这个世界的产物。制图者对制图对象的认识，通过思维组织信息以地图语言的形式表达出来；读图者通过对地图的视觉感受和思维，把地图符号与所表示的对象联系起来，形成对制图对象的认识。因此，在详细描述地图认知过程之前，必须要将整个地图信息传输过程的框架了解清楚。

地图信息传输 (cartographic information communication) 过程定义为客观世界(制图对象)通过制图者的认识形成概念，再通过地图符号形成地图并传递给读图者，读图者经过对地图符号的识别、分析和解译，形成对客观世界认识的整个过程(邓绶林，1992)。不难理解，地图信息传输就是通过地图的形式，在人与人间传递空间信息的过程。

第一次提出地图信息传输的是 Wright。他在 1977 年的文章 *Map makers are human comments on the subjective in maps* 中指出，人对于地理空间的认识，既影响了读图过程，也影响了制图过程。他认为，需要有一个地图传输的过程，用以反映制图者和读图者之间的相互关系 (Wright，1977)。Chorley 和 Haggett(1967) 在所著书中就提出了针对制图者和读图者关系的一个传输模型，并与一般信息的传输模型进行了对比。但是这个理论并未引起地图学界的重视(高俊，2012)。捷克制图学家柯林斯尼的另一个地图传输模型对 Board 的传输模型进行了完善和简化(图 1-8)。

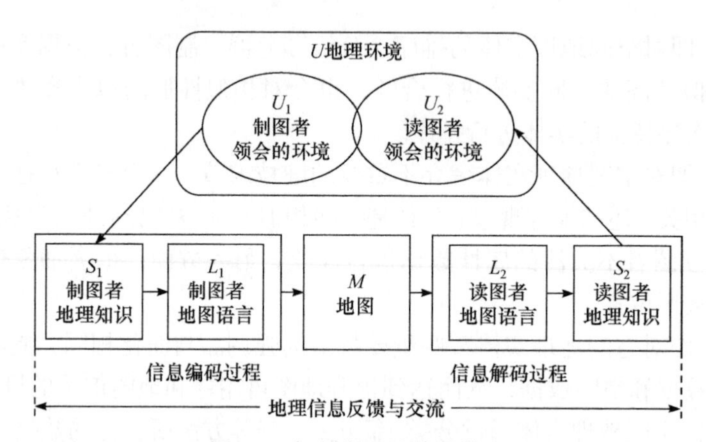

图 1-8 柯林斯尼的传输模型

柯林斯尼的地图传输模型包括七个主要元素：地理环境 (U)，包括制图者领会的环境 (U_1) 和读图者领会的环境 (U_2)；地理知识 (S)，包括制图者地理知识 (S_1) 和读图者地理知识 (S_2)；制图语言即地图符号系统 (L_1、L_2)；地图 (M)。

这个传输模型可以简单概括为：制图者选择性地理解和认识地理客观存在，构建制图者心目中的地理信息，进而通过制图语言制作成地图。但是因为读图者对地理环境的认识和理解与制图者并不会完全一致，在阅读地图后，对地图的理解也和制图者的本意不完全相同，即 $U_1 \neq U_2$，$S_1 \neq S_2$。这样，通过地图这个媒介，就完成了制图者和读图者之间的地理信息反馈和交流，也就完成了地理信息传输的整个过程。

从这以后，地图传输理论层出不穷，先后提出的传输模型已不下十几种，包含着相互的争论和误解 (高俊，2012)。Coard 等 (1977) 在 *The Nature of Maps*：*Essays toward Understanding Maps and Mapping* 一文中，曾认为地图传输的研究有两个目的：一是取得对传输过程的有效理解，这可以导致实际地图信息传递效率的提高，包括设计符号的心理学研究和各种类型地图传输效果的比较；二是提升对地图学学科本身的理解，以进一步发展地图学基本理论。

2. 影响地图阅读的地图要素

读图者阅读地图获取空间信息的过程，就是地图阅读过程。下面从地图上各个要素的角度，探讨它们是如何影响地图阅读的。

1) 要素轮廓

读图者需要从轮廓中提取信息，进而判别形状。能够形成轮廓的变量和符号有线条、不同的颜色、不同的纹理等。通常，一个独立封闭的轮廓容易感知为图形。如果轮廓内部增加与底图不同的颜色，则地图阅读就会更加简单。例如，在航空图上用封闭的多边形表示防空识别区，用封闭的图形和不同的颜色表示建筑物、水体等。

相比于封闭图形，使用非封闭图形或纹理构成的要素，需要读图者在大脑中构建出主观的要素轮廓，进而产生相对整体性的视觉感受。但是，由于这种情况只给读图者以相对整体性的感受，在地理学上往往指间歇性的、流动的、未完成的地物。例如，运用虚线封闭蓝色区域表示时令湖，运用点状纹理表达沙漠，运用不同颜色的双虚线表示未完成的道路等。

2) 符号与背景

在阅读地图上的信息时，首先的步骤就是确定不同的符号和背景。对于只有轮廓的地图，如果读图者不熟悉轮廓对应的地理区域，就很难理解轮廓指代的意义是什么。不同的颜色、纹理都可以帮助读图者区分符号和背景，例如，使用蓝色代表水域背景，使用绿色代表陆地背景，使用浅黄色代表城市背景等。

符号与背景是二维地图中基本的感受因素。一些原则，如类别感受原则 (同类型的要素)、尺寸感受原则 (大小相近的要素)、邻近度原则 (相邻较近的要素)、内部类同性原则 (有秩序或对称的要素) 容易被认知为符号；存在明显区别的要素也会促进读图者区分符号和背景 (王家耀等，2014)。

3) 地图图例

在地图上单独表示地理要素，如山脉、铁路、土地利用类型等所用的地图符号示例称为地图图例 (legend)(图 1-9)。图例包括表达质量特征的图例，也包括表达数量特征的图例。这些符号所表示的意义，常注明在地图的边角上。

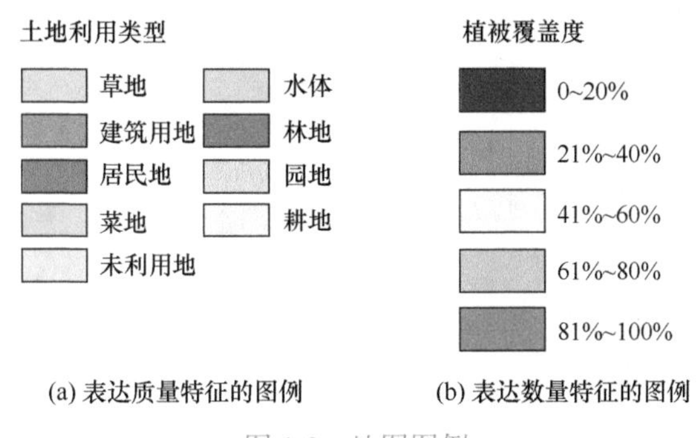

图 1-9　地图图例

图例是表达地图内容的基本形式和方法，是读图和用图所借助的工具。在阅读地图的过程中，有经验的读图者往往先阅读图例，再阅读图幅。间隔清晰、安置合理的图例有助于读图者开展信息加工过程，能够提升读图者的阅读体验。当地图符号的数量比较多时，也可以把图例分成几个部分分开放置，这时要注意读图者的读图习惯，从左向右有序地编排。

4) 地图视觉平衡 (visual balance) 和层次感

地图是以整体的形式出现的，也是由多种要素与形式组合而成的，地图图面的视觉平衡和整体协调往往是影响地图读图过程的重要内容 (王家耀等，2014)。地图需要遵循视觉平衡的原则，也就是需要按一定的方法来处理和确定不同地图要素的优先性，从而让要素间的配置关系更为和谐。如果地图整体图面中各个地图要素相对的亮度、对比度、长度、尺寸等变量存在突兀的变化，都会打破视觉平衡，从而影响读图者的阅读体验。

地图是否具有明显的层次感，也是影响读图者阅读地图效果的重要因素。对于专题地图，其设计往往具有一定的目的性，制图者需要将直接体现目的和需求的地物设为首要层次，使用高对比度、大尺寸的变量或符号进行表达；与目的需求相关的地物设为第二层次，其他要素则设为第三层次。例如，在一张表达战场态势的地图上，态势箭头符号应当设为第一层次，最引人注目；与态势相关的军团、阵地等符号设为第二层次，其他地物，如高程、河流、桥梁则设为第三层次。可以发现，对比度是表达地图视觉平衡和层次感的重要视觉变量。

5) 地图总体布局

地图的布局包括主图、附图、图廓、统计图表等。地图的布局会影响读图者对地图整体性的把握和对额外信息的处理。

主图构图应占据地图布局的主体区域，主体信息放置在视觉中心，并表现完整。主图应当和周边区域保持协调，否则就会影响读图者对主图和附图、统计图拓扑关系的把握，难以搞清楚各部分之间的空间关系(图 1-10)。附图作为主图的补充，一般是对主图某些区域的放大或是与主图对应位置较远但意义相关的区域。附图和统计图表一般放置在主图四周，避免喧宾夺主。

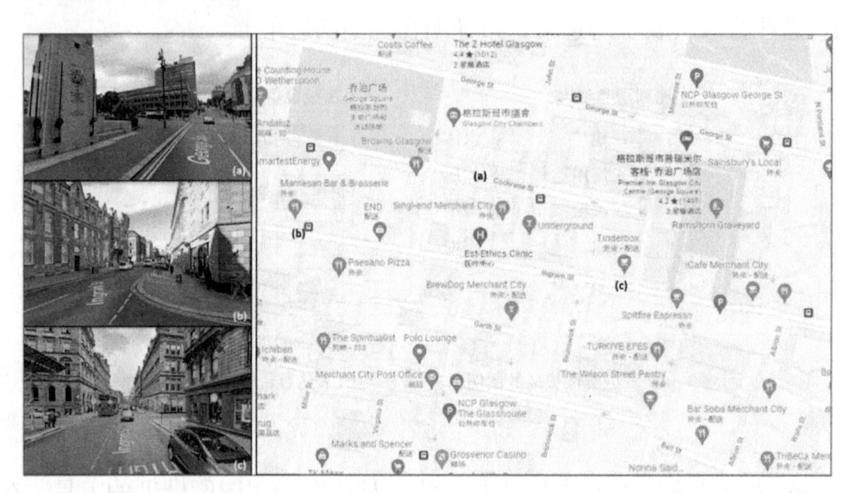

图 1-10 一种地图布局：左图片 – 右图片

总之，地图上的背景、符号要素及地图布局结构都会影响读图者的阅读过程，进而影响其对空间信息的认知加工过程。

1.2 空间认知理论

在 1.1 节中，本书着重讨论了地图认知的理论。人类阅读地图的过程，实际上是间接习得空间知识的过程 (Liben，1992)。但是人类对空间信息的收集和加工，也可以在真实空间中进行——从寻找考场，到坐地铁上班，再到坐飞机旅游，人类在完成复杂行为时，需要涉及各种尺度的空间决策。这种对空间知识的直接习得，同阅读地图间接习得的过程一样，都属于空间认知过程。

本节的空间认知相关定义大多出自心理学研究，因为心理学和地理学在空间认知和视觉认知的很多方面是相通的。心理学主要研究人的思维与行为，而地理学则主要研究人的行为和外界环境。但是心理学倾向于关注小尺度的、几何特征明显的空间环境，而地理学则对更大尺度的真实环境感兴趣。因此，本节从心理学的定义出发，结合地理学相关案例，从认知地图，空间知识、空间记忆与空间能力和空间导航行为三个方面介绍空间认知理论。

1.2.1　认知地图

1. 认知地图的定义

认知地图 (cognitive map) 是认知学家 Tolman 于 1948 年在论文 *Cognitive maps in rats and men* 中提出的概念，是当代空间认知理论的重要组成部分。他根据大鼠在迷宫中觅食时会走捷径，并且在道路被堵住时可以选择其他路线到达终点获取食物的行为，判断大鼠对外部环境的空间结构存在某种理解 (Tolman, 1948; Bennett, 1996)，进而认为：大鼠学习空间时，内部的认知系统表征了迷宫的总体空间特征，而不仅仅是一条从起点到终点的道路。Tolman 将大鼠在大脑中对迷宫整体结构的认知结果称为认知地图。

因此，认知地图指生物根据外部空间环境和信息构建的统一的内部空间表征 (internal spatial representation)(Epstein et al.，2017)。可以看出，认知地图并不是指生物的大脑中存有地图学范畴的地图，而是一系列对于外部空间环境的内部表征信息 (Newcombe，2013)。之所以称为“地图”，强调的是对外部真实空间的表征，就像是运用符号表达地理空间的地图一样。

在 Tolman 之后，许多认知学家开始思考人类空间认知的其他模式，并且在不同的文献和著作中提出了许多类似的概念，如“空间图式”(spatial schema)(Lee，1968)、“心象地图”(mental map)(Graham，1976)、“认知图像”(cognitive image)(Lloyd，1982)、“空间知识”(spatial knowledge)，等等。这些概念在很大程度上是相似的。为了统一，本书采用“认知地图”的说法。认知地图的相关研究主要包括以下几个方面 (Kitchin and Blades，2002)：人类学习空间环境的过程，通过熟悉的环境寻路的过程，根据空间记忆绘制草图 (图 1-11) 的过程，利用语言表达简单路线方位的过程，根据环境表征确定居住场所、工作场所和旅游地点的过程等，这些研究主要围绕人类对外部空间的认知过程而展开。如果一个人生成了认知地图，就意味着他掌握了这个空间内的实体、语义和关联，如一个区域内的重要地物、地理现象、路线、方向、距离和空间关系等。

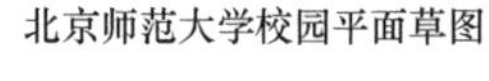

图 1-11　以草图为载体的认知地图

和大鼠的认知地图不同，人类的认知地图更加抽象。人类的认知地图的特点主要体现在区域性和层级性的显著结构特征（肖丹青，2013）。一方面，人类会根据空间相异性和相关性，将一个空间划分成不同的区域。这种相异性和相关性可以是严格的定义，也可以是模糊的理解。例如，将处于季风影响下，且1月均温高于0℃的区域分为亚热带季风气候区（严格的定义）；将我国伊犁河谷附近区域称为“塞外江南”（模糊的定义）等。另一方面，人类还会根据空间的尺度和层次，将空间结构化成树状结构。这种结构在政区关系中较为常见。例如，亚洲包括中国，中国包括山东省，山东省包括临沂市（图1-12）。再如，在一个城市中，将城市根据职能划分成住宅区、工业区和商业区，商业区又可分为中心商业区、副工业区和商业小区。

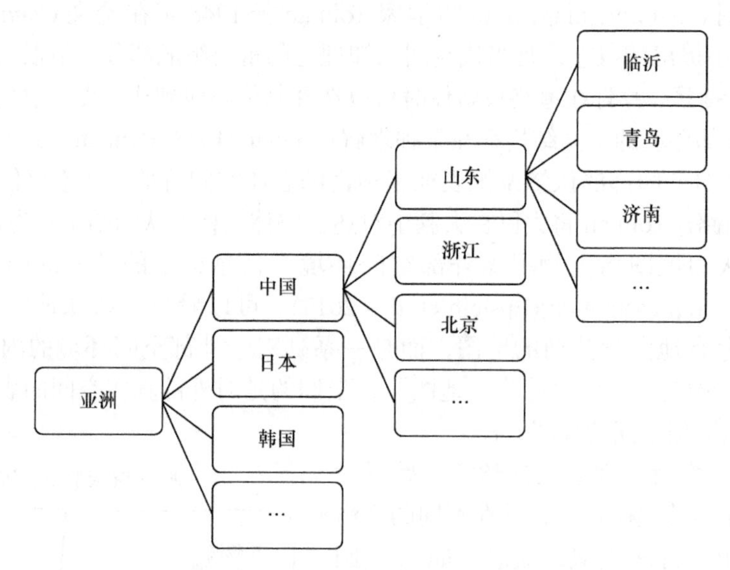

图1-12 认知地图的区域性和层级性

认知地图研究的主要目的在于探寻人类认知空间的行为、过程和机制(Kitchin，1994)。在个人行为层面，认知地图可以更好地了解人与空间交互的过程，进而使空间行为预测成为可能；在环境与城市规划层面，规划者对居民的认知地图了解得越多，就越有利于真实环境的规划和创建(Gärling and Golledge，1989)。

2. 认知地图的结构

本小节会根据一系列经典的认知地图文献，从认知地图的结构、构建过程和形式等角度，梳理认知地图的各方面特征。

Golledge(1993)认为，认知地图的结构包括六大部分，复杂程度各有不同。第一部分与地理要素有关，如建筑物、地标等具有特定意义的符号或标识。这些要素虽然在物理世界中位置是固定的，但在认知地图中，它们的属性可能会被更改，并且不会严格地局限在坐标系内。第二部分是联系地理要素的路径。线性要素可以通过它们的梯度、宽度、曲线和其他属性加以区别，这些都有助于空间编码。这两个要素是认知地图的基本结构，也是对真实空间的直接内部表征，一些文献也称之为空间线索(spatial cue)(Gardony et al.，2011)。第三部分是空间分布(spatial distribution)；第四部分是空间关联

性 (spatial association)，即基于网络关系理解要素和路线的联系。这两个部分主要用于组织前两个部分的信息。第五部分是空间邻近性 (spatial contiguity)，指要素的排序和分离。第六部分是空间分类 (spatial classification)，即按照等级或层级对地理信息进行分类。后两个部分与认知地图的区域性和层级性高度相关。

需要指出，认知地图虽然是真实世界的内部表征，但是认知地图不是静态的，会随着人对环境的理解的加深而不断改变。虽然认知地图强调物体的空间位置和空间关系，但因为它是人类大脑对自然环境的重塑，所以距离和尺度并不是统一的，而是存在着不同程度的变形，也就是说，它在大脑中是以扭曲、破碎、多模态的形式存在的 (Tversky，1993)。

3. 认知地图的知识层级

在对外部空间的表征过程中，人类会选择性地筛选重要的信息，并随着逐层的知识整合与理解，逐渐生成高级的空间知识。认知地图知识等级有三层，即陈述性知识 (declarative knowledge)、程序性知识 (procedural knowledge) 和结构性知识 (configurational knowledge)(Hazen et al.，1978)。

陈述性知识和程序性知识较容易理解。Liben 等 (1981) 将陈述性知识描述为具体空间特征的数据库，并且可分为地标知识 (landmark knowledge) 和路线知识 (route knowledge)，对应着 Golledge 认知地图结构六部分的地理要素和路径。

程序性知识则是根据陈述性知识整合成的更高级的知识，主要分为两种层次，第一种是无序输出知识，第二种是有序输出知识。无序输出知识依赖于一系列独立的空间知识，知识信息彼此间并无关联；有序输出知识则在无序输出知识的基础上增加了空间知识的顺序、距离和方向。例如，甲在南京市旅游，知道一些关键地物和对应的位置，如玄武湖、中山陵、夫子庙，但对它们之间的联系并不了解，这种知识就属于典型的无序输出知识。而在此基础上，通过对旅行过程的梳理，甲记住了这些地物的大致距离和方向，以及去这些景点的顺序，这就变成了有序输出知识。

最高级别的知识是结构性知识，也称为测量知识 (survey knowledge)，它将地点间的关系 (如角度、方位、距离) 信息进行了有机融合，是程序性知识的升华，形成了全面的空间知识体系 (Golledge and Stimson，1987)。Golledge(1992) 认为，结构性知识是空间推断和决策的基础。

虽然在一般的过程中，空间信息会从陈述性知识到程序性知识，再到结构性知识演进，但是一些辅助方法有助于高级知识的快速获得。一些研究者发现，地图可以使人快速学会结构性知识，而导航则能让人更快学会程序性知识 (Freundschuh，1991)。

4. 认知地图度量与研究方法

为了弄明白认知地图的度量问题，许多研究都考察过空间记忆的几何属性。在理想情况下，如果空间记忆和地图契合，那么它将具有欧几里得属性，即认知地图具有恒常的距离和方向。然而，认知地图只有在被整合到依赖时间和经验的高级空间体系时，才具备欧几里得属性 (Piaget et al，1960)。这个结论与人们的切身体验也是相符的：除非对一个区域了如指掌，人们很难用欧几里得空间上的距离去描述一个空间 (如清楚地表达鸟巢距离奥体中心地铁站 800 m，位于奥体中心地铁站北偏西 20°)。只靠部分经验，人们知识中的漏洞和变化必然会造成度量缺陷或非欧几里得框架。因此有学者认为，欧几里得空间不适合对认知地图进行度量 (Downs，2013)。

目前学界认为认知地图中的空间关系具有多维度和非欧几里得几何的特征，虽然这也可能是一种不完整的、变形的、分裂的、层叠的欧几里得度量方法 (Montello，1992)。另外的一些方法，诸如黎曼度量 (Cadwallader，1979) 和曼哈顿度量 (Wakabayashi，1994) 也被运用在认知地图度量中。

下面介绍认知地图的研究方法。这些方法在基于眼动跟踪的地图空间认知研究中，往往会起到辅助作用。Kitchin 和 Blades(2002) 将认知地图的研究方法分为一维数据获取方法和二维数据获取方法。

一维数据获取方法指判定被试对两个地点间空间关系的认识。这类方法可划分为两种任务：距离任务和方向任务。研究者主要使用真实值和估计值的量值差或比例差来考察认知地图的精度。

相对复杂的是二维数据获取方法，即考察被试对多个地点间空间关系或结构的认识。这类方法可分为制图任务、填充任务和识别任务。制图任务是简单且常用的再现认知地图的方法，也就是让被试绘制出对应空间的草图。草图绘制法的优点在于能够体现出被试对空间要素间关系的理解，且生态效度 (ecological validity，即研究结果可以推论到其他情景或现象的程度) 较高。然而，被试的草图差异通常较大，绘制结果与被试绘图能力紧密相关，难以定量评价和分析；更关键的是，草图并不一定能准确地反映被试头脑中的空间知识。

填充任务指被试根据一系列的空间线索完成的各种任务，如反应任务、重构任务和填空任务。例如，McGuiness 和 Sparks(1983) 为被试提供三个地点的空间位置，然后要求被试绘制出三个地点间的路线。相比于草图任务，填充任务下被试的自由度更小，可以有效地降低定量评价分析的难度，还能排除一些个体的奇异值。

识别任务要求被试通过对空间结构的学习，根据指示选择空间内的要素。在实际运用中，往往以判断题或选择题出现。例如，Dong 等 (2020a) 让被试通过 VR 头盔中平面地图和球面地图的信息判断哪个国家的面积最大或哪个城市的人口最多。由于被试回答的自由度较小，并且结果往往以百分数或分数的形式表示，识别任务易于评估与分析，同时也大大降低了被试的负担，易于一些特殊的群体 (儿童、老人和残障人士) 回答。但是相对于前两种方法，生态效度有所降低。

此外，Kitchin 和 Jacobson(1997) 还提到了定性方法在认知地图研究中的应用。出声思维法是经典的定性方法，该方法将在 1.3 节和第 2 章中详细叙述，在此不再赘述。此外，还有一些根据认知类别和认知模式对定性数据进行分类的方法，如提前设定好可能的认知策略、根据被试的口头叙述对号入座。Kitchin 认为，因为被试对自己的认知过程往往难以以语言方式再现，缺乏客观性，定性方法的使用需要非常谨慎。

1.2.2 空间知识、空间记忆与空间能力

1. 直接学习过程

日常生活获取空间知识的方法有许多种：亲身涉足、阅读地图，或者道听途说。空间知识获取的过程，实际上就是认知地图构建的过程——如 1.1 节所述，不同获取空间知识渠道的特征会显著影响认知地图的建立。总体而言，空间知识获取的方式可分为两种，即直接学习 (direct learning) 和间接学习 (indirect learning)。

直接学习指人在一个大环境 (真实环境或虚拟环境) 中，通过身体对空间信息直接进行收集、加工、存储。在学习过程中，人与空间环境的感知和行为交互相当重要。空间导航和寻路就是典型的直接学习的过程。

在一个陌生的环境中，人是如何进行直接学习的呢？研究者认为，空间中的地标、路线和结构都会帮助人构建空间知识。Golledge 的锚点理论 (anchor point theory) 是基于地标的空间知识获取的经典理论 (图 1-13)。Golledge 和 Spector(1978) 认为，不同的地标拥有着不同的外部特征，最显著或者离自身最近的地标往往会形成第一级的锚点，这些锚点既能够联系其他的空间信息，也能够在新的信息到来时帮助巩固记忆。然后在第一级锚点的基础上，人会发展相对显著的、离自已较近的二级锚点和三级锚点。这样，一个以自身为中心的空间知识层级网络就建立了。在之后的研究中，又有许多研究扩展了锚点理论的内涵 (Couclelis et al.，1987)。

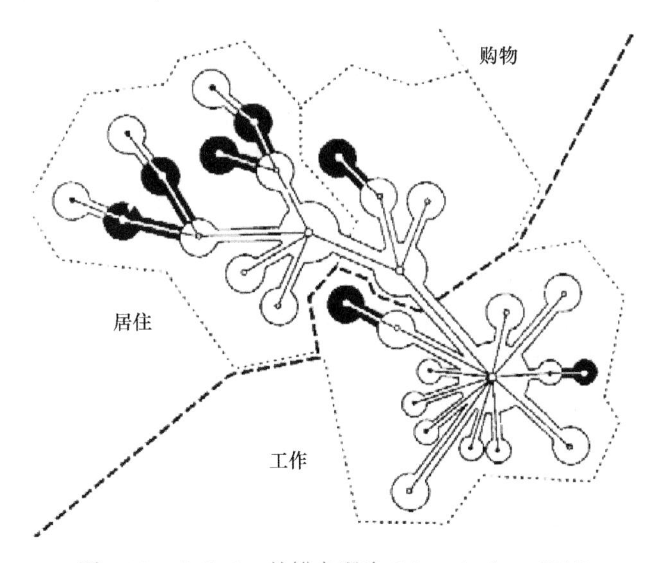

图 1-13　Golledge 的锚点理论 (Munasinghe，2004)

一些学者则强调路线对直接空间知识获取的影响。Gärling 等 (1981) 指出，路径是人在一个陌生空间中首先学习的要素，理由是路径作为线状要素可以构建空间框架，在此基础上地标才能被准确记忆。此外，还有一些学者则强调环境景观对直接学习过程中空间知识获取的重要性。Cornell 和 Hay(1984) 认为，回忆观察景观的顺序会帮助人更快地构建结构性知识。

下面用一个例子帮助读者理解三种不同的直接学习过程(图1-14)。甲乙丙三人到达北京，他们都对北京非常陌生。在之后的生活中，三个人用了不同的方式构建了对北京的认知地图：甲记住了天安门、什刹海、天坛公园、中央电视台总部大楼等地标，然后根据地标确定了距离、方位等空间关系；乙则着重记忆了北京二环、三环以及各条横纵走向的大街，如东四南大街、复兴门内大街等，形成了空间上的路网结构，再以此学习地标信息和结构信息；丙则回忆起了最近几天里印象深刻的自然人文景观，通过观察景观的先后次序和空间位置，直接获取关于北京的空间知识。

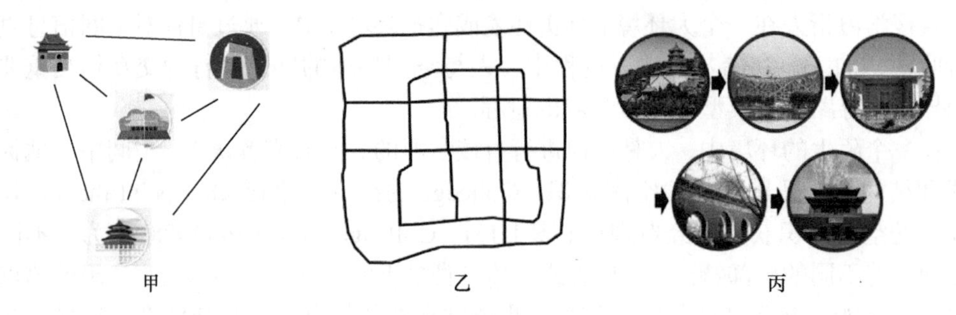

图1-14 甲乙丙三人的直接学习方法的不同

2. 间接学习过程

相对于直接学习，间接学习指人通过载有空间知识的介质来收集、加工和存储空间信息的过程。对于一些空间知识，如大尺度的环境和无法涉足的环境，间接学习显得至关重要。除了直接的介质——地图外，互联网、书籍报纸、电视电影，甚至艺术作品都是间接空间知识学习的内容载体。这里主要讨论地图对间接学习的作用。

一方面，学习地图可以获得某个空间的结构性知识。因为地图可以直观显示空间关系，所以通过地图可以直接获取结构性知识，而非单纯的陈述性知识和程序性知识。有实验证明，相比于在一幢大楼工作数年的人，通过地图获取到知识的人更容易对建筑内部的空间关系作出准确的判断(Moeser，1988)。

另一方面，通过阅读地图的训练，还可以增强对空间信息的理解。地图并非一张简笔画，阅读地图(尤其是复杂的地形图)需要相当强的空间能力(Liben，1992)。而人们一旦有了阅读地图的经验或技巧，反过来也会提升空间能力，从而会对其构建认知地图的水平产生积极的影响。

和三种直接的空间学习方式一样，在现实生活中，个体往往通过多种方法来学习空间知识。

3. 空间记忆的过程

无论通过直接学习还是间接学习，被内部表征的空间知识都会在大脑中存储，被调用时对外表现为认知地图。存储外界空间知识的记忆被称为空间记忆(spatial memory)(Broadbent et al., 2004)，这个词汇往往与非空间记忆(non-spatial memory)相对应，后者指的是有关面孔、物体识别等的记忆。

与普通的记忆相似，空间记忆也分为空间工作记忆(spatial working memory)和空

间长时记忆 (spatial long-term memory)。通过对 Atkinson 等 (2018) 的理论引申，空间工作记忆即人类在执行空间认知任务时，对空间信息暂时储存与操作的能力。

相对于另一个名词“短时记忆”(short-term memory) 来说，工作记忆更强调在信息加工过程中人脑对信息的监控和保持能力。工作记忆通过视觉空间模板、情景缓冲器和语音回路来分别缓存视觉、情景和听觉信息 (Baddeley，2003)。例如，在进行导航时，行人记忆多个地标的位置信息和语义信息；或者在阅读地图时，读者记忆地图符号类型或地图要素位置，主要通过视觉空间模板和情景缓冲器实现。研究表明，在独立记忆 (即不按照成组记忆) 的前提下，人类工作记忆的容量数大约为 4(Cowan，2001)。如果不经过长时间的训练，工作记忆就会丧失，因而在大脑中留存的时间极短，故而空间工作记忆无法生成认知地图。长时记忆指存储时间超过 1min 的记忆。通过对工作记忆多次训练加强可以获得长时记忆，但也存在由于印象深刻一次生成长时记忆的情况 (图 1-15)。

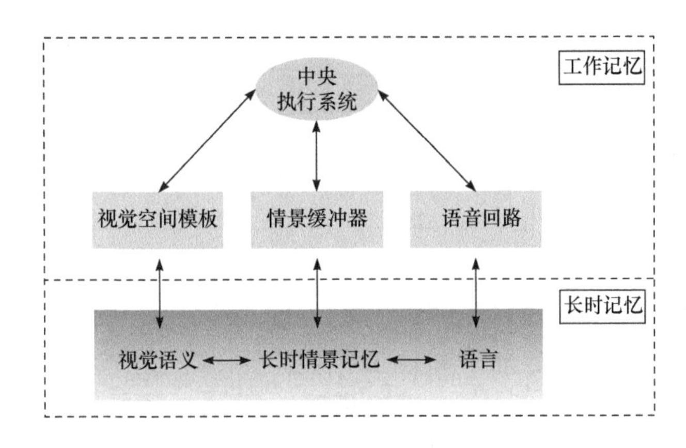

图 1-15　工作记忆和长时记忆 (Baddeley，2003)

如何去描述空间记忆的过程呢？ Kitchin 和 Blades 提出了一种认知制图模型 (图 1-16)，包含了人类通过现实世界生成工作记忆和长时记忆的过程。他们首先假定个体是一个积极的决策者，在认知过程中主动地和空间进行互动，并且可以根据以往的经验能动地加工信息。其次，个体的行为取决于并仅取决于真实世界和主观世界，不存在臆想的可能性。

Kitchin 和 Blades 将这个认知制图模型分成了三个互相交错的部分，即现实世界、工作记忆和长期记忆。这三个部分在人的大脑中并行存在。现实世界代表着人类与其互动的空间，并可分为两种作为空间信息来源且彼此互动的部分：一级 (或称为环境) 互动来源和二级 (或称为社会) 互动来源。这些信息会被人类不断地获取，成为认知地图的构建原材料，进而成为个体作为空间选择和决策 (spatial choices and decisions) 的依据。

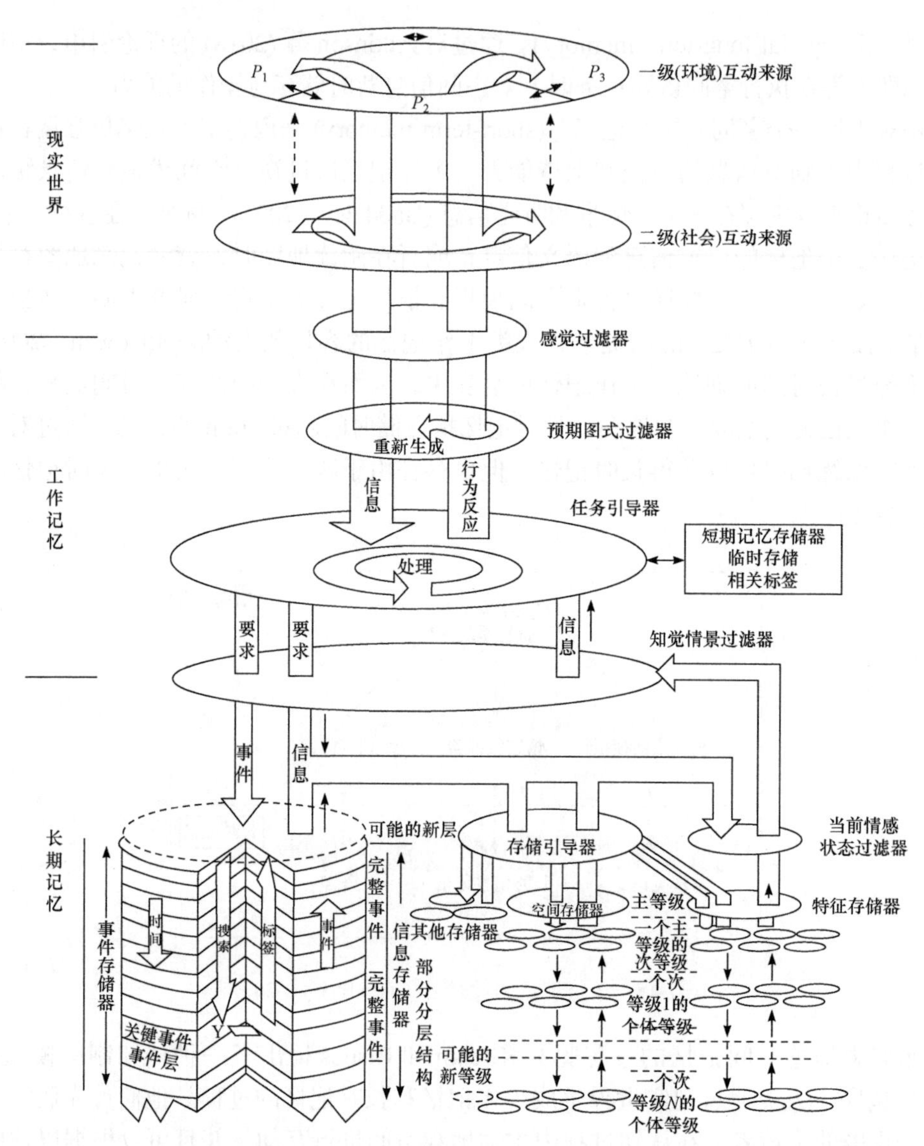

图 1-16 Kitchin 和 Blades 的认知制图模型(罗布·基钦和马克·布来兹，2018)

工作记忆部分在于描述有意识或无意识的思考过程。它分为六个部分：感觉过滤器、预期图式过滤器、任务引导器、短期记忆存储器、知觉情景过滤器和当前情感状态过滤器。感觉过滤器用于收集基础感官信息；预期图式过滤器用于选择感官得到的信息，进而逐渐形成预期图式以指导行为；任务引导器用于对不同的空间任务进行分类引导；短期记忆存储器的作用则是临时存放与目前的任务相关的空间信息(并未被长期存储)；知觉情景过滤器和当前情感状态过滤器互相合作，通过对以往空间知识和当前空间信息的交互来影响目前的决策。

长期记忆部分表现了人类存储和使用知识的过程，分为两个部分。第一部分是事件存储器，包括一系列在一定时间结构下记录的事件。第二部分是信息存储器，呈分层结构并且受到存储引导器的控制，存储引导器用于对新信息的区分，并引导其进入信息存储器。

用一个简单的过程来说明 Kitchin 和 Blades 的认知制图模型 (图 1-16)。读图者 A 在通过地图学习台湾省的空间知识，他获取到了一个新的信息“玉山山脉”。载有玉山山脉信息的视觉变量和地图符号通过视觉器官 (感觉过滤器) 到达预期图式过滤器，预期图示过滤器基于之前的知识对其进行识别，认为“玉山山脉”为山脉的一个实例。接下来，信息到达任务引导器，任务引导器发送消息至事件存储器和信息存储器，标上初始信息标签，提醒长期记忆部分进行记忆。在不长的时间内，信息还会在短期记忆存储器内被短期存放。

信息传至长期记忆部分后，事件存储器会根据以往情况，提供一个和当前信息有关的记忆标签。例如，事件存储器回忆起 A 之前游览过的，与玉山山脉走向相似的长白山脉，从而便于理解和记忆。事件存储器提供的记忆标签被存储引导器使用，根据记忆标签的分类情况，存储引导器引导“长白山脉”存储到信息存储器中。如果这里存储引导器得到的是一个之前从未存储过的相似的记忆标签，它就会创建新的空间用于存储新的信息。

现在，A 被要求阅读几个山脉的信息，选择哪个山脉位于台湾省内。此时，存储于信息存储器的“玉山山脉”信息通过知觉情景过滤器和当前情感状态过滤器到达任务引导器，和其他山脉的信息在任务引导器中指导决策。此时，如果 A 对玉山山脉有足够的了解，玉山山脉的各种空间信息 (走向、高度、边界) 和语义信息 (岩层、气候) 都会在任务引导器中帮助其决策。

4. 空间能力的定义与分类

在认知地图构建的过程中，人类的个体差异往往十分明显：有的人经过几分钟的学习就可以理解一片区域的空间情况，有的人却看不懂地图。很多研究者都曾经在文章中指出这些差异，并将其与空间知识习得和空间记忆的能力差异相关联。讨论空间问题解决方面个体差异的研究称为空间能力 (spatial ability) 研究。

空间能力是人类至关重要的能力，与日常生活、学习和工作密切相关。Linn 和 Petersen(1985) 将空间能力定义为一种表征、转换、生成和提取符号等空间信息的技能。它反映了人获取现实世界中事物和现象变化的相对位置、相互依赖性和客观规律知识的过程 (Shea et al.，2001)，涉及对一个物体的内部关系、物体间的关系以及物体与观察者之间的关系的把握等方面的内容。空间能力是人们日常生活中一项重要的基础能力，对人们感知周围环境、作出正确决策有重要意义，被认为与科学、技术、工程、数学 (STEM) 领域的成就相关 (Stieff and Uttal，2013)。

在心理学上，经典的空间能力测量实验是视角选择任务 (perspective taking task) 和心理旋转任务 (mental rotation task)(Newcombe and Huttenlocher，1992；Collins and Kimura，1997)。这类实验的刺激材料往往是复杂的几何图形，空间尺度也局限于类似桌面的小型尺度，并未涉及对建筑物、城市，甚至更大尺度空间的信息编码和记忆。Allen 等 (1996) 通过小尺度的空间任务实验和一个小镇尺度下的空间能力实验发现，被试完成小尺度空间任务的能力和大尺度下对环境的学习有着很高的相关性。Allen进而认为，空间能力的差异，往往与认知地图构建的个体差异有紧密的联系 (Allen，1999)。在地理空间认知研究中，一种常用的测量空间认知能力的方法是使用 SBSOD 量表，具体方法将在第 2 章中介绍。

关于空间能力究竟包括哪些能力，由于探讨层面的不同，各领域的学者有相异的观点。在心理学和认知地理学范畴中，学者普遍承认心理学家 Lohman 的定义，将空间能力划分为三种子能力 (Workman and Caldwell，2007)(图 1-17)。

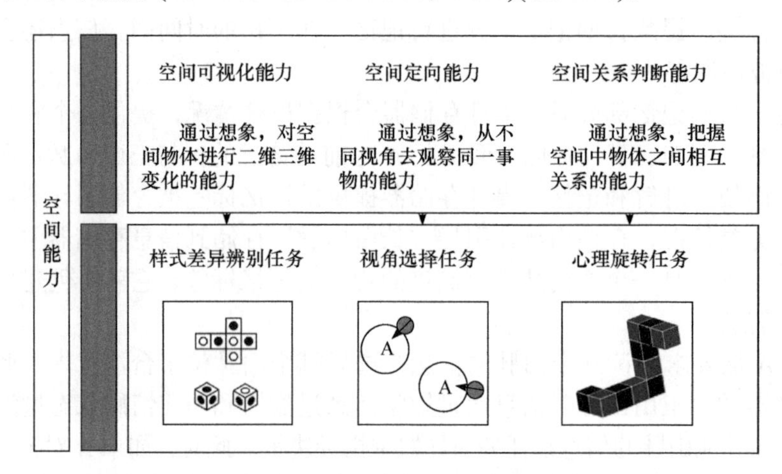

图 1-17 空间能力分类及心理学测量方法

1) 空间可视化能力

空间可视化能力 (spatial visualization ability) 是指人类个体能够通过想象，进行空间物体的旋转、扭曲、翻转等二维或三维变化的能力 (肖丹青，2013)。空间可视化是空间能力的重要部分，空间可视化能力的差异可以显著区分个体进行信息搜索的效率。在地图学上，往往引申为读图者通过想象将二维地图转换为真实世界的能力，或者将三维地图从一个视角转换成另一个视角的能力。在心理学上，常见的测量空间可视化能力的方法是样式差异辨别任务 (differential aptitude test)(Roca-González et al.，2017)，即给出几何物体判断其展开图的任务。

2) 空间定向能力

空间定向能力 (spatial orientation ability) 是指人类个体能够通过想象，从不同视角去观察同一事物的能力。空间定向能力既包括对刺激材料各元素排列关系的理解能力，也包括随着空间结构的变化仍然保持方向的能力。这种能力在日常生活中主要体现在导航和寻路过程中，特别是在对自我当前位置和朝向的辨认上，即定位定向能力 (orientation and direction ability)。在遥感图像和各种地图的阅读过程中，空间定向能力也起到了重要的作用 (肖丹青，2013)。典型的测量空间定向能力的方法为视角选择任务。

3) 空间关系判断能力

空间关系判断能力 (spatial relations ability) 是指把握空间中物体之间相互关系的能力，或者被形容为“决定在不同刺激和反应下空间排列之间关系的能力”(Lajoie，

1987)。具体到地理学和地图学上，空间关系判断能力包括很多能力，如空间模式识别、形状判别、回忆空间布局、空间联系、空间参考系转换等 (Self and Golledge，1994)。心理旋转任务是常见的测试空间关系判断能力的任务 (Roca-González et al.，2017)。

正如刚才提到，这三种子能力的提出，脱胎于心理学家在小尺度上对复杂几何图形的实验结论。因此在地理学与地图学范畴中，空间能力的分类又有所不同。Self 和 Golledge(1994) 在上述三种子能力的基础上，结合地理学的学科特征，提出了十五种具体的空间能力：①进行空间几何思考的能力。②想象复杂空间关系的能力。③辨别不同尺度空间现象分布的能力。④根据二维载体感知三维结构的能力，反之亦然。⑤描述宏观空间关系的能力。⑥给出并理解距离和方向估计的能力。⑦理解网络结构的能力。⑧构建时空转换的能力。⑨发现区域文化间空间联系的能力。⑩ 根据文章报告想象空间分布模式的能力。⑪ 想象空间物体间层级化的能力。⑫ 在本地、相对和全球参考系下，进行空间定位的能力。⑬ 进行空间旋转或其他空间变换的能力。⑭ 在不同视角观察情景后，准确重新表征情景的能力。⑮ 结合、重叠或分解空间分布、空间模式和空间排列特征的能力。

而在地图学上，对空间能力的定位则集中于对地图的阅读能力上，即基于地图的空间能力 (spatial ability based on maps)。美国俄勒冈大学教授 Lobben(2007) 对导航地图空间能力进行了总结，并且形成了导航地图读图能力测试 (navigational map reading ability test，NMRAT) 量表。她总结的五种空间能力如表 1-2 所示。

表 1-2　Lobben 总结的五种空间能力

能力	能力简介
地图旋转 (map rotation) 能力	旋转地图使其方向和行进方向保持一致的能力
位置判别 (place recognition) 能力	在地图上辨别地物位置的能力
自我定位 (self-location) 能力	在地图上确认自我位置的能力
路线记忆 (route memory) 能力	记忆地图上路线方向及地标的能力
寻路 (way finding) 能力	不使用地图进行寻路的能力

1.2.3　空间导航行为

1. 空间导航行为与行人寻路

在真实空间中进行的空间导航 (spatial navigation) 行为是人类对认知地图的运用之一。空间导航行为是人们日常生活中常见的活动，也是地理空间认知的一个典型过程。Montello(2005) 把空间导航定义为行人在环境中有目标的运动过程，它涉及路线规划和执行两个过程。同时，Montello 把导航分解为两个组成部分：移动 (locomotion) 和寻路 (way finding)。移动是指人在环境中的物理行为，如规避障碍物、行走到某个特定的路标处，这个过程发生在自己可见的局部环境中，通常持续时间只有几分钟。而寻路是指有目标、有规划地移动，它必须要有一个目的地，而这个目的地通常不在可见的视野范围内。

因此，寻路依赖于记忆和外部信息，如地图、标记和语言等，人类需要综合各类外部信息和内部知识作出决策。成功的寻路过程需要用户清楚地知道自己所处的位置、保持正确的行进方向，以及正确地识别目的地 (Farr et al.，2012)。其他学者也对寻路作出了定义，例如，Lynch(1960) 认为寻路是“使用和组织从外部环境中获取的、确切地感知信息的过程”；Downs 等 (1977) 认为寻路包括四个步骤：定向、路线规划、路线控制和终点识别；Golledge(2003) 把寻路定义为“规划一条路线并从起点走到终点的过程”。

在更多的情况下，空间导航是需要辅助手段的。一个经典的情景是使用地图进行导航，即行人地图导航 (map-based pedestrian navigation)。行人通过地图获取空间知识，并用来进行空间决策 (如空间定位和定向)。行人地图导航的认知过程是用户对三个空间的认知相结合和统一的过程：用户所处的地理空间、地图所表达的地理空间和用户本身已经认知的空间 (储存在长时或短时记忆里)。地图的加入使得原本在寻路者与环境两者之间进行传递的空间信息，转为在寻路者、环境和地图三者之间进行传递。这个过程涉及地图符号识别、地标识别、地图与环境匹配、空间定位与定向、路线规划，以及心理旋转等一系列复杂的认知和行为过程 (Kiefer et al.，2017；Lobben，2004；Montello，2005)。

随着移动互联网的兴起，各式各样的导航辅助工具逐渐出现，如车载导航、手机导航、增强现实导航等。这些工具为人类的导航提供了很多便利，让人类无须调用基于视觉的空间参考与空间线索，就能以最小的时间代价和成本代价从一个地方到达另一个地方。然而，导航辅助工具的长期使用，是否会造成人类空间导航能力的降低，即能力是否会“用进废退”，仍然是一个需要讨论的问题。

在接下来的小节中，本书从与导航行为紧密相关的两个影响因素——空间尺度 (spatial scale) 和空间参考 (spatial reference)，来讨论不同情况下的空间导航行为。需要指出，这两个因素在一般意义上的认知地图构建中，尤其是在空间知识的直接学习过程中，也起到了很重要的作用，并不仅限于导航。

2. 空间尺度

在地图学上，尺度就是人们熟悉的比例尺，就是抽象的地图上所标定的距离和实际距离的比值。空间尺度是整个地理学领域研究的根本问题之一，在空间认知上也是如此。不同尺度下的空间认知问题在诸多方面都会有显著性的差异。从学校的教学楼到宿舍、从北京南站到北京师范大学、从南京到乌鲁木齐，这三种实际出行背后的尺度加工机制明显是不一样的。

在讨论空间尺度对导航的影响前，应当以一种较为标准的形式去定义尺度的规模，即小尺度、中尺度或大尺度分别对应什么样的范围。对空间尺度的定义有许多种，在地理空间认知领域，一个经典的分类是加利福尼亚大学圣巴巴拉分校教授 Montello(1993) 对空间尺度的定义。Montello 在 Zubin 四类空间 (A 类空间，即小于人类控制范围的空间；B 类空间，即大于人类控制范围小于人类视野的空间；C 类空间，需要变换视野理解的空间；D 类空间，只能借助工具理解的空间) 的基础上，归纳总结出了一套空间尺度定义的方案。

(1) 图形空间 (figural space)。图形空间是指小于人类身体的空间，可以从一个视角看到空间的全貌，如桌子上平面构成的空间或乐高玩具堆砌成的空间等。

(2) 视窗空间 (vista space)。视窗空间指大于人类身体但仍然可以从单一视角遍览全貌的空间，如广场空间、较小的室内空间等。

(3) 环境空间 (environmental space)。环境空间指通过一个视角已经无法遍览，但通过改变视角或移动可以遍览的空间，如公园空间、较大的室内空间、家属院空间等。

(4) 地理空间 (geographical space)。地理空间在此不同于地理学上的定义，是指即使改变视角、移动也无法遍览的空间，只能通过间接学习方式获取相关空间信息，如地图。

Montello 的空间尺度分类被认知地理学的研究广泛引用，但他把在地图上约为 1 ： 10000 的城市尺度、1 ： 1000000 的国家尺度以及 1 ： 10000000 的全球尺度全部归为了最后一类地理空间。这在具体研究中也有一些实际的问题存在。以色列认知科学家 Peer 等 (2019) 依据研究结果将空间尺度划分成图形空间、房屋 (room) 尺度、建筑物 (building) 尺度、街区 (neighborhood) 尺度、城市 (city) 尺度、国家 (country) 尺度和洲际 (continent) 尺度，较好地弥补了 Montello 方案在较大尺度中划分不细致的问题。

为了完成上述各种尺度的空间导航，人类需要选择性地加工具有不同尺度规模的地理实体。由于尺度的影响，人类对地理空间场景的学习存在直接经验与间接经验的差异。人类日常生活中出行范围的尺度以房间、建筑和街区为主。在该尺度范围下，人类能够通过身体或视觉亲历的方式直接感知与加工地理空间实体与结构。对于城市及以上尺度，由于空间信息量过大，以及可达性与可视性的限制，人类往往无法直观地感知地理空间的全貌。为了满足人类对大尺度区域的空间感知与导航的信息需求，各种类型的空间抽象表达方式应运而生，包括地图、地球仪等。通过间接学习抽象表达的空间知识，人类能够完成对大尺度地理空间的认知加工 (Epstein et al.，2001)。

尺度对人类导航策略的影响也是影响空间导航的一大方面。根据不同尺度下的空间环境，人类会采取基于认知地图策略和响应策略中的一种 (Epstein and Vass，2014；Iaria et al., 2003)。认知地图策略即本节详细描述的，基于认知地图进行空间认知的策略；而响应策略，则是通过建立刺激 - 响应的联系，使用视觉引导信息来进行导航的方式，如根据信号灯左转或者右转。

针对空间尺度的研究方兴未艾。比如刚才提到的，人类在不同尺度下进行导航时，使用空间参考与导航策略的倾向性目前仍不明确。同时，具体到某一种尺度下空间信息的编码和整合模式，以及在不同尺度间进行尺度转换的行为，都尚待进一步的研究 (Kitchin and Blades，2002)。

3. 空间参考

在地图设计之前，首先需要根据测绘的结果选取空间参考框架 (spatial frame of

reference) 或者空间参考坐标系 (spatial reference coordinate system)，这样设计出来的地图才具有数学意义，才可以使用比例尺、经纬网或方里网进行度量。空间参考就是定义空间基本距离和方向的方法，或者说是用来启发地点之间联系的方法 (Moar and Bower，1983)。在空间导航行为中，实际上也需要采取空间参考，将自身和周围地物地形产生关联，完成对空间知识在认知地图中的内部组织，进而才能完成定位、定向、寻路等一系列导航任务。

地理学家 Hart(1981) 提出了空间参考对空间认知的影响 (图 1-18)。他在研究儿童空间认知行为时，将空间参考系和空间知识组织联系在了一起。之后研究空间参考模式的学者有很多，其中较为有名的是 Levinson(1996) 对空间参考系的定义。

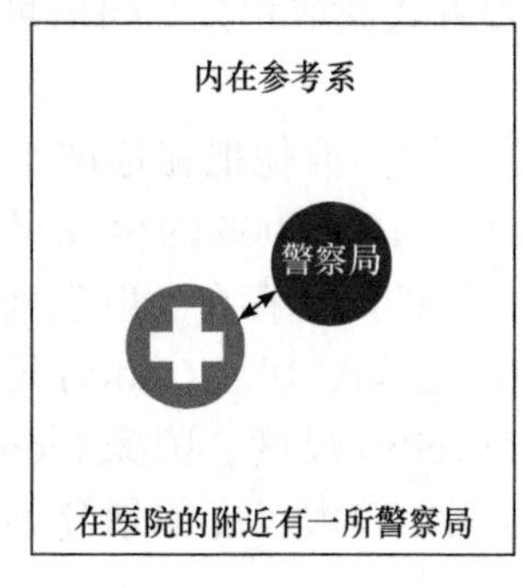

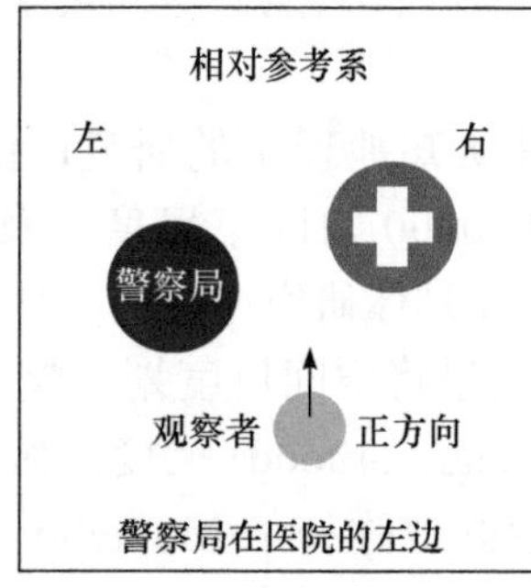

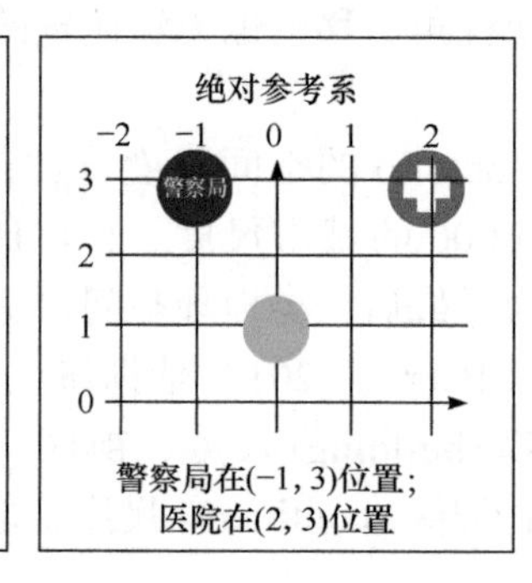

图 1-18 Hart 的空间参考系分类

(1) 内在参考系 (intrinsic frame of reference)。内在参考系是一种二元参考关系，根据两个物体的相对位置进行定义。举个简单的例子，在医院附近有一所警察局，可以看到，由于没有设定具体的正方向，这种参考仅能确定距离，而不能确定方向。

(2) 相对参考系 (relative frame of reference)。相对参考系是一种三元参考关系，根据观察者和两个物体之间的位置进行定义。由于观察者的存在，观察者面向的方向即为参考的正方向，因此相对参考系既能确定距离，也能确定方向。在观察者面前，警察局在医院的左边，医院在警察局的右边，就可以相对地确定二者的方向。

(3) 绝对参考系 (absolute frame of reference) 或者欧几里得坐标系 (Euclidean coordinate system)(Piaget et al.，1960)。绝对参考系根据绝对方向 (东西南北) 或者绝对坐标系 (经纬网、方里网) 对物体的位置进行定义。在绝对参考系当中，所有物体 (包括观测者) 被划分到了一起，正方向和正位置不随着观察者的变化而变化。将 (2) 的场景以绝对参考系 (在这里用人们熟悉的平面直角坐标系) 描述，就可以如此形容：相对于地表平面的某个点 (即原点)，观测者站在 (0,1) 位置，朝向正北；警察局位于 (–1,3) 位置；医院位于 (2,3) 位置。

根据不同的空间参考系，人类可以采取不同的空间参考方式。在空间认知领域中，常见的空间参考方式有以下两种 (Klatzky，1998)：第一种为自我中心的空间参考 (egocentric reference)。这种参考方式代表人类以自我位置为中心，以正前方为正方向，编码所有空间要素的相对位置和方向。第二种为非自我中心的空间参考 (allocentric reference)，近义的描述还有“外界中心的空间参考”(exocentric reference) 和“全球中心的空间参考”(geocentric reference)。这种参考方式代表人类将自身看作空间中的一部分，利用环境来设置参考系，编码自身与其他地物的绝对位置和方向。

从知识获取的角度来说，空间参考能够帮助人类获取陈述性知识，并且将陈述性知识转化为程序性知识存储在认知地图当中 (Kitchin and Blades，2002)。对于陈述性知识，自我中心的空间参考将其与人类自身联系起来，确定各个地标和人类的距离和方位；而在非自我中心的空间参考下，人类则将自身也作为一个地标，构建地标与地标间的相对距离和方位。因此有学者认为，自我中心的空间参考与空间能力中的定向能力以及导航过程中的定向过程紧密相关，而非自我中心的空间参考则与空间能力中的可视化能力以及导航过程中的定位过程紧密相关 (Wraga et al.，2000)。

从另一个角度来说，空间知识的获取方式也会影响空间参考的建立。通过直接学习得到的空间知识往往会让人构建基于自我中心的空间参考，而基于地图的间接学习方式则更有利于构建非自我中心的空间参考 (Sholl，1987)。空间尺度的差异也会影响空间参考的建立。以一个简单但极端的例子来描述，人对面前的桌子往往用不着采取非自我中心的空间参考，因为桌子相对于人太小了；同理，人相对于整个地球太小了，也没有办法采取自我中心的空间参考。

在不同的空间导航场合，合理地切换不同的空间参考进行定位、定向和寻路，会提高导航的效率和有效性 (Lawrence，1977)。例如，从室外到室内，人们往往会从非自我中心参考转化为自我中心参考。

1.3　视觉认知理论与眼动实验

地图和空间的认知过程是一个十分复杂的过程，但是反映到人的行为上，需要调用的功能绝大多数是围绕着视觉展开的。虽然目前已经存在面向视觉障碍人士的地图以及听觉地图、触觉地图等，但是绝大多数地图都以视觉为表达载体，都需要靠人的视觉系统来完成信息的传递和加工。本节重点从地图认知的角度阐述人类视知觉的总体过程，说明视觉注意与眼动行为的特点，并且讨论为何要使用眼动实验来研究地图空间认知问题。

1.3.1　人类视知觉过程

1. 人类视知觉过程概述

人类的视觉系统是眼球 - 视神经 - 视觉皮层的复合运转系统。眼球获取光学信息后，视网膜会将这些信息通过视神经传递到初级视觉皮层，进而再利用一系列的信息来生成视觉。初级视觉皮层首先识别物体的边界，由许多短线段表示，每个线段都有一个特定的方向，这个过程称为方向特定 (specific orientation)。视觉皮层会将这些信息整合到特定物体的表征中，这个过程称为轮廓整合 (contour integration)(Kandel et al.，2000)。

方向特定和轮廓整合这两个步骤说明了两个视觉处理的不同阶段。方向特定是低级视觉处理的一个例子，它涉及视场结构的局部元素识别。而轮廓整合是中级视觉处理的一个例子，它是生成统一视野表示的第一步。

一张地图是由成千上万的线段和曲面组成的。中级视觉处理涉及判断哪些边界和表面属于特定的地理事物，哪些又是地图背景的一部分。因为中级视觉处理过程还涉及以表面反射的光的强度和波长来区分表面的亮度和颜色，所以，它还涉及将地图的局部要素组合成物体和背景的统一感知。虽然确定哪些要素属于同一个对象是一个非常复杂的问题，但大脑有内置的认知逻辑，允许它对要素之间可能的空间关系作出假设 (Gazzaniga，2004)。当然，这些假设也会造成视错觉 (optical illusion)。

而通过高级的视觉皮层的神经元，人可以整合来自地图上的多源信息，继而通向视觉认知的最终阶段。高级视觉处理依赖于需求、目的、先验知识等信号，这些信号使自下而上不同的感觉表征具有语义意义，如由短期工作记忆产生的感觉表征、长期记忆和行为目标。因此，高级视觉处理是具有高度的语义选择性的 (Shomstein et al.，2019)。

2. 视觉器官

人类观察图像主要依靠视觉器官 (visual organ)，这是产生视觉感觉 (visual sensation) 的首要部分。有了视觉器官获取光学信息，进而才能识别各种视觉变量，识别物体。视觉器官包括了眼球的光学系统和视网膜 (retina) 的接收系统 (图 1-19)。视网膜是眼的感光部分，为眼的最内层，是一层透明薄膜，其中布满视觉感光细胞、视锥细胞 (对高强度的光刺激敏感) 和视杆细胞 (对低强度的光刺激敏感)。视网膜可以分为以中央凹 (fovea centralis) 为中心，直径为 5~6mm 的中央区和外围的周边区，它的面积之比约为 1 ：40，中央区的视力最强，称“中心视力” (central vision)，周边区则较弱，称“周边视力” (peripheral vision)。黄斑在中央凹周围，是视锥细胞最密集的区域，呈黄色，直径为 2~3mm。中央区的中间与边沿区的视力有很大差别。但是，周边视力也很重要，它对光照及运动的刺激是敏感的，外界的这种变化在周边区引起反应，促使眼球转动以使中央区对准变化的地点。此外，周边视力对掌握目标的形状也起到十分重要的作用。

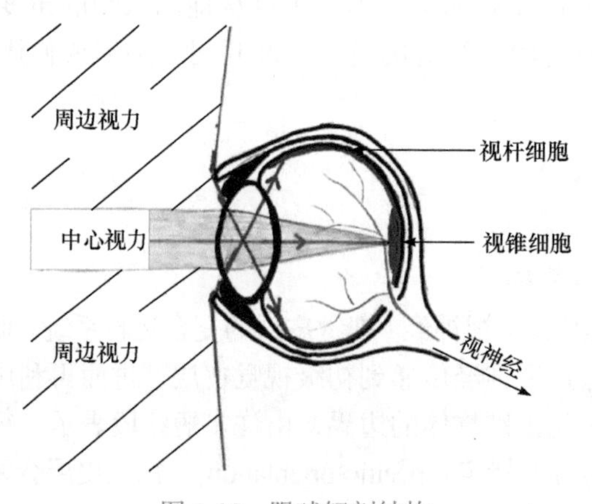

图 1-19 眼球解剖结构

因为上述生理特点，阅读地图时，读图者依次地把图上各部分引入中心视力的范围之中。因此有一些尺度非常小的符号或者注记，由于其大小接近于视敏度的下限，没有引起周边视力的注意，需要增加视觉搜索的时长才能发现它们 (高俊，2012)。

3. 视神经与外侧膝状体

视网膜神经元的轴突汇聚成了两条视神经，它们以动作电位的方式将视觉信息传送到具有各种功能的大脑区域 (图 1-20)。绝大多数 (约 90%) 来自视网膜的信息，通过视神经传递到了位于丘脑背侧的外侧膝状体 (lateral geniculate nucleus，LGN)，其他信息则传递给包括丘脑枕核和上丘的皮下核团。LGN 是视觉信息进入大脑皮层的门户，每个大脑半球的 LGN 接收来自双眼对侧的图像信息 (即左侧 LGN 接收左眼和右眼右侧视野的视觉信息)，然后传递给与之同侧的大脑初级视觉皮层 (primary visual cortex，V1)，或称早期视觉皮层 (early visual cortex，EVC)(Blasdel and Lund，1983；鲍敏等，2017)。

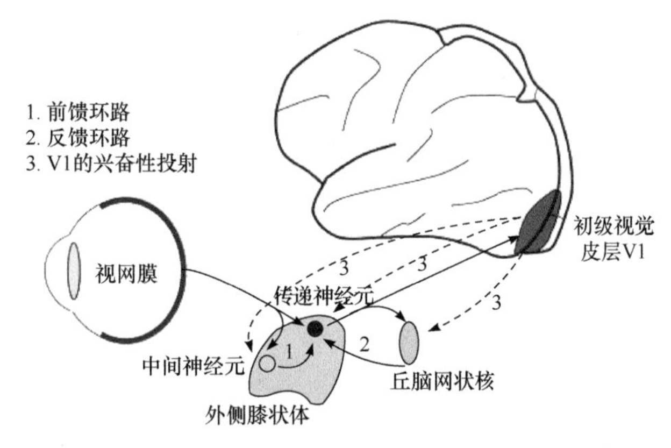

图 1-20　视神经与视神经连接的视觉通路各部分[①]

尽管 LGN 本身并不对视觉信息做过多加工，但它可能通过有序的投射连接建立视觉信息之间的时间相关性和空间相关性。LGN 的神经元和视网膜上的神经节细胞具有相似的结构和对光的反应性质，但与后者不同的是，它同时也接收大量的来自 V1 的兴奋性投射。

4. 大脑视觉皮层

在很长一段时间，V1(也就是初级视觉皮层) 被称为纹状皮层 (striate cortex)，而围绕着初级视觉皮层的其他皮层被称为纹外皮层 (extrastriate cortex)。V1 位于枕叶，并沿着距状裂分布。视觉信号通过视神经和视放射，自视网膜经 LGN 传递到 V1，然后分别由两条主要的神经通路做进一步处理，称为背侧视觉通路 (ventral visual pathway) 和腹侧视觉通路 (dorsal visual pathway)(图 1-21)。这两条通路于 1982 年被 Mishkin 和 Ungerleider 发现，他们认为这两条通路是用来对不同类型的信息进行提取和加工的

① 图片来源：https://entokey.com/the-lateral-geniculate-nucleus/

(Ungerleider et al.，1982；Mishkin and Ungerleider，1982)。背侧视觉通路基于上行纵向神经束，包括枕叶到顶叶的一系列脑区，从 V1 到 V2(次级视觉皮层，secondary visual cortex) 和 V3(三级视觉皮层，third visual cortex)，再到中颞区 (middle temporal cortex，MT；在人类大脑中或被称为 V5，即第五视觉皮层，fifth visual cortex) 和内侧上颞区 (medial superior temporal cortex，MST)，通过腹内侧顶叶皮层 (ventral intraparietal cortex，VIP) 和背内侧顶叶皮层 (lateral intraparietal cortex，LIP)，主要处理运动和深度相关的视知觉信息。腹侧视觉通路基于下行纵向神经束，包括了枕叶到颞叶的一系列脑区，从 V1 到 V2 和 V4(四级视觉皮层，fourth visual cortex)，进而延伸到颞下皮层 (inferior temporal cortex，IT)，主要处理高级视觉信息。两条通路有可能在前额叶区域交会，背侧通路通过顶叶皮层到达背外侧前额叶皮层 (dorsolateral prefrontal cortex，DLPFC)，而腹侧通路通过颞叶皮层，到达腹外侧前额叶皮层 (ventrolateral prefrontal cortex，VLPFC)(Kravitz et al.，2013)。

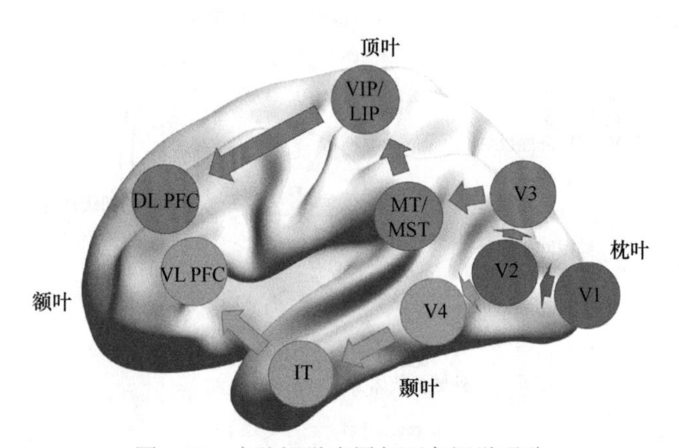

图 1-21 大脑视觉皮层与两条视觉通路

蓝色脑区为初级、次级视觉皮层，橙色脑区及通路为背侧视觉通路，绿色脑区及通路为腹侧视觉通路

随着图像信息沿视觉通路的层级传递，功能脑区能从视觉图像及其变化里提取出的信息也从简单到复杂，从具体到抽象。例如，V1 神经元能够区分物体的朝向、空间位置、运动方向和视差 (Clavagnier et al.，2004)；V4 神经元对不同颜色的感知更加敏感 (Pasupathy et al.，2020)；MT 神经元则可以区分多个物体运动方向的一致性，以及它们之间的相对位置关系 (Bedny et al.，2010)；到高级视觉皮层的 MST 和 LIP 区，那里的神经元则可以通过更大的综合分析感受野 (receptive field，即感觉细胞可以感受到的原始刺激输入的区域总和) 内所有物体的运动状态和眼球的转动，准确推测出观察者自身的运动方向。需要说明的是，这两条通路只是根据视觉生成与物体识别的主要功能，以及大脑空间的相对位置，对一些脑区作出的简略分类。事实上，神经系统是网络化结构，不仅在各个通路内部存在双向投射，两条通路在各个脑区间也存在广泛的投射联系 (Merigan and Maunsell，1993)(图 1-22)。注意，图 1-22 仅为一张简图，两条通路上脑区的联系远比此复杂。

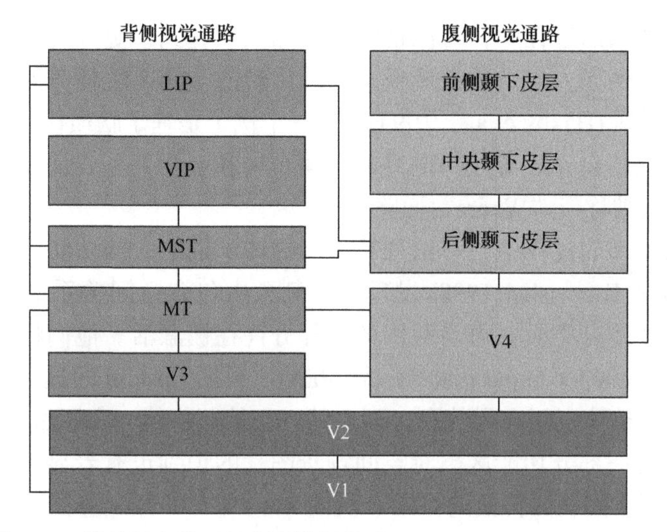

图 1-22　通路间各脑区的主要投射联系 (Merigan and Maunsell，1993)

依旧以地图阅读作为例子来解释视觉认知过程。读图者通过视觉器官获取了一张地图，并且通过视网膜获取了一系列的视觉变量，如方向、颜色、尺寸等。这些变量信息以光信号通过视神经，经过了 LGN 神经元的初步加工，到达初级视觉皮层。在 V1 和纹外皮层神经元中，上述视觉变量被逐步感知，但读图者尚无法确认这些变量蕴含的要素信息 (符号的内容) 和语义信息 (符号背后的地理含义)。有可能，从初级视觉皮层到高级视觉皮层的过程中，感知到的要素越来越复杂，通过方向认知到了轮廓和速度，通过颜色认知到了亮度和饱和度，大脑就需要对这些进阶信息进行进一步的加工，从而识别地图上的物体 (这表示了一个医院) 和构建感知的空间 (这张地图表示了杭州周边的情况)。

5. 物体识别与空间感知

第 4 小节提到，视觉背侧通路和视觉腹侧通路的终点分别是顶叶皮层和颞叶皮层。实际上，颞叶和顶叶神经元的生理特性十分不同。虽然两个区域的神经元都具有较大的感受野，但相比较而言，顶叶的神经元更能以非选择性的方式反应 (Robinson et al., 1978)。另外，许多顶叶神经元对呈现于视野非中心位置的刺激有反应；而颞叶的神经元反应则非常不同，这些神经元的感受野总是包围着中央凹，可以被落入左侧或右侧的视野刺激所激活。而颞叶视觉区 (尤其是腹侧通路的终点——颞下皮层区域) 的细胞则有着多种的选择模式 (Desimone，1991)，不同的细胞对于不同的物体语义往往是特异性激活。因此，在通过视觉生成物体识别的过程中，腹侧通路的作用往往更为重要。认知神经科学家 Kandel 等 (2000) 认为，颞下皮层区域是物体识别的主要中枢。颞下皮层是一个很大的大脑区域，至少包括两个主要的功能亚区：后下颞叶皮层和前下颞叶皮层。解剖学证据表明，前颞叶皮层比后颞叶皮层的加工阶段更高，并且颞下皮层区与海马体 (hippocampus，主要功能为物体记忆与位置距离识别) 有着明显的神经回路，能够帮助人类进行物体识别—物体记忆的循环。腹侧视觉通路经常被称作 “What” 通路。

在形成空间感知的过程中，背侧视觉通路和顶叶起到了更大的作用。顶叶皮质是空间注意的中心。例如，当被试完成要求心理旋转的空间匹配任务的时候，双侧顶叶的上下区域均被激活 (Haxby et al.，1994)。另一个例子是基于脑损伤研究的结果，研究者发现，顶叶的损伤会导致对外部世界的空间布局和空间关系表征能力的严重障碍。背侧视觉通路经常被称作“Where”通路。

在生成空间感知的过程中，一系列特异于物体识别的大脑功能区同时起到很重要的作用。Epstein 和 Kanwisher(1998) 发现，当刺激中包含空间关系信息或者要求被试按照空间特征对物体分类时，海马旁回的一部分往往被激活。他们将这块区域称为海马旁回位置区 (parahippocampal place area，PPA)。根据 Epstein 的进一步研究，PPA 倾向于加工空间中的整体空间布局信息，而非某一个地理物体。在压后皮层 (retrosplenial cortex) 后部，也有一部分功能区，对空间场景图片的识别也有着显著性的激活，并且在导航过程中起到空间表征转换的作用 (Epstein et al.，2007)。这个区域被 Epstein 命名为压后皮层复合体 (retrosplenial complex，RSC)。由于 RSC 位于两条视觉通路的交会处，因此有可能负责对通路信息的整合。此外，如枕叶位置区 (occipital place area, OPA) 等，也对空间感知过程，尤其是对于一个空间内局部要素感知的过程，起到独特的作用 (Kamps et al.，2015)(图 1-23)。

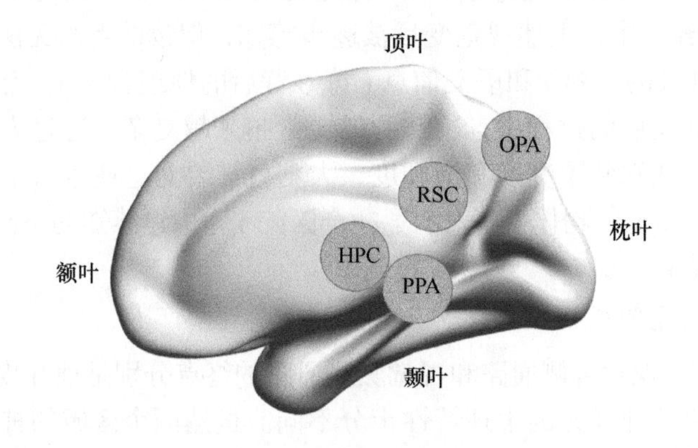

图 1-23　空间位置功能区

HPC 为海马体 (hippocampus)

根据认知神经科学家 Gazzaniga(2004) 的总结，腹侧“What”通路对于识别物体是重要的。如果人对某个物体熟悉，他可以轻松识别这个物体；如果不熟悉，他就可以把这个知觉对象和已有的类似形状物体的表征相比较。而背侧“Where”通路则不仅对判断不同物体的位置重要，还在和这些物体的交互作用中起着关键的作用。

当然，这些通路是相互连接的，所以在大脑中，视觉信息是共享的。例如，背侧视觉通路中的运动信息可以通过运动线索促进物体识别。因此，来自背侧视觉通路区域的空间运动信息对物体形状的感知非常重要，并被输入到腹侧视觉通路。互惠性 (reciprocity) 是大脑皮层连接的一个重要特征 (Phan et al., 2010)。

1.3.2　视觉注意与眼动行为

1. 视觉注意机制

1.3.1 节介绍了地图上的信息是如何在大脑中流动和传递的，现在可以回过头来想象阅读地图的场景。显然，在绝大多数情况下，读图者凭借着粗略的概览是很难获取到很多信息的，他们要集中注意力到一部分区域中去，类似于听觉认知里的“鸡尾酒会效应”(cocktail party effect，指在一场鸡尾酒会中，人可以集中注意力于和某个人的谈话，忽略掉其他声音)(Arons，1992)。由于“中心视力”和“周边视力”的分化，人类在某一个时刻只能注意到眼球视线前方的中心区域，同时也会将意识集中于这里，以便了解注视中心方向的更多细节。这种生理现象称为“视觉注意”。

人类研究视觉注意已经有 100 多年的历史。19 世纪末，德国物理学家、生理学家 von Helmholtz 提出，视觉注意是视觉感知的主要原理，而视觉注意则可以被意识和能动性控制 (Duchowski，2007)。他专注于眼动和空间位置的关系。而到了 20 世纪末，心理学家 James 和 Burkhardt 则认为注意是一个内在的机制，类似于一种思想。根据 James 撰写的专著 *The Principles of Psychology*，他更倾向于从视觉注意的对象来定义视觉注意，或者说是注意中心相关的语义信息 (James，1981)。

通过对人类视知觉过程的介绍不难发现，两位心理学家的假设某种程度上都是正确的，并不互相排斥。视觉注意的空间位置与中央凹的“中心视力”相关；而视觉注意的对象语义信息则与中央凹周边的“周边视力”相关。当一张地图的视觉刺激传到视觉器官的时候，地图中的某个区域会吸引人们周边视力的注意，再通过中心视力去感知更详细的对象语义信息。在另外的一些文章 (Bisley，2011；Carrasco，2011) 中，前者被称作“显性注意 (overt attention)”，后者被称作“隐性注意 (covert attention)”(图 1-24)。

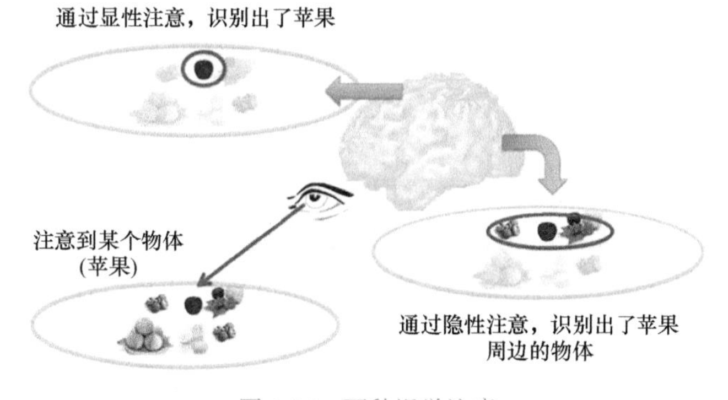

图 1-24　两种视觉注意

根据 Duchowski(2007) 的总结，视觉注意的空间选择性对应于从整个视场特定兴趣区域的视觉低分辨率观察，而视觉注意的语义选择性则对应于一个小范围视域的视觉高分辨率观察。不妨以一张政区图的阅读过程为例，更详细地描述视觉注意机制驱动。

(1) 展开政区图，读图者以一种整体的角度概览整张政区图。此时绝大部分的地图会被低分辨率的周边视觉所感知，在这个过程中读图者获得了更抽象的地理信息，然而细节特征被忽略。

(2) 读图者注视到了位于眼球正前方的内蒙古自治区。同时，周边视力也察觉到了内蒙古自治区的周边。周边视力捕捉到了用户所感兴趣的山西省。因此，通过头动、眼球的转动(或者是用户用手对地图进行移动)，将视觉注意集中到了山西省附近。此时，高分辨率的中心视力会帮助读图者获取更加细节的信息。

(3) 同时，周边视力也察觉到了山西省的周边情况。中心视力和周边视力一起帮助用户在大脑中思考“接下来看哪里”，重复 (1)(2)，直至读图者在政区图中获取到足够的信息。

2. 视觉信息搜索与信息加工

视觉注意机制的发现为进一步研究视觉行为提供了理论基础。从目的上来说，可以将视觉注意的过程 [即第 1 小节提到的 (1)(2) 步骤] 总结为视觉信息搜索 (visual information searching) 和视觉信息加工 (visual information processing)。

视觉信息搜索指在一个视域内部，读图者有目的或无目的、有刺激或无刺激地寻找认知客体的视觉注意过程。在真正进行视觉搜索时，地图大小、地图任务、地图复杂度、地图视觉显著性，甚至当时观察地图的环境都会是影响因素。虽然很多的视觉信息搜索过程是无目的的，但是至少是部分确定的 (Doll，1993)。产生这种结论的大前提在于绝大多数的信息搜索都是由至少以下两种情况之一产生的：读图者的策略或阅读模式，以及周围视觉的隐性注意刺激。

视觉信息加工指眼球中央凹对准认知客体后，读图者通过大脑对认知客体的视觉变量、特征、语义以及深层内涵进行解译的视觉注意过程。在这个过程当中，地图上某个认知客体的细节不断地被视觉器官所获取，传递给大脑皮层和边缘系统，通过空间思维和空间知识，获取到认知客体的空间信息和语义信息。实际上，信息加工相比于信息搜索，更像是一个反馈机制：通过对信息的解译得到初步的结论，同时提出了新的问题，继续对获取的信息进行解译，进而修正结论。可以说，信息加工是视觉器官和大脑的系统性工作。

这两大视觉注意过程都受到了两大类认知因素的影响 (Baluch and Itti，2011)。一类是被称为“自底向上”(bottom-up) 的认知因素，即地图本身的视觉变量 (如颜色、尺寸、方向等) 的视觉显著性影响了视觉注意。自底向上的视觉注意过程促进了计算机视觉一系列模型的产生，最著名的即 Itti 等于 1998 年用于处理自然场景图像的 Itti 视觉显著性模型 (Itti et al.，1998)。另一类是被称为“自顶向下”(top-down) 的认知因素，也就是当前的地图任务、地图语义和读图者的先验知识等 (Griffin，2017)(图 1-25)。

接着第 1 小节“政区图”的例子。如果读图者的周边视力被红色的五角星所吸引，通过信息搜索和信息加工获取了北京的位置和语义信息，那整个过程就是自底向上影响因素主导的视觉信息搜索和信息加工过程；如果读图者带着“寻找中国最大的省级行政区”的任务，又或是“最大的省级行政区在西北”这一先验知识去阅读地图，进

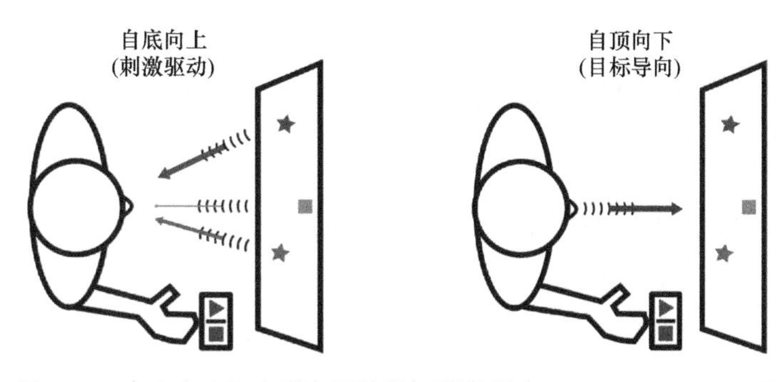

图 1-25　自底向上和自顶向下的认知因素影响 (Belkaid et al., 2017)

而通过搜索和加工获取到了新疆的位置和语义信息，那这个过程就是自顶向下的影响因素主导的视觉信息搜索和信息加工过程。自顶向下的视觉注意往往比自底向上的视觉注意更具目的性，效率更高。

3. 眼动行为的产生与分类 ①

正如第 1 和第 2 小节所描述的那样，视觉注意的两大主要过程在行为上的体现就是为了改变中央凹所在位置，从而产生各种各样的眼动行为。人类的眼动行为在生理上分为眼跳 (saccade)、眼球震颤 (nystagmus) 和平滑跟随 (smooth pursuit)(Robinson, 1968)。其中，由于眼球震颤带来的位移几乎可以忽略，在行为上，将其归结为注视 (fixation) 的一种。不同的眼动行为在行为学上有着截然不同的意义。

1) 眼跳

眼跳 (或翻译为扫视) 是一种快速的眼动行为，用于在视觉区域中将中心凹快速移动到一个新的位置，以便于进行显性注意 (图 1-26)。在实际应用中，眼跳也可被定义为两个注视之间的眼球运动。在这个过程中，视觉的阈值增高，用户难以看清任何物体。在进行眼跳时，双眼进行 30~120 ms 的高速移动 (Mollenbach et al., 2013)，且随着眼跳距离的变长，时间增加。眼跳行为是进行视觉信息搜索的主要行为之一。在构建桌面端眼动实验时，被试的头部移动受到限制，则其眼跳行为可与视觉信息搜索的视觉注意一一对应。

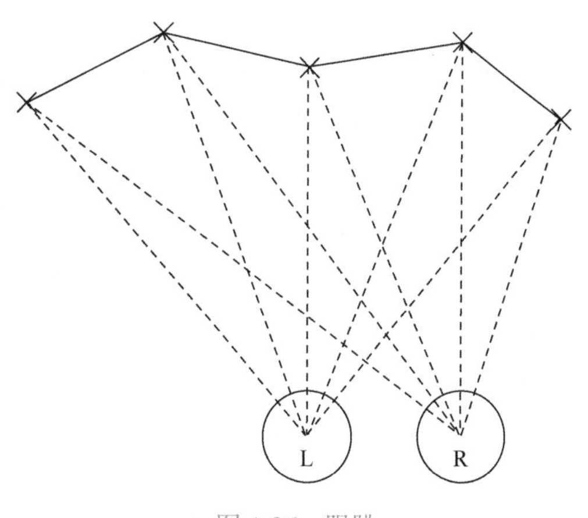

图 1-26　眼跳

2) 注视

注视实际上是一系列眼球微小位移 (1~2 rad) 的集合，包括眼球震颤、微型眼跳和漂移 (图 1-27)。在行为学上，注视指在一个固定的视点上稳定的眼动，用于将中心凹对准某个对象以便于进行显性注意。注视时间可长可短，平均值一般为 200

① 本小节图片来源 : https://imotions.com/blog/types-of-eye-movements/

ms(Rayner，1998)。在注视期间，视觉器官收集视觉信息，进行信息加工。从地图学上来说，注视的过程也就是地图符号解译—空间参考确立—空间知识构建的过程(Cybulski，2020)。

3) 平滑跟随

平滑跟随 (或翻译为平滑尾随) 往往是跟随动态移动目标时，眼球的一种追随移动 (图 1-28)。根据目标的运动轨迹，眼球可以匹配移动目标的速度 (1 ～ 30cm/s)(Boev et al., 2012)。

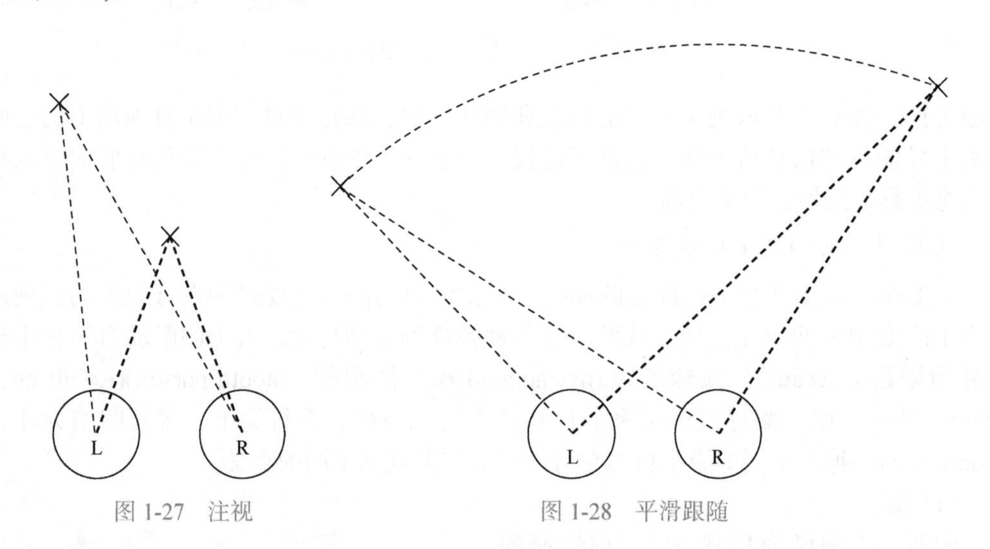

图 1-27　注视　　　　图 1-28　平滑跟随

不妨继续用政区图的例子来实例化地图阅读中的眼动行为。读图者在地图上注视双虚线，由于对其符号意义感到疑惑，于是通过一次眼跳到达地图左下角查看图例，通过 1~2 次注视阅读符号和文字的关联信息获取到了双虚线代表“在建铁路”的含义，于是再一次通过眼跳到达原先阅读双虚线的位置。经过一系列线状的沿着双虚线符号的注视点，读图者了解到了该条在建铁路起点为西宁，终点为成都。如果这条在建铁路以动画的形式从成都延伸到西宁，则读图者的眼球会匹配动画速度进行一次平滑跟随。

如果能够使用一种可以捕捉到眼球运动的机器去研究地图阅读行为，那么就可以通过读图者的眼动模式了解到地图阅读的顺序和区域，推测出其视觉注意的过程，进而评测地图的可用性和用户的读图能力。因此，眼动跟踪 (eye-tracking) 技术与眼动仪就被应用到了地图学研究中。关于眼动仪的说明，请参看本书第 2 章。

1.3.3 使用眼动实验研究地图学问题的必要性

本小节将对过去的地图认知研究方法进行总结，分析传统方法研究地图认知问题的局限性 (吴增红和陈毓芬，2010)。然后探讨使用眼动技术研究地图认知问题的优势。最后，讨论过去 40 年间基于眼动实验的地图认知研究成果，提出眼动跟踪方法在地图视觉认知研究中的发展趋势。

1. 传统地图认知研究方法

虽然更早的地图设计者，如 20 世纪初的德国制图学家 Eckert，或多或少也曾将地图阅读和心理学联系起来，但是直到 20 世纪 50 年代，地图学家才开始使用应用心理学的理论与方法，系统、定量地研究地图认知 (Montello，2002)。这种风潮滥觞于威斯康星大学教授 Robinson 发表的文章 *The look of maps*：*An examination of cartographic design*，他呼吁开始使用更加具体的方法去研究地图传输过程中的视觉感受 (Robinson，1986)。第一个应用认知心理学研究地图设计的是 Willams，他研究了在地图上的几何图形符号的视觉感受 (Willams，1956)。从那以后，对地图符号的认知研究便层出不穷，尤其以 70 年代为盛，如符号尺寸的认知 (Potash，1977)、灰度变量认知 (Crawford，1971) 以及注记字体大小 (Bartz，1970) 等。这些实验对地图设计中的一个或多个要素进行感受研究，通过纸笔实验来测验读图者的主观感受。这种实验范式单纯地挑出地图的某一种变量或符号来开展研究，但众所周知，地图不可能只由一种符号制成。因此这种范式在 80 年代前后受到了很大的批评，地图设计认知研究受到严重打击。

20 世纪 90 年代，地理信息系统 (geography information system，GIS) 的兴起重新促进了地图学研究的复苏 (Montello，2002)。一些简单的操作和提问的测试方法被应用于当时方兴未艾的电子地图认知上。研究者通过实验分析对读图者完成数项任务，或者回答某些问题的准确性和反应时间开展研究。这些任务主要包括目标寻找、草图绘制、距离 / 面积估计等，如 Pickle 和 Herrmann 的地形图认知研究 (Pickle and Herrmann，1999)。

一些新的方法也在 20 世纪 90 年代引入。出声思维法 (thinking aloud) 是让被试以口头言语的形式来报告自己的心理活动及行为表现的研究方法。首先将出声思维法应用到地图制图中的是 McGuinness 等，他们对 GIS 环境中的地图阅读进行了研究，发现新手和专业的读图者有非常大的区别 (McGuinness et al., 1993)。Ungar 等 (1997) 结合出声思维和重绘法，探索地图阅读者的自发策略，并将策略与阅读技巧联系起来。van Elzakker(2004) 采用以出声思维为核心的地图认知研究方法，他采集了被试在操作过程中的语音和录像用于展开分析，并且为了弥补语音的不完整性，还采集了实验后与被试的访谈信息。出声思维的主要优点在于能够让读图者当时的思维与记录同步，在眼动技术出现之前，这是一种低成本的、可执行的记录地图阅读过程的方法。出声思维的具体方法在第 2 章有更多的介绍。

2. 使用眼动实验研究地图认知问题的优势

上述这些方法在很多地图学研究中发挥了它们的作用。但是，随着用户需求、产业升级和研究技术进步，问题同样已经十分突出。

(1) 地图阅读是一个复杂的视觉—认知过程，单纯依靠反应时间和准确率去衡量地图认知是一种“唯结果论”的体现。用这样的方法对地图读图策略和地图读图思维进行衡量是不可能的。同时，这样的方法数据粒度大，往往一次实验得到数据的数量不过百，难以支撑严谨的数理统计，得到的结论生态效度与可信性均较低。

(2) 目前的地图学发展已经脱离了对地图本身的研究，相比于对地图视觉变量、地图符号、制图综合、地图复杂性的探究，目前更多的学者将目光投向地图阅读环境 (真实环境、增强现实环境、虚拟现实环境)(Yang et al.，2018)、地图具体应用场景 (寻路、导航)(Dong et al.，2020c)、地图对空间能力的提升 (Jadallah et al.，2017) 等方面。传统地理学研究方法得出的结果很难解释上述方面的科学问题。

(3) 进入信息与通信技术 (information and communications technology，ICT) 时代后，地图的空间描述、表达方式、传输过程都发生了极大的泛化 (郭仁忠和应申，2017)，赛博地图、VR 地图等层出不穷，传统的地图学研究范式显然已经无法满足新型地图认知的需要，地图学者和地图设计者迫切需要一种适应各种地图载体和地图表达方式的、与时俱进的地图学研究方法。

从生理过程上来说，1.3.2 节中提到，眼动行为是与人的视觉注意和意识变化相关联的，通过实验记录并分析被试观看地图时的眼动模式，发现被试的注意力所在，就可以探索被试在阅读地图时的思维过程和认知策略，如进行信息搜索、筛选重要地物的选择性思维、进行信息加工、理解地物属性的注视性思维、关联空间知识、开展空间决策的结构联想性思维、交融潜意识与显意识的灵感思维等 (王家耀和钱海忠，2006)。

从分析方法上来说，眼动跟踪和地图阅读在时间性、空间性、动态性和个体差异性等特质上一脉相承。地图阅读和眼动分布同时具有时间属性和空间属性，二者的契合使读图者主体发出的眼动行为可以用来衡量地图客体在对应维度上的效果 (郑束蕾，2021)。每个人的生理结构和心理状态差异决定了眼动的动态性和个体差异性，而地图阅读和使用也具有类似的特点。同时，眼动实验法被证明具有客观性、即时性，并且能够同时为研究提供定性和定量的依据，使它成为地图认知过程监控的不二选择。因此，眼动跟踪技术是一种有效的地图学研究方法。

3. 基于眼动跟踪的地图视觉认知研究趋势

由于地图研究与视觉分析有着直接的关系，早在 20 世纪 70 年代，一些研究人员就开始尝试将眼动技术与地图设计结合起来进行研究 (Williams，1971；Chang et al.，1985；Antes et al.，1985；Steinke，1975)，但是囿于当时的技术条件和数据分析能力，并未能成为主流 (吴增红和陈毓芬，2010)。

眼动实验在地图学领域研究应用的高峰期始于 20 世纪末 21 世纪初。例如，Brodersen 等进一步探究了眼动技术在地图感受与地图设计方面的应用，指出眼动技术有助于地图符号设计的改进；Murakoshi 和 Kobayashi(2003) 针对地图阅读过程展开了一系列的研究；Dühr(2004) 将眼动技术引入空间规划领域，分析了英德两国战略空间规划文件中的地图可视化形式。此外，还有部分学者利用眼动技术研究被试的视觉搜索过程，探索地图导航与空间认知问题，包括定位定向 (Gunzelmann et al.，2004；Peebles et al., 2007) 和寻路 (Montello，2005) 等。当前，眼动实验已经被引入虚拟环境、屏幕地图、交互性用户界面、地理可视化的可用性、移动地图等的研究中 (吴增红和陈毓芬，2010)。根据研究内容和研究思路，董卫华等 (2019) 将基于眼动实验的地图学问题研究取得的新进展归纳为以下 5 个发展趋势。

1) 刺激材料：从静态地图到动态交互地图

不同于一般的自然场景图像，地图是经过高度概括综合的图形模型。地图视觉变量是信息传输的载体，不同地图形状、符号和注记的有机组合形成了复杂各异的地图表达。系统化地研究自底向上的地图视觉变量的认知机理是地图视觉认知一直关注的内容，相关的研究包括地图注记、图例、颜色和字体、源汇 (origin-destination，OD) 图、地图感知复杂度等。

随着互联网的发展，网络地图得到了越来越广泛的应用，其动态性、交互性以及小屏幕的特点成为研究者关注的重点。动态交互环境下的地图视觉变量的认知规律是一个重要的切入点。认知科学的研究表明，不同视觉变量对视觉注意的引导作用存在差异。研究者从这一认知规律出发，借助眼动追踪技术，展开了一系列地图设计和可用性平均研究。例如，Dong 等 (2012b；2014b) 通过对比不同尺寸、颜色、播放频率和屏幕大小来呈现交通流数据的有效性和效率，发现这些视觉变量的表现与屏幕大小有关 (图 1-29)。Fabrikant 等 (2010) 则指出，在给定任务下，读图者会在任务的驱使下搜索与任务有关的视觉信息，与此同时，地图不同元素的视觉显著性会吸引读图者的视觉注意。

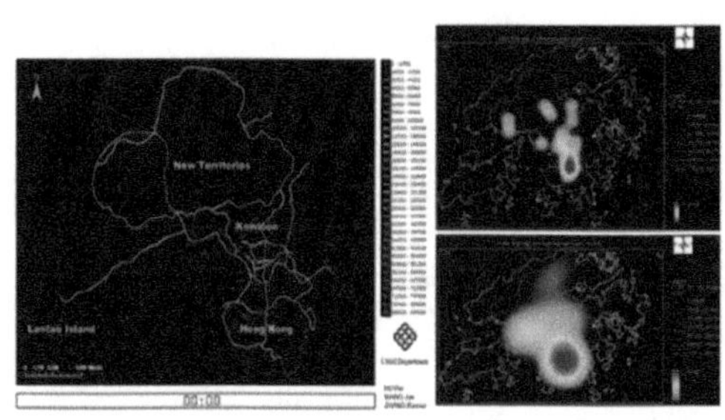

(a) 使用不同颜色、粗细表达的城市交通流量动态地图　　(b) 导航寻路时通过交互地图来确定位置和方向

图 1-29　眼动跟踪应用于动态地图和交互地图

2) 实验环境：从实验室环境到真实环境

地图空间认知离不开真实环境，但是由于真实环境的动态性和复杂性，在真实环境中开展眼动研究面临诸多挑战。因此，以往的研究大多是在实验室环境下使用虚拟环境或者虚拟现实来模拟真实环境。虽然虚拟环境灵活性高、易于管理和组织、采集方便、可控程度高，但虚拟环境也存在一些缺点，如在虚拟环境中运动缺乏“本体感受”、较难维持良好的“态势感知” (situation awareness)、容易迷失方向等。因此，虚拟环境不能作为真实实验环境的代替品。

将眼动追踪设备嵌入眼镜当中，使得眼动追踪可以脱离实验室环境的束缚，能够在真实环境中进行，越来越受到研究者的关注。例如，Kiefer 等 (2014) 使用头戴式眼动仪开展真实环境下的地图和环境匹配实验，用来研究人的空间定位定向过程。Wang 等 (2019) 借助便携式眼动仪通过开展商城内的地图寻路实验，分析不同年龄和性别的眼动差异。

3) 地图维度：从二维地图到三维地图

经过长期以来的发展，传统的二维地图在地图信息传输、地图视觉变量、地图概括与综合以及地图设计等方面已经比较成熟。随着计算机和移动设备计算能力和显示能力的快速提高，三维地图设计的研究话题变得越来越重要。与二维地图相比，三维地图可以提供多一维的空间来展示信息，提供更接近人类熟悉的三维世界的视角。目前三维地图的很多实践都基于二维地图的设计方法，但是很显然地，三维地图不仅仅是在二维的基础上增加一个维度，还涉及尺度、投影、三维视觉变量、地图抽象级别等诸多问题。

近年来，已有部分学者对三维地图符号及其视觉变量进行了研究，包括视场角和观察角度(杨乃，2010)、三维视觉变量的引导性和恒常性(Liu et al.，2017)、三维符号的抽象程度(Popelka and Doležalová，2015)等(图1-30)。Liao和Dong(2017)对比了用户在使用真实感三维表达和传统二维地图在寻路时的视觉差异，发现三维表达更利于复杂路口决策和路标识别，从而使用户在复杂路口情况下进行空间定位和定向的效率更高。Lei等(2016)通过眼动实验发现，与二维地图相比，使用三维地图时的平均单个注视点的注视时长更长、注视点更聚集、观察角度更小，并推测可能是由于三维地图在细节上有更高的视觉复杂度。此后的研究表明，二维三维的混合表达可以使它们的优势互补，不管是三维符号和二维符号的混合，还是真实感和非真实感三维符号的混合，都更有利于空间记忆。

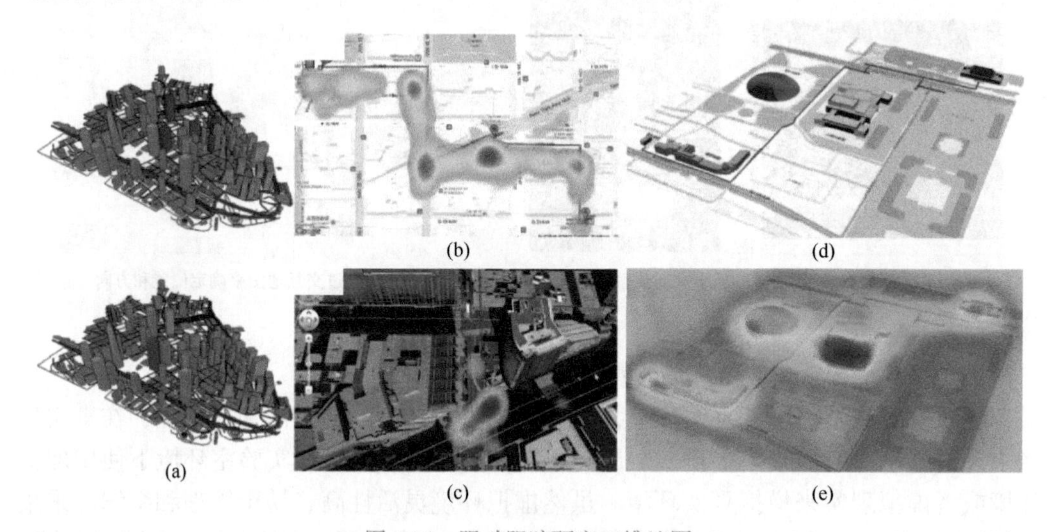

图1-30 眼动跟踪研究三维地图

4)个体差异：从单一维度到多维度

群体与个体差异是用户研究中普遍存在的问题，用户的不同年龄、性别、文化背景、读图能力、空间能力、专业和经验知识等会对用户的实验表现产生影响。以往大量的研究关注专家和新手的差异("专家-新手"范式)以及性别差异的影响。近年来基于眼动追踪对个体差异的研究已经从这些单一维度扩展到了其他多个维度。例如，高雪原等(2016)研究了场认知方式(场依存、场独立)、性别和惯用空间语(惯用东南西北、惯用前后左右、两者并存)对地理空间定向能力影响。Dong等(2018a)探讨了不同专业背景的被试在地图空间能力上的差异，结果发现在多数情况下，地理学相关背景的被试在地图空间定位、空间定向和空间可视化方面比非地理学背景的被试反应时间更短、视觉搜索效率更高。

研究人员还进一步探索了使用定量模型方法来分析用户分类和个体差异，从而对用户的地图阅读能力和地图空间能力进行定量建模。例如，郑束蕾 (2016) 使用聚类分析和判别分析对不同性别、年龄、教育水平、职业和收入的地图用户进行自动分类，此外，还通过分析不同被试的眼动 (行为) 参数，揭示了地图的个性化认知特点，并构建了以眼动指标为基础的个性化地图认知适合度评估模型，为个性化地图的设计提供理论和方法基础。Dong 等 (2018b) 强调地理教育在提升个人地图空间认知能力中所发挥的重要作用，提出了以地图空间认知能力为核心的“图商”的概念，并基于多种眼动指标建立贝叶斯结构方程模型来评价用户的地图空间认知能力，从而将个体差异的研究定量化、模型化，将群体差异研究细化到真正的个体差异研究。

5) 研究目的：从规律探究到实践应用

近年来地图学眼动研究方向的一个重要转变就是从以往的规律探究型研究转变为实践应用型研究。后者超越传统的心理学驱动型研究思路 (即实验假设→眼动实验→假设验证)，转而采用数据驱动和实践应用问题驱动的思路，解决眼动地图交互、眼动数据挖掘和用户行为预测等实际应用问题。

(1) 眼动地图交互。研究者利用眼动跟踪开发出新的人机交互模式，并且集成基于位置的服务 (location-based service，LBS)，从而为用户提供更加个性化与智能化的地理信息服务。例如，Giannopoulos 等 (2012) 开发了一套眼动交互原型系统，用以提高地图搜索和定位的效率。Kluge 和 Asche(2012) 提出了一个基于便携式眼动仪的行人导航系统原型，通过增强现实环境提高行人导航效率。Gkonos 等 (2017) 将眼动与触觉相结合开发了“VibroGaze”导航辅助系统。

(2) 眼动数据挖掘。研究者将眼动数据作为富信息源进行数据挖掘，典型的应用是从眼动数据中识别导航地标 (Viaene et al.，2016)。例如，智梅霞 (2017) 通过分析地标的视觉显著度与眼动指标的相关性，构建了一个复合视觉因子的地标视觉显著性模型。王成舜等 (2018) 还将眼动数据用于用户兴趣建模等。

(3) 用户行为预测。研究者利用机器学习和数据挖掘的方法从眼动数据中预测用户行为，例如，Kiefer 等 (2013) 从用户阅读地图的眼动数据中提取了 229 个特征，使用支持向量机 (support vector machine，SVM) 对眼动特征进行学习，并以此预测用户的 6 种阅读行为。Liao 等 (2019a) 对真实环境中的行人导航场景中的眼动数据进行特征提取，基于随机森林分类器推断行人在导航期间的五种常见任务。Krejtz 等 (2014) 通过探测用户注视位置和周边信息进行信息推荐。

总结地图学眼动研究，可以发现最近数十年间，眼动跟踪方法作为一种技术手段，已经受到来自各个领域的研究人员的关注。利用眼动方法评价地图可用性、探求因果关系的研究思路已经较为清晰，研究范式也已逐渐形成；但是将眼动方法拓展到动态交互地图和三维地图、实验环境由实验室环境拓展到真实环境进行地图空间认知研究还处于探索起步阶段；利用眼动跟踪方法进行数据挖掘、构建新型的地图交互模式以及其他实践应用也成为新的研究趋势。

地图学空间认知研究作为一个交叉研究领域，在理论研究和实践应用中需要将心理学、认知科学、计算机科学乃至社会科学的研究方法与地图学和 GIS 的基本理论和方法相结合，需要各领域专家的协作。我们必须看到，要真正实现地图眼动与空间认知、视觉认知研究的自动化、实用化和智能化，还有相当长的一段路要走。

1.4 小　结

本章从认知主体 (人) 和认知客体 (地图、空间) 的角度对地图学空间认知原理进行了阐述。1.1 节先以视觉变量为引，从微观到宏观的角度讨论了读图者对地图上的符号的感知和认知效果，并通过地图信息传输过程和影响地图阅读的各地图要素的角度，探讨了人在使用地图时的空间认知过程。从地图认知的范畴，1.2 节介绍空间认知，对流行的空间认知理论——认知地图理论，从定义、结构、知识层级和研究方法方面进行了详细的叙述。本节聚焦于空间知识的获取，空间记忆的存储和空间能力的差异，进而以常见的直接空间认知行为——空间导航为例展开说明。1.3 节着眼于人类视知觉的过程，从视觉神经机制、视觉注意和眼动行为的角度，通过文献综述得出结论，即眼动跟踪技术是一种有效的地图学研究方法。

第 2 章　地图学空间认知眼动实验方法

第 1 章讨论了使用眼动实验研究地图学问题的必要性。本章将着重讲述地图学空间认知的眼动实验方法。2.1 节介绍了眼动仪原理与眼动实验范式。地图学空间认知眼动实验借鉴了心理学实验范式与理论方法，而又结合地图学学科特色有了进一步的发展。因此地图学空间认知的眼动实验范式既包含符合心理学研究核心 (控制变量) 的实验范式，又结合学科实用性发展出可用性工程驱动的实验范式，两种范式虽然存在明显区分，但是能够遵循一套统一的眼动实验框架开展研究。另外，本章着重介绍了地图学空间认知实验设计中的几个核心问题：①眼动实验任务 (2.2 节)，根据地图学认知和地理空间认知两个地图学空间认知重要的研究方向，归纳总结这些研究中的基础任务，然后通过具体的研究解释这些基础任务如何在眼动实验中组合与开展，并能够应用到地图空间认知理论研究和满足地理教育、遥感解译等实际应用需求；②眼动实验环境 (2.3 节)，通过介绍眼动实验环境的发展史，分析了虚拟环境、真实环境和混合现实环境中开展眼动实验的注意事项与优缺点；③眼动实验刺激材料 (2.4 节)，结合心理学实验刺激材料设计方式，并与地图学的研究内容特色相结合，对虚拟和真实环境下的刺激材料设计分别进行介绍。紧接着，2.5 节介绍眼动实验准备与实施，其中包括被试招募筛选、被试组织、仪器准备，以及实验流程。最后，2.6 节介绍眼动实验方法的辅助实验手段，主要包含传统的地图学空间认知实验手段，如问卷与量表、出声思维和草图。此外多源 (相机、生理、位置) 传感器能够采集更多同步异步数据，更好地辅助眼动实验开展。

2.1　眼动仪原理与眼动实验范式

2.1.1　眼动仪原理

眼动仪是一种可以记录、测量眼球运动的精密仪器 (赵新灿等，2006)。在 20 世纪初，国外的研究人员就已经开始研制眼动仪，我国的有关专家在 20 世纪 80 年代末也开始了相关的探索。眼动仪的出现，为人们开展视觉实验研究提供了新的、有效的工具。本节将简要介绍眼动仪的原理和眼动实验范式。

掌握眼动记录方法的根本原理，是开展眼动研究、眼动实验设计的基础 (高闯，2012)。检测与追踪眼球运动的技术有很多不同的类型，如观察法、机械记录法、电流记录法和电磁记录法等，但这些方法对被试的眼睛影响较大。目前，广泛用于现代眼动追踪设备的是瞳孔 - 角膜反射 (pupil center corneal reflection，PCCR) 技术，它具有精度高、非接触、无创等优点。下面简要介绍 PCCR 技术的基本原理。

如图 2-1 所示，被试坐在眼动仪前，头部保持相对静止，瞳孔注视屏幕。眼动仪包括两个坐标系，屏幕坐标系以眼动仪屏幕左上角为原点，X轴为摄像机屏幕向右的方向，Y轴为垂直向上的方向，Z轴垂直于屏幕指向屏幕外；相机坐标系以红外摄像机中心为原点，摄像机镜头为平面，X' 轴为平面向右的方向，Y' 轴为垂直向上的方向，Z' 轴垂直于平面指向被试瞳孔，即红外线照射的方向。

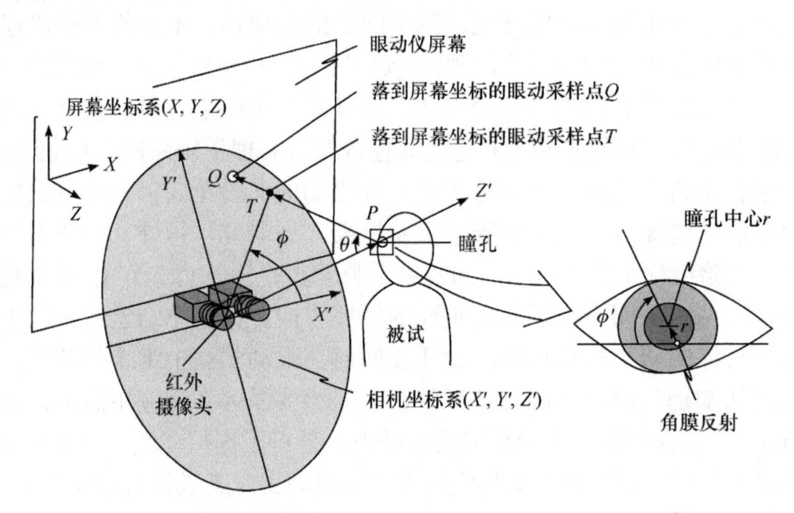

图 2-1　瞳孔 - 角膜反射技术 (Ebisawa and Fukumoto，2013)

在每次采样时，首先红外摄像机通过红外光源照射被试眼睛，同时使用摄像机采集眼睛角膜和视网膜上分别反射的红外光线。由于生理结构，无论瞳孔如何运动，角膜反射的红外光线向量不会改变，而瞳孔运动则会导致视网膜反射的红外光线向量发生变化，标示瞳孔的朝向。因此，根据角膜反射的红外光线向量和视网膜反射的红外光线向量，就可以计算出瞳孔的运动角度，并通过相机坐标系计算出视网膜反射的红外光线向量与相机坐标系平面相交的采样点 T 的坐标。最后，通过相机坐标系和屏幕坐标系的转换，得到视网膜反射的红外光线向量与屏幕相交的采样点 Q 的坐标。Bojko(2013) 用一句话简单概括了瞳孔 - 角膜反射的核心原理：视线方向由瞳孔中心相对于角膜反射的位置确定。

眼动仪类型多种多样 (图 2-2)，按照原理来分类，现代眼动仪可以分为电流记录法眼动仪、电磁感应法眼动仪、图像 / 录像眼动仪和瞳孔 - 角膜反射眼动仪 (闫国利等，2018)。瞳孔 - 角膜反射眼动仪是目前的主流。而根据不同的使用方法和应用场景，眼动仪可以分为桌面式和穿戴式两种。桌面式眼动仪用于监控被试观察屏幕上呈现的刺激时的眼动行为，在使用时需要将桌面式眼动仪放置在距离被试一定的位置；穿戴式眼动仪通过将眼动仪和摄像机集成在眼镜和头盔等轻量化可穿戴的设备上，使采集被试在真实环境中的眼动行为成为可能。穿戴式眼动仪的最大优点是被试可以自由移动，使实验的生态效度最大化。同时，穿戴式眼动仪记录眼动行为的同时，能够录制被试看到的场景。近些年来，虚拟现实 (visual reality，VR) 技术快速发展，人们将穿戴式眼动仪嵌入至 VR 设备中，研制了 VR 眼动仪，使研究人员能够在完全受控的 VR 环境中进行眼动研究，可方便地重复利用研究场景和刺激材料。这种结合为基于眼动追踪的研究领域带来了新的可能性。

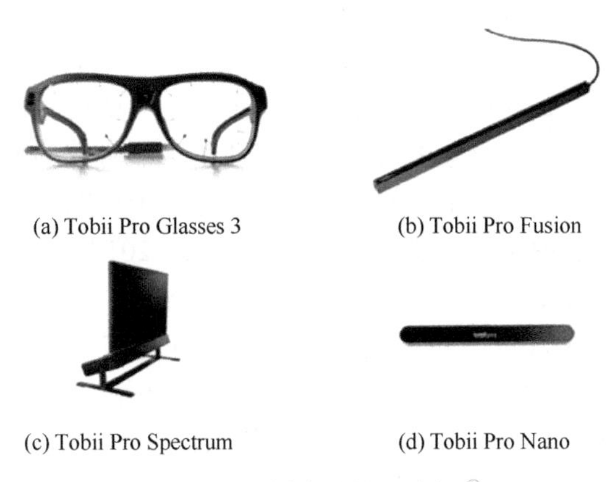

(a) Tobii Pro Glasses 3　(b) Tobii Pro Fusion

(c) Tobii Pro Spectrum　(d) Tobii Pro Nano

图 2-2　不同类型的眼动仪 ①

眼动仪按照一定的采样率来采集眼动原始数据，每个数据点都将被识别为一个时间标签或者坐标的形式，并被发送到计算机分析软件的数据库中。眼动仪提供的原始数据包括时间戳信息、事件信息、视线落点、眼球位置、瞳孔直径和有效性数据等。时间戳信息包括设备时间戳和系统时间戳，设备时间戳的来源是眼动仪硬件中的内部时钟，而系统时间戳则来源于运行实验的计算机 (二者的单位都为 μs)。设备时间戳和系统时间戳可以用来计算数据流的实时延迟。事件信息包含了计算机向眼动仪发送的信息，一般用于标志实验事件的开始和结束，具体的发送时间由实验编制者定义。事件信息与时间戳信息的结合可以用于计算感兴趣时间区域 (time of interest，TOI)。视线落点通常是二维数组的形式，它描述了视线在屏幕上的位置，而眼球在空间中的位置则以三维数组的形式来描述。眼动仪还可通过计算图像上瞳孔的直径并乘以一个换算系数来计算瞳孔大小。有效性数据则通常是二分变量，1 表示数据有效，0 表示数据无效，它能够标示某次取样的数据是否有效。在进行研究时，无效数据应被筛选和剔除。根据一定的规则，可以利用原始数据计算出眼动指标，以进行下一步的分析。本书将在第 3 章对眼动指标进行详细的介绍。

随着眼动追踪技术和眼动分析方法的不断发展和创新，越来越多的研究人员开始采用眼动追踪技术开展眼动实验、解决科学问题。各种研究方法和范式不断涌现，眼动实验方法不断更新，其应用范围也不断扩展，其中一个重要分支就是基于眼动的地图空间认知研究。

① 图片来源 : https://www.tobiipro.cn/product-listing

2.1.2 心理学驱动的眼动实验范式

经典眼动实验方法主要有两种研究范式：①心理学驱动的眼动实验范式；②可用性工程驱动的实验范式。前者主要用于理论假设导向的实验研究，而后者主要用于产品评价导向的用户研究。由于地图学空间认知领域的研究对象［认知主体(人)、认知客体(地图)和认知环境(地理环境)］，具有复杂性与特殊性，地图学空间认知研究的眼动实验方法需要在经典的眼动实验范式基础上进行延伸和扩展。

心理学驱动(psychology-driven)的地图学空间认知眼动实验范式根植于心理学，借用实验心理学的理论和方法，通过正规化、系统性和实证研究的方式研究地图的设计，以及用户对地图的认知过程。此外该研究范式同样适用于地图学研究的最新交互技术，如沉浸式的可视化、增强现实、全息图等(Roth et al.，2017a)。该范式严格遵循实验心理学研究流程和规范，核心在于控制变量，目的在于通过严格的控制实验和假设检验方法得到可归纳(generalizable)、可复制(reproducible)的实验结果，推导因果关系，因此该实验范式在研究中对被试人数、实验条件、实验环境、实验流程等要求严格。为了最大限度地让实验可控以建立因果关系，当使用此实验范式开展地图学空间认知研究时，需要在设计刺激材料阶段对真实地图进行大幅度地简化，从而使刺激材料与真实地图相去甚远，最终导致眼动实验结果难以推广到真实地图之中。因此目前主流研究在于了解人类对地图的感知和认知过程，而并非刻意关注和指导地图设计。因为对于地图设计而言，地图要素复杂、信息量大，难以做到严格的控制变量，这与心理学驱动的研究方法是矛盾的。

具体来说，心理学驱动的地图学空间认知眼动实验范式有明确需要回答的科学问题，并且通过实验心理学的组织方法，以地图为刺激材料，开展控制性实验研究。例如，Keskin 等(2019)结合脑电图(electroencephalogram，EEG)和眼动追踪技术，研究专家和新手在地图空间记忆的认知负担的不同。其实验开展设计如表 2-1 所示。

表 2-1 典型的心理学驱动眼动实验范式研究的实验设计

项目	实验 1	实验 2
研究问题	在没有时间压力的情况下记忆地图的主要要素时，专家和新手的认知负担是如何变化的？	在有限的学习时间内记忆地图内容时，专家和新手的认知负担有何不同？任务的复杂性/难度如何影响认知负担？
研究目标	当被试先学习二维静态地图，然后再检索这些信息时，评估他们的认知过程、能力和/或局限性	测试任务难度对行为的影响，任务难度即对不同层次的地图要素的检索
研究假设	空间记忆任务会导致新手比专家更高的认知负担	相比之下在仅检索线性要素的任务中，两组被试都会表现出较低的认知负担。专家在更高认知负担的任务中会表现得更好
被试	共 54 名被试，其中 24 名专家(13 名女性，11 名男性)，30 名新手(7 名女性，23 名男性)，年龄为 18~35 岁	共 22 名被试，其中 11 名专家(5 名女性，6 名男性)，11 名新手(6 名女性，5 名男性)，年龄为 25~35 岁

续表

项目	实验 1	实验 2
任务	被试在无时间压力下学习一张地图，他们需要记住地图中的所有主要要素。学习结束后被试自主按键进入下一阶段 在第二阶段，他们使用 MS Paint 根据记忆绘制这张地图。绘制完成后，被试自主终止任务	随机组块设计：7 个组块代表 7 种难度类型。每个组块包括 50 个试次 (每张刺激材料为一个试次)，组块内容如下 组块 1：整张地图；组块 2：道路和水域； 组块 3：道路和绿地；组块 4：绿地和水域； 组块 5：绿地；组块 6：水域；组块 7：道路
自变量	1 种地图设计类型 (二维静态地形图) 1 种任务难度等级 2 个专业水平 (专家与新手)	1 种地图设计类型 (谷歌地图) 3 个任务难度等级 (容易、中等、困难) 2 个专业水平 (专家与新手)
因变量	试次时间、眼动数据、脑电指标、问卷数据	正确答案反应时间、眼动数据、脑电指标、问卷数据

2.1.3　可用性工程驱动的眼动实验范式

可用性工程驱动 (usability engineering driven，UE-driven) 的地图学空间认知眼动实验范式源于可用性工程，其目的是以可靠和可复制的方式解决系统的可用性，为设计易于理解、快速学习和可靠操作的用户界面这一复杂任务提供了系统的方法和工具。对地图学空间认知研究来说，UE-driven 的地图学空间认知研究的主要目的是评价基于位置服务的地理信息系统或导航系统的功能是否达到用户需求。而该范式的眼动实验以地图为刺激材料，开展眼动实验发现地图的问题，用来改进地图设计、寻求可迁移到其他类似情况下的地图设计原则。该研究范式主要进行的是探索性研究，其优点是实验的刺激材料往往是完整的、真实的地图，用以提高实验结果的生态效度，但缺点是实验控制程度较低，难以得到实验自变量与因变量之间的因果关系，且实验结果是难以预料的。该研究范式确定了一个以用户为中心 (user-center design，UCD) 的迭代过程，用户本身成为影响地图设计的重要因素，目前主流的评价指标主要包括用户阅读地图时的有效性 (effectiveness)、效率 (efficiency) 和满意度 (satisfactory)。

遵循该实验范式的研究不仅记录用户阅读地图的视觉行为，还参考了人机交互和可用性工程领域开展经验研究的常用方法，如交互记录、任务分析和出声思维等。例如，Alaçam 和 Dalci(2009) 利用该研究范式开展眼动追踪实验以对常用的网络地图 (如 Google map、Yahoo map) 进行可用性测试；Dong 等 (2014b) 利用该研究范式开展眼动追踪实验系统评估了动态地图的可用性。

2.1.4　眼动实验研究框架

无论是哪种眼动实验范式，眼动实验的研究框架大体相同，如图 2-3 所示。其核心包括研究假设、实验设计、实验准备、实验开展、数据分析、讨论和总结六大部分。

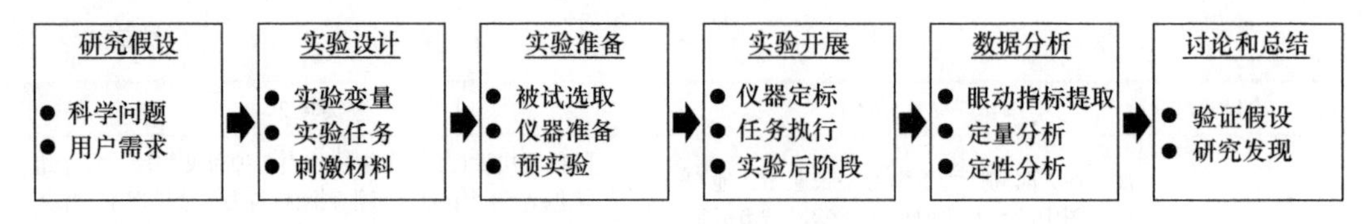

图 2-3 眼动实验研究流程框架

1) 研究假设

研究假设是眼动实验研究的前提条件。对于心理学驱动的眼动实验范式，首先需要明确科学问题，提出研究的理论假设，整个眼动实验都将围绕该理论假设开展；可用性工程驱动的实验范式同样需要根据用户的需求进行研究假设，然后基于该假设进行产品的设计，对产品开展眼动实验，进行可用性评价。此外，基于研究假设，讨论眼动实验能为理论假设提供的数据支持，判断通过这些数据能否论证研究者提出的研究假设。

2) 实验设计

实验设计是眼动实验研究的核心。对于遵循心理学驱动的眼动实验范式的研究，实验设计应该严格控制变量，规范刺激材料，按照心理学实验范式实施实验流程，确保实验的可重复性；对于遵循可用性工程驱动的实验范式的研究，实验设计需要充分考虑用户的需求，实验刺激材料的选择需要考虑设计产品的可用性。总体而言，心理学驱动实验设计的要求更高，难度更大，而可用性工程驱动实验设计主要考虑实用性。但实验设计过程中都需要考虑眼动实验任务的设置、实验环境的选择以及刺激材料的设计。

3) 实验准备

实验准备是眼动实验研究的必备阶段。实验设计完成后，遵循两种眼动实验范式的研究都需要进行实验前准备。关键的准备步骤包括被试选取、仪器准备和预实验。对于被试招募，首先需要保证每个实验条件下的人数，使统计检验得到的结果具有普适性；其次实验一般需要通过问卷、量表等形式调查被试的基本背景信息，进行被试筛选，一些实验可能需要完成纸笔测试进行筛选。在被试选取完成之后，需要对被试进行组织，根据心理学的实验范式，常用的被试组织方式包括实验内设计和实验间设计。对于仪器准备，需要根据实验设计选取最合适的实验设备，眼动仪的采样率越高，得到眼动数据点越多，在实验前应检查眼动仪的电量与电脑连接情况，确保实验正常使用。对于预实验，一般选取 1~2 名被试开展，一方面可以检查实验设计是否有遗漏与缺陷，从而指导实验设计，另一方面可以检查实验结果是否符合预期的实验假设。

4) 实验开展

实验开展是眼动实验研究的主要内容。实验准备阶段完成后，便要开始正式实验。实验开展的主要步骤包括：仪器定标、实验任务执行、实验后阶段。对于仪器定标，每个被试都需要在开始正式实验时单独执行，一般的眼动仪都有仪器定标的特定程序(5 点或 9 点定标等)。仪器定标是实验开展的重要内容，因为仪器定标结果直接影响数据的真实性和准确性。正式实验任务执行时，实时同步记录被试的眼动数据和其他类

型的行为数据 (如声音、键盘、鼠标和视频等)。在实验后阶段，被试通常需要填写问卷或访谈，确保眼动数据的真实性和准确性。

5) 数据分析

数据分析是眼动实验研究的重点和难点。对于实验获取到的原始眼动数据，可以通过眼动仪自带的分析软件，或通过编程手段提取眼动指标，如注视点、眼跳点和瞳孔大小等，可以对这些指标进行全局分析，或基于兴趣区 (area of interest，AOI) 分析。此外，目前研究还考虑对眼动数据进行语义分析或轨迹分析，即计算注视点的语义类别，挖掘眼动轨迹模式。这些分析包含定性和定量分析。其中，定性分析主要包括热点图和轨迹图等可视化方法，而定量分析主要是运用统计学方法对眼动指标进行假设检验。

6) 讨论和总结

讨论和总结是眼动实验研究的核心论据。在数据分析完成后，需要用实验结果对理论假设进行验证，确定假设是否成立。在此过程中，需要阅读相关文献，对不同实验结果进行讨论，解释假设成立与否的原因，探讨实验研究的创新点和与过去研究结论相比的异同点。最后总结该研究是否验证了理论假设，是否发现了新的规律，或是否解决了亟待解决的研究问题。

2.2　眼动实验任务

开展地图学空间认知眼动实验成功与否的关键在于提出合理的科学问题或用户需求的理论假设。验证研究者的理论假设则需要具体的眼动实验任务，这也是实验设计部分最重要的环节。具体来说眼动实验任务可以分为两大类：地图学空间认知任务与地理空间认知任务。

2.2.1　地图学空间认知任务

地图作为地理信息可视化的一种具体表现形式，地图学实证研究的任务与 (地理) 信息可视化的目标是一致的。地图类型复杂多样，按照呈现形式可以分为纸质地图、电子地图、增强现实 (augmented reality，AR) 地图和全息地图；按照动态和交互性可以分为静态地图、动画地图、可交互地图；按照地图数据类型可以分为定性地图和定量地图；按照地图内容所示区域可以分为虚构地图、熟悉区域地图、陌生区域地图；按地图专业性可以分为普通地图和专题地图。正是因为地图分类方式多样且类型之间彼此重叠，所以对于地图学实证研究，提出统一的地图阅读任务框架是困难的。一种有效的解决办法是提出地图学和地理可视化研究中的基元问题。Roth(2013) 基于 Norman(2013) 的阶段性行动模型和信息可视化领域中的基本目标，开发了一个有关地图“原语”任务的分类方法。该方法指出了用户交互过程中的三个基本目标：检索 (该目标为检索地理现象和信息而与地图进行的互动)、预测 (该目标为根据当前地理条件和信息预测未来可能发生的情况而进行的互动) 与决策 (该目标为根据当前地理条件信息以及对未来情况的预测，为决定未来应该做什么而进行的互动)。这三个目标由简单到复杂，反映了用户从获取地理信息到使用地理信息的过程。为了实现这三个目标，Roth 定义了具体的地图学操作的“原语”，包括三个对象原语：空间信息、空间属性信息和时空信息；五个目标原语：识别、比较、排序、关联和分类；以及具体的基本操作，包括五个启用操作：导入、导出、保存、编辑和注释，十二个工作操作：表达、布置、序列、符号化、叠置、投影、平移、缩放、过滤、搜索、检索和计算。每一个任务可以描述为用户的直接意图(目标)，以及在一个环境(对象)上执行的行动(基本操作)。具体来说，三种“对象原语”和五种地图“目标原语”，二者相乘，可以构成十五种读图的基本任务，具体如下。

(1) 以空间信息作为对象 (space-alone)：目的在于理解地图上空间信息的分布或关联。①识别任务 (identify)：在空间中寻找某个位置。例如，根据谷歌地球的遥感影像识别你的住宅。②比较任务 (compare)：比较空间中方位、距离、范围和形状的差异。例如，将 65 岁以上患者的空间分布与未接受放射治疗的患者的空间分布进行比较。③排序任务 (rank)：根据空间距离，从远及近或者从近及远的顺序排列。例如，离有毒化学品排放最近的学校在哪里？④关联任务 (associate)：对路线、拓扑和连通性的把握。例如，这个小镇社区与哪个主要城市系统相连？⑤分类任务 (delineate)：根据空间的相关或相异，分类成几个区域。例如，哪里是某疾病发病的高风险区？

(2) 以属性信息作为对象 (attributes-in-space)：目的在于理解地图上属性信息在空间上的变化。①识别任务：寻找某个属性值。例如，在着火的建筑物内，已知有哪些爆炸物？②比较任务：比较类别上的不同和数值上的差异。例如，在地图上分辨出两种类型的政策。③排序任务：根据数量的多少或层次的高低顺序排列。例如，哪个县的癌症死亡率最高？④关联任务：对变量间的相关性的把握。例如，社会经济地位与疾病发病率在空间上有关联吗？⑤分类任务：根据属性值的不同，划分成几个类型。例如，在一组地图特征中找到相似属性值的群组。

(3) 以时空信息作为对象 (space-in-time)：目的在于理解地图上的空间信息和属性信息在时间上的变化。①识别任务：根据时间寻找空间信息和属性信息。例如，在 19 世纪末，该镇有多少家旅馆？②比较任务：比较基于时间的空间信息和属性信息的变化。例如，将历史上与现在的植被进行比较。③排序任务：根据时间先后，对空间信息和属性信息进行顺序排列。例如，在过去的七天里，这个地区有没有发生过任何逮捕事件？④关联任务：对因果和趋势的把握。例如，补救程序是否减少了化学品的地理扩散？⑤分类任务：根据时间划分成不同的时期。例如，调查一个地区的扰乱秩序案件激增的情况。

这一套地图交互和地理可视化任务的“原语”划分方法可以很好地应用到眼动实验之中。用户无论在完成何种地图类型的具体任务时，都会涉及这些地图“原语”，或者说具体类型的地图任务是由地图“原语”加上地图类型背景决定的。

2.2.2 地理空间认知任务

在地理空间认知领域中，有两个核心的空间任务：第一个是用户的寻路与导航行为，第二个是用户对空间知识的获取。已经有很多学者开展了这些方面的研究工作。对于寻路导航任务来说，Liao 等 (2019a) 将导航过程分为五个基元目标任务，分别是：自我定位定向任务、环境目标搜索任务、地图目标搜索、地图路线记忆和路线跟随至终点。而对于空间知识获取 (图 2-4) 来说，Hazen 等 (1978) 最早将空间知识获取目标分为地标知识获取、路线知识获取和测量知识获取三大类，随着环境经历的时间变化，空间知识获取为层层递进的关系 (主导框架)；随后，Ishikawa 和 Montello(2006) 改进了这一理论，认为空间知识获取可能并不是层级的关系，而是随着对环境经历的时间，连续或同时获取的 (连续框架)。当然，为了完成这些空间任务，用户也必须执行一系列的基元任务，如空间定位、空间定向、地标识别、路线记忆、路线规划、情景记忆、距离估计、方向估计、草图绘制等。

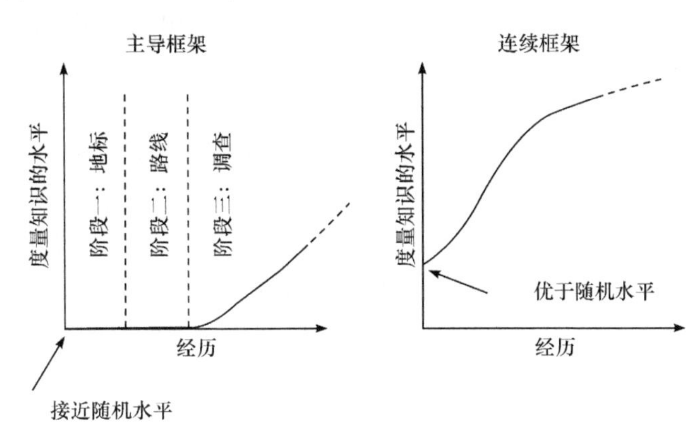

图 2-4　空间知识获取框架的变化

2.2.3　眼动实验任务应用方向

眼动追踪实验都能开展完成上述的地图和空间的基元任务。与传统的行为实验任务相比，眼动实验能够捕捉用户完成这些任务时的视觉行为。因此，眼动实验更适合开展以人为本的地图认知、空间认知等研究。此外，眼动实验可以成为一种运用在地理教育和遥感解译等领域的全新评价方法和交互技术。

1. 地图认知应用

人对环境的知觉和记忆会在大脑中形成图形的印象，这种以“心象”为依据的图形记录便是早期的地图绘制。而地图认知指的是人获取、解译、存储、加工和表达地图信息的过程，其本质就是空间认知的工具 (高俊和曹雪峰，2021)。传统的地图认知仅仅通过问卷、量表、访谈等方式进行研究，这种收集到的外部行为数据缺乏内在生理数据的支持，无法从微观的视觉和大脑认知机制上对外部行为表现进行解释。然而，地图的认知离不开视觉信息的输入，因为人对环境的知觉主要来自视觉输入，所以眼动实验的优势体现在可以清晰地记录被试在认识和使用地图过程中的眼球运动轨迹，进而主试就可以观察和研究被试地图认知过程中的视觉行为。

对于地图认知来说，地图作为一种刺激材料，可以是传统的政区图和专题地图，也可以是新型的网络地图、三维地图、导航地图等。这些地图的认知过程往往可以根据地图与地理信息可视化的基本目标和基元任务进行分解。地图的可用性评价任务是地图认知中重要的一环，因为评价的结果可以反过来辅助和指导地图的设计。欧洲早在 20 世纪初便提出了“以用户为中心的地图”和“用户友好的地图”等概念，并指导各类地图的设计 (Roth et al.，2017b；Tsou，2011)。然而，目前主流的地图可用性评价手段仍然是通过可用性工程的常规手段 (如问卷、量表、访谈等) 进行研究和设计。这些研究手段主观性强，受限于问卷和访谈的内容，往往研究得到的结果 (即设计和绘制的地图) 并不是最佳的。更重要的是，这些方法是在用户阅读地图之后的评价，因此评价结果的时效性差，可能会与实际的认知过程产生较大的偏差。而眼动追踪实验可以实时地记录用户阅读地图时的视觉行为，能够直观地反映出用户视觉注意的时空分布，并且可以利用注视点形成视觉注意热点图，与地图的视觉显著性建立联系，进而优化地图设计。

例如，Dong 等 (2018c) 开展了基于眼动追踪的流地图可用性评价，其实验设计包含了地图交互过程中的空间属性维度的多项基元任务，例如，比较与排序任务 (在所有 A 城市的流出流量中，哪个流量最大；在所有流入 A 城市的流量中，哪个流量最大) 和分类任务 (最大的数据流发生在哪两个城市之间)，以此优化流地图线形和颜色的设计；Dong 等 (2020a) 在虚拟现实和桌面虚拟环境中探究用户读图的行为差异，其中具体的任务也是由地图交互的基元任务和基本操作构成，包括计算操作 (如估计奥斯曼帝国的土地面积；估计从拉巴特到悉尼的距离)、排序任务 (如以下城市的人口从多到少排序、国家面积从大到小排序) 和关联任务 (如以下哪个城市不属于大英帝国的管辖范围；以下哪个国家不与杜兰尼帝国接壤)，通过比较用户在完成这些任务时的眼动指标，发现两种环境中地图阅读的优缺点。Liao 等 (2019b) 将眼动追踪和问卷调查相结合，设计了对照实验和真实地图实验，探究注记密度对地图视觉复杂性感知的影响。实验任务包括从一系列不同等级注记密度的地图中找出目标注记，以及对地图的复杂性和可读性进行评级 (图 2-5)。实验结果显示，视觉复杂性感知与注记密度存在显著正相关。这些研究都充分发挥了眼动追踪实验的潜力，使得地图认知过程和地图可用性评价更加精准和个性化。未来眼动追踪实验的拓展领域可以考虑地图的眼控交互，如如何更加精准、高效、适人化地进行地图交互，以此获取地图服务，可能是未来研究的一个重要方向。

2. 空间认知应用

地图是现实世界的抽象表达，了解人如何认识地图是远远不够的，因为研究人如何认识真实世界，一直以来都是地图学空间认知中最核心的问题。对于真实环境的认知，主要研究内容包括如何学习陌生环境的空间知识、如何构建陌生环境的认知地图，以及如何调用认知地图进行导航和决策。在这些研究内容中，眼动实验的优势主要体现在能够捕捉到人类在环境认知过程中的视觉规律，以此解译人类在环境认知过程中信息输入—处理—加工—表达的过程。而这些过程主要以人的思维为主导，而人的视觉正是与人大脑思维进行互动和连接的最好方式。因此，眼动追踪实验能够更好地理解人脑对环境的认知。

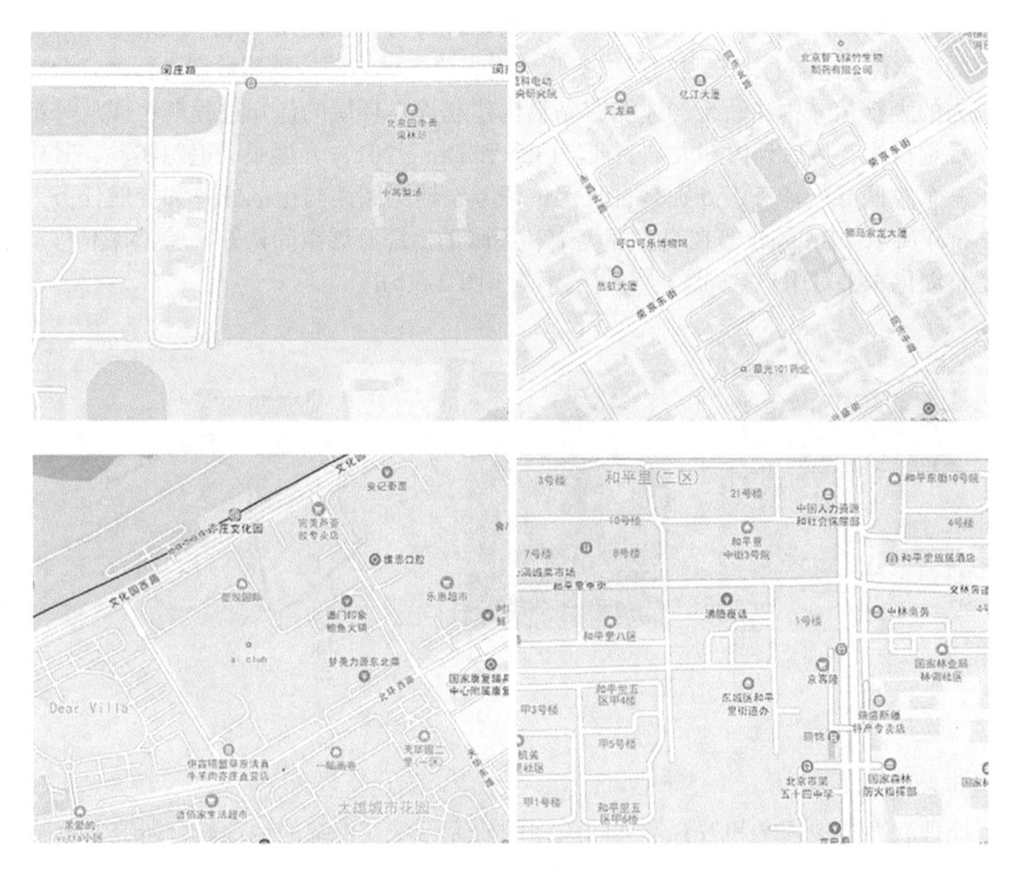

图 2-5　地图阅读任务示意图 (Liao et al.，2019b)

因此对于环境认知来说，可以开展的眼动实验任务包括：①学习陌生环境的空间知识，并构建认知地图任务。这是一个经典的研究话题。科学家一直在寻找认知地图形成的原理与机制，在哺乳动物大脑中发现了与环境有关的位置细胞、格网细胞、头方向细胞、边界细胞等，这些细胞分工合作，共同作用于新环境的认知地图形成。然而，这种研究方法不适用于以人类为对象的研究，因为不符合伦理委员会的要求。眼动追踪技术是可能打通这一隔阂的关键。移动式的眼动追踪设备配合位置传感器设备，能够记录人类在真实环境中的运动轨迹以及视觉行为，这些传感器数据能够最大化地辅助解译人类空间学习和认知地图构建的过程。此外，这些眼动数据可以与人脑认知环境产生的激活信号 (如脑电信号) 进行匹配，进一步揭示人对环境的认知学习过程。②眼动追踪同样可以记录用户在不同环境中的导航寻路任务的视觉注意和偏好，将外部行为表现与内部的眼动数据进行关联和统计分析，这样一方面可以指导环境的配置 (如地标和路线的设计)，另一方面可以根据视觉行为推断导航行为，帮助特殊人群 (如老人) 提高导航寻路能力。

例如，Dong 等 (2022) 开展眼动追踪实验，实时记录人在室内寻路过程中的视觉注意，测量其空间知识获取和学习结果，任务包括距离方向估计和认知草图的绘制，该研究通过收集用户在执行任务时的眼动数据来评价行人在使用二维、三维地图进行导航时的视觉注意差异；未来眼动追踪实验可能需要与更多的传感器数据进行融合分析，并与人的大脑信号构建联系，才能够完整构建起人对环境的认知过程链：即从外部行为到视觉行为，最后到内部大脑表征。Liao 和 Dong(2017) 开展眼动追踪实验，其中包含了三个空间导航任务，分别是自我定位任务、地图阅读与记忆任务和导航任务，如图 2-6(a) 所示。Brügger 等在真实环境中利用眼动追踪开展空间认知实验，探究移动地图的自动化水平对用户空间学习表现的影响 [图 2-6(b)]。

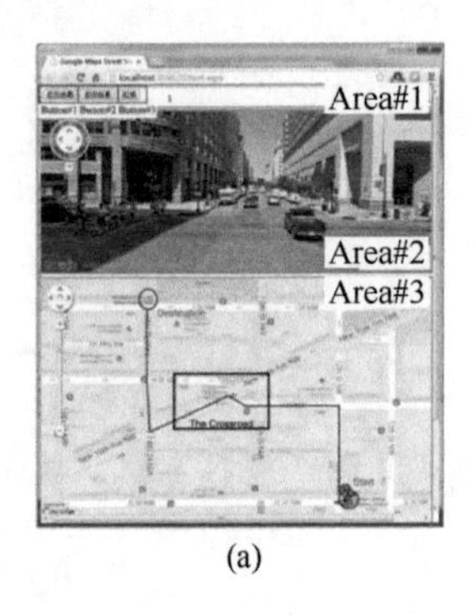

(a)

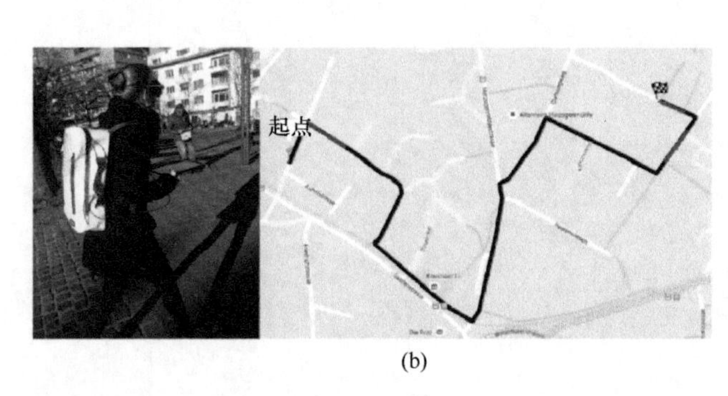

(b)

图 2-6 不同空间认知任务示意图（Brügger et al., 2016）

3. 地理教育应用

地理教育是地理学和教育学共同关注的研究领域。传统的地理教育研究主要通过行为层面的纸笔测试或问卷量表的方式去衡量学生的能力或知识水平。但是这种方法是一种事后的测量方法，并不能很好地反映学生在接受地理教育过程中，或是在地理能力测评中实时的认知过程与思维。眼动实验的优势体现在能够实时记录学生在地理教育过程中，或者在解决地理问题过程中的视觉行为，推断学生的地理思维与解决策略，这样有利于为学生提供个性化和专业性的指导与建议，更有针对性地提升地理教育的质量。

涉及地理教育的眼动实验需要设计地理空间能力测量任务，包括横断面的对比任务和纵向跟踪测评任务。这样既能探究不同人群 (如不同背景、文化、年龄和性别等) 之间的地理空间能力差异，也可以研究随着接受地理教育，同一批人的空间能力的变化情况。视觉行为的加入能更好地反映学生接受地理教育前后能力的变化，以及拥有不同教育背景的学生的视觉行为区别。这样能够更加有针对性地完善地理教育课程，提高学生的地理空间思维能力。

例如，Dong 等 (2019)、Keskin 等 (2019) 使用眼动追踪技术研究是否有地理学背景对读图的影响、专家和新手之间的读图差异；Dong 等 (2019) 使用眼动追踪技术研究接受地理教育后学生地理空间能力的变化。研究所用的地理空间能力测试主要包括空间可视化、空间定位 / 定向等基元任务，如图 2-7 所示。这个领域未来的研究方向是通过建立起更加完善的教育与视觉行为的映射关系，从而更好地指导地理教育实施与人才的培养。

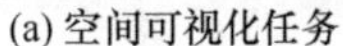
(a) 空间可视化任务

(b) 空间定位/定向任务

图 2-7　不同地理教育任务示意图

4. 遥感解译应用

遥感解译与分类、地物目标识别是遥感研究领域的核心问题。传统的遥感分类和地物识别主要依靠目视解译，但这种方法的人工和时间成本消耗巨大。目前主流的研究开始采用机器学习的方法对遥感影像进行自动分类。然而，目前仍未有理想的自动分类算法与模型能够应用于不同地区、不同波段以及不同卫星的遥感影像分类。这说明遥感解译算法和模型仍然需要输入专业人士的影像分类知识与判别方法。眼动实验的优势体现在能够记录人在观看遥感影像时的眼动轨迹和视觉注意，而这些眼动轨迹和视觉注意可能能够提供新的遥感分类方法，在传统的目视解译和主流人工智能自动分类方法之间进行权衡和优化。

对于遥感解译来说，可以开展的眼动实验任务包括：①遥感影像的眼控交互任务。传统遥感影像分类的兴趣区是手工勾绘的，而眼动追踪可以利用眼控交互技术勾勒兴趣区，这样会比传统手工绘制更加省时省力，因为兴趣区选择的关键便是人眼判别遥感影像的地物信息。这使得眼控技术有很大的发展潜力。②遥感影像自动分类任务。这是一个有潜力的研究议题，理论上来说，可以通过采集专家观看遥感影像的视觉行为，学习并构建专用于遥感影像的视觉注意模型，将习得的视觉注意模型用于遥感影像的自动分类任务。这类模型中加入了专家阅读遥感影像的知识 (体现为其视觉行为)，模型并非完全的黑箱，这样的模型可能使分类精度得以提升。

例如，Dong 等 (2014a) 开展基于眼动追踪的遥感影像可用性评价，其中具体的任务按基元任务划分就是识别任务，如识别遥感影像中的道路 (图 2-8)。Sharma 等 (2021) 开展基于眼动追踪的对高分影像兴趣区确定的研究，基元任务是更加简单的自由观看任务。然而，目前将遥感解译研究与眼动实验结合起来的研究还比较少，这个领域还有很大的发展空间。未来一个重要的研究问题就是，如何将人类的眼动数据作为特征输入到计算机模型之中，有效地提高分类的精度和模型的适应性。

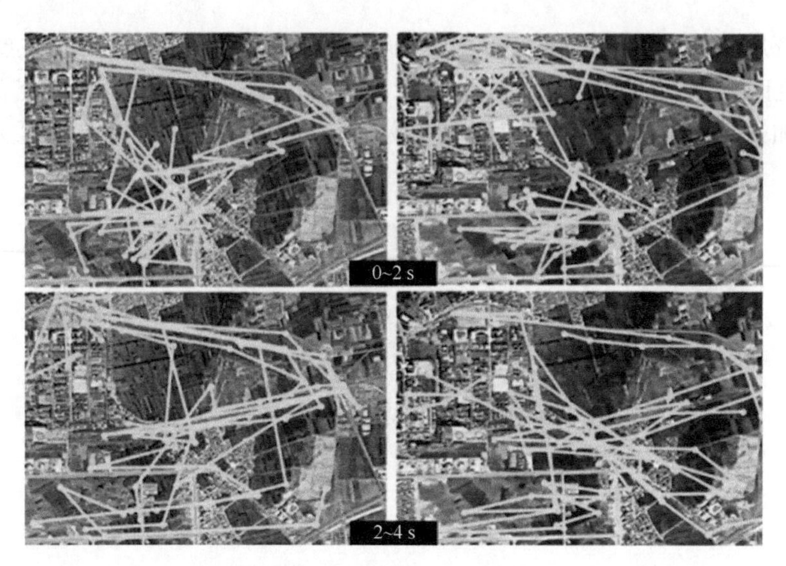

图 2-8 遥感解译任务眼动序列图 (Dong et al.，2014a)

2.3 眼动实验环境

实验设计不仅需要考虑具体的眼动实验任务，还需要考虑眼动实验研究开展的环境。目前眼动实验环境主要分为虚拟环境 (virtual environment)、真实环境 (real environment) 和混合现实环境 (mixed reality environment)。

2.3.1 眼动实验环境概述

最常使用眼动仪的研究领域是心理学、文字阅读和广告学等。这些领域的研究者在进行眼动实验时，首先设计 (模拟现实的) 刺激材料，然后使其在屏幕上呈现，并让被试在屏幕前完成任务。同时眼动仪也会采集被试的眼动行为，这是最早开展眼动实验研究的环境，即桌面虚拟环境 (desktop virtual environment)。然而，人类在真实环境和虚拟环境中的 (眼动) 行为并不一定完全一致，往往对模拟的环境研究并不能满足学者的需求。此外，随着穿戴式眼动仪的诞生和普及，在地理学和地图学空间认知领域，已经有学者开始在真实环境下开展眼动实验，研究人在真实世界中的眼动行为。此时，被试可以使用穿戴式眼动仪，在移动的过程中眼动仪可以同步记录视频和眼动数据，这便是真实环境下的眼动实验。此后，虚拟现实和增强现实技术的发展使眼动实验环境变得更加多样化。例如，眼动仪可以植入虚拟头盔或增强现实眼镜之中，使得被试在沉浸式的虚拟现实环境中更好地开展地图学空间认知研究；甚至可以在虚实结合的环境中展开地图学空间认知研究。然而，受限于仪器的费用和普及度，目前鲜有在此类环境中开展的地图学空间认知研究。

综上所述，随着眼动仪设备的更新和发展，以及地图学空间认知研究对象的多样性，目前的眼动实验环境越加丰富，主试既可以在实验室开展桌面式或者虚拟现实式的眼动实验，也可以在真实环境中使用穿戴式眼动仪开展眼动实验。另外，在虚实结合的增强现实环境中开展眼动实验在理论上也是可行的，这为地图学空间认知研究提供了广泛的实验平台。此外，眼动实验环境的发展史也反映了地图学空间认知研究中的一个核心议题，即空间认知的生态效度问题。人类对虚拟环境的认知方式和行为是否与人类对真实环境的认知方式和行为是一致的？哪些虚拟要素能够更好地辅助人类认知真实空间？这需要研究者在不同的环境中展开探索。

2.3.2　虚拟环境

虚拟环境包括桌面虚拟环境、头戴式虚拟现实环境和洞穴式虚拟现实环境 (cave automatic virtual environment，CAVE)。其中，桌面虚拟环境是用屏幕展示刺激材料，采用桌面虚拟环境的眼动实验记录被试落在屏幕上的注视点信息。而虚拟现实环境则可以给被试提供沉浸式环境，被试的视觉范围不再局限于一块屏幕。采用虚拟现实环境的眼动实验能够记录被试在虚拟环境中的注视点信息。

桌面虚拟环境的实验仪器由桌面式眼动仪和实验电脑组成，使用电脑设计实验并控制实验进程，桌面式眼动仪采集眼动数据 (图 2-9)。桌面虚拟环境实验的刺激材料往往比较简单，主要为静态图片或者动态视频。桌面虚拟环境便于严格控制实验变量，在此环境下数据采集质量高，因此很适合用于地图认知和地图交互实验，其中较多的是地图设计和可用性评价研究。除此之外，桌面虚拟环境还可以用于景观评价和遥感解译等相关研究。但是因为桌面虚拟环境只能为被试提供部分视觉信息，无法提供前庭信息等，所以在进行环境感知与认知实验 (如空间学习和导航寻路) 时，桌面虚拟环境的生态效度较低。已有学者在桌面虚拟环境下广泛地开展地图认知和可用性研究。例如，在地图认知研究中，Liao 和 Dong(2017) 以静态二维地图和三维地图作为刺激材料，在桌面虚拟环境下开展寻路任务，比较用户在使用两种地图时的视觉差异。Dong

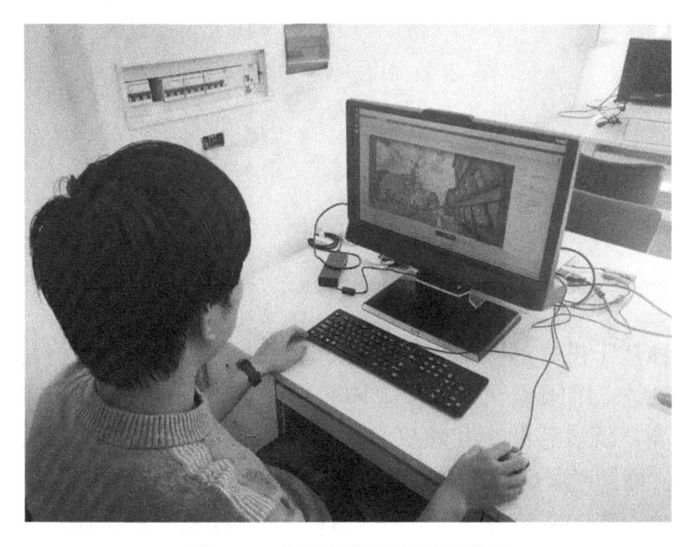

图 2-9　桌面虚拟环境实验场景

等 (2018c) 使用桌面虚拟环境控制呈现流地图的流线形状、尺寸与颜色，比较其有效性和效率差异。

头戴式虚拟现实环境主要由头戴式 VR 设备和相关辅助设备组成，通常使用嵌入到 VR 头盔内的眼动仪采集数据 (图 2-10)。相比于桌面虚拟环境，虚拟现实环境具有更高的生态效度。而相比于真实环境，虚拟环境的视觉刺激更为可控，环境转换更易实现，数据采集不受光照影响，因此常被用于环境认知研究，如空间学习、导航等。头戴式虚拟现实环境与全方向跑步机同时使用，可以部分弥补使用手柄在虚拟环境中运动缺乏“本体感受”的问题，在一定程度上还原真实环境中的由被试身体运动带来的环境线索。在使用头戴式虚拟现实环境进行眼动实验前，需要根据研究假设和实验目标，提前使用 3DMAX、Sketchup、Maya 等软件进行三维模型构建，实验设计和实验准备难度更大。除此之外，头戴式虚拟现实环境下数据采集精度比桌面虚拟环境下更低，数据处理难度更大。虽然头戴式虚拟现实环境在一定程度上对真实环境进行了还原，但是仍无法复制真实环境中的全部线索，在虚拟环境实验中被试容易产生不适感并迷失方向。因此虚拟环境仍然无法替代真实环境。已有研究对比不同虚拟环境中地图认知任务的眼动行为差异，例如，Dong 等 (2022) 根据真实室内环境构建模型，同时在头戴式虚拟环境和真实环境中进行空间学习实验，比较两种环境下个体空间学习过程中的视觉特征及空间学习结果差异。Dong 等 (2020a) 还分别在头戴式虚拟现实环境和桌面虚拟环境中开展地图认知实验，比较二者地图阅读行为的眼动差异。

图 2-10　头戴式虚拟现实环境实验场景

CAVE 是一种基于投影的虚拟现实系统，在 CAVE 中，刺激材料被投影到房间的墙面，被试需要佩戴三维眼镜获得沉浸式体验 (图 2-11)。与头戴式虚拟现实环境相比，CAVE 的分辨率高，沉浸感和交互性更好，且可供多人同时使用，因此在环境认知研究中有一定优势。而同时，CAVE 的实现也更为复杂，需要将立体投影、视景同步、传感器等技术相融合。在大多数情况下，在 CAVE 虚拟环境中采集眼动数据不仅需要眼

图 2-11　CAVE 虚拟环境实验场景 (Credé et al.，2020)

动仪记录运动信息，还需要对头动信息进行记录 (Köles and Hercegfi，2015)。同时，因为使用 CAVE 时必须佩戴眼镜，所以眼动仪必须与镜片兼容，适用的眼动仪种类较少。某些眼镜式眼动仪可以与 CAVE 虚拟现实环境同时使用，但是仍然面临着数据采集难度大、采集精度难以保证的问题。

2.3.3　真实环境

真实环境的眼动实验主要可以分为在室外和室内开展眼动实验。对于室外环境眼动实验来说，环境本身的不确定因素和环境自身特点会对实验造成一些不可预知的影响。

(1) 首先是天气因素，室外天气变化大，不同天气条件下开展眼动实验可能会影响实验的结果。而适合开展眼动实验的天气为多云或阴天，这可以既保证被试在室外的正常活动，又确保仪器运行的安全。晴天并不太适合开展实验，因为阳光直射可能会使得眼动仪采集的数据质量下降，导致采样率不足或采集视频影像精度低等问题。一个解决办法是让被试携带遮阳帽进行实验，这样能够有效缓解太阳直射造成眼动数据质量下降的问题。雨雪天气同样不适合开展实验，因为在这种天气下被试在移动过程中往往需要打伞来保护仪器，导致被试行动不方便或视线被遮挡，影响实验结果。

(2) 其次是真实环境中移动的物体和生物，如车、行人、动物等。真实世界中这些物体和生物会造成不可预知的突发事件，这些事件可能会吸引被试的注意力，甚至危害被试的人身财产安全。例如，被试在真实环境中寻路的过程需要避让来往的车辆和行人，而被试在虚拟环境 (桌面或虚拟现实环境中) 大多时候不需要关注这些因素，除非主试人为地设置这些场景、事件和不确定因素，所以这些物体和生物可能会使得被试在真实环境中进行空间认知的行为与表现与虚拟环境中空间认知的行为表现大相径庭。

(3) 再次是眼动仪的定标校正过程，真实环境中定标的准确与否会直接影响实验结果。目前主流的眼动仪采用 5 点或 9 点定标方法，这种定标方法适合选取与眼动仪距离相近的物体进行定标，在虚拟环境中，所有物体被呈现在同一个屏幕中，这样定标的结果是相当精确的。相反，在真实世界中，被选为定标的物体与仪器的距离远近不一，有的物体距离差别甚远，因此完成定标更加困难，并且，定标的精度也会低于虚拟环境中的定标精度。一个可能的解决办法是在开展室外实验之前，先在室内进行定标，选取室内距离相近的物体完成定标过程，而使用这种方法，在室外观看与定标物体距离差异较大的物体时精度仍然较低。因此，真实环境中的定标问题是开展眼动实验的主要缺陷之一。

(4) 最后是实验开展和布置的问题。因为在地图学空间认知研究中，尺度和地理范围是不可避免的核心问题，所以在开展此类研究、选取研究区域时，必须关注真实环境的尺度和范围。然而，受限于仪器、时间、金钱和人的出行距离，在真实环境中的实验往往无法考虑大范围尺度的空间 (如城市 / 国家 / 大洲 / 全球范围的空间)，而主要关注的是街道或建筑群一类的小范围尺度的地理环境。另外，因为真实环境实验需要在实地开展，需要耗费大量的人力物力，所以真实环境开展实验是相当困难的。

而对于室内环境眼动实验来说，环境本身对实验造成的影响会远小于室外，因为室内不会有天气的影响，移动的生物和物体也相对较少，实验开展和仪器定标难度也较小。但是对于比较复杂、人流量大的室内场景，如火车站、商场、医院等室内空间，开展眼动实验仍然是极为困难的，在这些环境中，人流量和密度要远大于室外环境，这些不确定因素同样会对实验结果造成巨大的影响。一个非常重要的问题是公众和场所的隐私问题。因为眼动仪会记录用户在环境中所观看到的视频，而在很多室内环境中，是需要保护公众和场所的隐私的，这些视频数据可能会损害其他人的权益。因此，无论在真实的室内还是室外环境开展眼动实验，公众和场所的隐私问题都是需要注意和保护的一个关键点。

真实环境适合开展地图学空间认知研究，尤其是对真实环境本身的认知过程。需要注意的是，真实环境中人的认知与行为要比虚拟环境的认知与行为更加有吸引力，这是因为人本身处于真实环境之中。如果主试希望得到生态效度高的研究结果，那么在真实环境中开展眼动实验是最好的方法。总而言之，真实环境的眼动实验适合研究一切与真实世界相关的议题，如行人和车载导航及景观评价等。同时，一切需要人运动或移动的研究都适合在真实环境中开展实验，移动式眼动仪的便携性使得人边运动边采集眼动数据成为可能。具体的相关工作已经在不同真实环境中开展。例如，Liao 等 (2019a) 在真实室外环境中开展了行人地图导航认知研究；Zhou 等 (2020) 在真实的室内地铁环境中开展了在有时间压力下地图导航表现的性别差异研究 (图 2-12)。

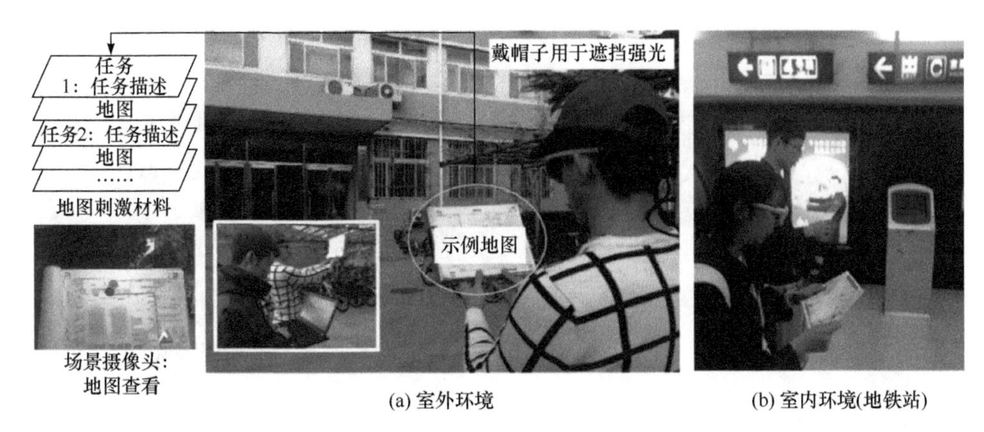

图 2-12　真实环境 (室外 / 室内环境) 开展地图空间认知实验 (Liao et al.，2019a；Zhou et al.，2020)

2.3.4　混合现实环境

广义的混合现实 (mixed reality) 环境泛指所有混合了真实环境与虚拟环境的实验环境。混合现实在真实世界的基础上，增加了数字化的、虚拟的信息，使用户可以同时看到真实世界的物体和附加的数字信息。在地图学空间认知研究中，往往用混合现实指代有实时空间定位 (即空间计算) 的环境，也就是说虚拟对象和真实对象位于同一空间参考系中，并且它们之间可能会发生有意义的交互；而用增强现实 (augmented reality) 指代的信息会叠加在世界任何地方 (Çöltekin et al.，2020)。本节着重介绍前者的应用。

常见的混合现实设备有手持式设备 (如手机)、眼镜式设备 (如谷歌眼镜)、头戴式设备 (head mounted device，HMD，如微软的 HoloLens)(图 2-13) 和抬头式设备 (head up device，HUD)。早期的混合现实设备需要加装 GPS、眼动跟踪设备等额外模块，才可用于复杂的地图学认知研究，但随着技术的进步，当前的混合现实设备已集成了上述功能，可方便地用于实验。

混合现实环境在地图学中的应用可以分为两类。一方面，混合现实技术可被用于导航，如谷歌地图的 AR 模式 (图 2-13)。由此产生了一系列认知问题，如用户是否能很好地分辨真实与虚拟物体，虚拟物体的存在是否会干扰用户对真实世界的感知等。由于在导航过程中，用户将与真实环境不断交互，这些认知问题显得尤为重要。另一方面，混合现实技术扩展了用户对大尺度空间信息的探索和感知方式，如利用混合现实环境展现的国家和地球；同时，混合现实技术也带来了新的交互方式，如何设计更符合用户行为习惯的可视化与交互方案，也是混合现实环境的一个重要研究问题。

不可否认的是，当前的混合现实技术依然存在较大局限性。对于头戴式混合现实设备来说，较小的视场角依然很难令用户满意；而由于显示技术的制约，在强光照条件下，一般混合现实的显示也存在一些问题。研究者应该认识到，部分认知问题 (如视野范围的影响) 将随着技术的快速进步而很快减弱，因此在提出研究问题时，应格外注意该问题的长远意义。

(a) 微软HoloLens

(b) HoloLens应用于室内导航

图 2-13　谷歌地图的 AR 模式 (Liu et al., 2021)

2.4　眼动实验刺激材料

眼动实验设计中另外一个重要问题是实验的刺激材料设计。作为视觉实验，视觉刺激材料设计是实验准备的核心部分，以地图、场景为基础的刺激材料，也是地图学眼动实验明显区别于其他领域眼动实验之处。

刺激材料设计的原则，与研究者选择的眼动实验范式有很大的关系。如果选择心理学驱动的眼动实验范式，则在选择和设计刺激材料时应尽量控制无关变量，并且设计得尽量简单，以确保自变量与因变量能够建立因果关系。而如果选择可用性工程驱动的眼动实验范式，则应当采用具体的地图产品作为刺激材料，即确保研究的生态效度，以达到测试刺激材料可用性的效果。

例如，研究问题为“不同饱和度对地图阅读的影响”，使用心理学驱动的范式，在设计刺激材料时，选择简单的底图，并且两组地图之间的差异仅仅体现在饱和度，其余的视觉变量需要完全相同。再如，研究问题为“不同类型旅游地图可用性差异”，使用可用性工程驱动的范式，设计的刺激材料应为市面上常见的旅游地图。

地图学眼动实验的刺激材料类别十分丰富，并与实验目的息息相关。例如，在桌面端可以将地图或遥感影像作为实验刺激材料；在真实场景中，城市或场景自身即为实验刺激材料；随着虚拟现实、混合现实技术的应用，虚拟场景也成为地图学空间认知研究的刺激材料之一。接下来，本节结合 2.3 节说明的实验环境，对桌面虚拟环境和头戴式虚拟现实环境和真实环境的刺激材料进行简要介绍。

2.4.1　桌面虚拟环境刺激材料

桌面虚拟环境的刺激材料占地图学眼动研究的较大比例。目前在桌面端进行的眼动实验刺激材料几乎包括了所有常见的文件类型，如图片、视频、街景；在测试软件的交互操作等实验中，可直接以软件或屏幕作为刺激材料。此外，如有需要，也可以在眼动实验设计中加入音频文件，如语音导航等。

在以桌面环境呈现刺激材料时，应当确定好刺激材料出现和实验任务提示出现的关系。如果实验目的在于考察被试对刺激材料的记忆，则实验任务应当出现在刺激材料后；如果希望被试有目的地观察刺激材料，则实验任务应出现在刺激材料前。如果提示和刺激材料同时出现，则应在实验后数据分析绘制兴趣区时，区分刺激材料区域和任务区域。

在用静态的图片做刺激材料时，刺激材料与眼动坐标的对应关系是固定的，眼动实验数据的处理相对来说比较简单。在使用视频、街景或录屏的情况下，由于刺激材料是动态变化的，在不同的时间点下，落在屏幕上同一坐标点的注视点可能在关注不同的目标。因此，需要考虑是否将眼动数据与刺激材料的特定目标进行匹配，以及如果需要，应如何操作。

桌面虚拟环境刺激材料还有一个需要事先确定的因素，即刺激材料的分辨率。一方面，不同刺激材料的分辨率原则上应当一致；当刺激材料为静态地图，而眼动仪分辨率低于刺激材料分辨率时，一些细节部分就难以阅读。因此，应当在开展实验前考虑实验设备和刺激材料的具体情况。

2.4.2　头戴式虚拟现实环境刺激材料

越来越多的地图学眼动实验选择在头戴式虚拟环境中进行。在这种情况下，一般采取沉浸式三维模型作为实验刺激材料，相应的设计可使用 Unity3D、Sketch Up、Unreal 等软件或引擎完成。

从研究内容上说，以头戴式虚拟现实环境作为刺激材料的目的主要有两种，不同的目的会在相当大程度上影响对刺激材料的设计。一种目的是将虚拟现实环境作为真实环境的仿真与替代品，以避免真实环境带来的不可控性、复杂性和不确定性。在这种情况下，需要比较精细的场景建模，在实验过程中也应当尽量还原真实环境实验的情形。另一种目的是将虚拟环境本身作为研究对象，考察沉浸虚拟环境给被试的各种各样的独特空间认知体验。这种情况下，虽然无须较为精细的场景建模，但是需要明确研究相关的自变量，确保刺激材料与研究问题紧密相关。

在设计虚拟场景时会涉及以下几个方面：①场景本身的设计。首先需要根据研究问题和实验目的设计场景白模（如室内场景、街景或者迷宫），如果是对真实环境的仿真，则应根据对真实环境的测量结果设计白模的各种参数，之后设计模型贴图。如果是真实环境，则可以使用处理后的影像作为贴图素材。此外，还需要设置光照，以保证可视性。②虚拟角色 (avatar) 的设计。需要考虑虚拟角色相对于场景的大小，并且确定视场角 (field of view，FOV)。一般来说，虚拟角色和场景的相对大小应与真实情况一致，且视场角需要保持在 120° 以上，以防止被试产生三维眩晕。此外，还需要定义被试操作虚拟角色的交互方法，如按手柄的方向键确定角色的朝向、握住手柄的扳机向前行走等。③事件触发。当被试达成实验开始或结束的条件时，虚拟场景应该出现触发结果，提示被试实验正式开始或实验完满结束。另外，在一些具体情景下，需要设置对应的触发事件，如走到楼梯口按键上楼梯、走到门口按键开门等。

2.4.3 真实环境刺激材料

将真实环境作为刺激材料，往往使用穿戴式眼动仪，同时记录被试眼动数据与被试对刺激材料的观察视频。因为绝大多数真实环境无法由研究者主动控制，所以在真实环境中进行眼动实验时，需考虑真实环境是否稳定，即在不同的时间段实施眼动实验时，当地的外部环境是否具有一致性。例如，光照条件的变化会影响眼动仪的数据采集率和数据准确性，行人、车辆等会影响被试对环境的注意力分布。在一些时间跨度较大的实验时，还应当考察作为刺激材料的环境变化，如行道树在夏天和冬天对环境的遮盖差异，以及周围建筑物、标志性地标的拆迁。

同样由于真实环境难以控制，对于一些对比实验，研究者需要在实验设计过程中尽量做好自变量区分和场景选择。有些场景选择较为简单，如路网类型可区分为方格路网和环状路网等，可以在一座城市中同时找到；而有些场景选择涉及建筑风格、城乡差异等，则需要考虑在不同地方开展实验。

考虑到真实环境的复杂性，在实施真实环境实验期间，主试需要将被试的人身安全作为第一要务。一方面，主试应当选择环境比较稳定的实验场景，如在夜晚、雨雪天气、行人密度过高等无法完全保证被试安全的情况下，必须回避开展实验。另一方面，因为被试全程注意力集中于完成认知任务，对周围的潜在危险难以察觉，所以在开展真实环境实验时，至少一位主试应当陪伴在被试周围，及时察觉周围的危险情形。

2.5 眼动实验准备与实施

眼动实验设计完成后，充足的实验准备和完美的实验实施才能保证实验数据的准确性和实验结果的可解释性。其中，需要考虑被试、仪器以及实验流程等具体问题。

2.5.1 被试招募筛选

招募眼动实验的被试受多方面因素影响，并且在招募过程中应告知被试参与眼动实验的风险、义务和权利等，在实验开始前，签署有效的知情同意书。在招募被试时，首先，与其他认知实验相同，眼动实验的被试招募也需要考虑研究目的，确定是否需要招募特定群体作为被试，如老人和儿童，男性和女性，非地理专业和地理专业学生等。如果需要招募未成年人或其他限制行为能力人作为被试，需要获得监护人的同意和签字。其次，由于眼动实验采集眼动数据的特殊性，需考虑被试的视力问题，如被试是否佩戴眼镜等。此外，需要考虑目标被试数量，这由实验设计和实验目的决定。一般来说，每个实验条件下的被试数量要达到 20 以上，后续的眼动数据分析结果才有比较大的可靠性。

2.5.2 被试组织

被试的组织可以参考心理学实验的基本组织方法，被试内设计 (within-subjects

design) 和被试间设计 (between-subjects design) 是两种最常用的组织形式。

在被试内设计中，所有被试均需要依次在各种实验条件下参与实验，即每一个被试都会被分配到所有实验任务。被试内设计可以有效地控制因被试不同而对眼动实验结果产生的影响；但在一种实验条件下的实验任务可能会影响被试在后续实验任务中的表现，如对实验任务和实验操作界面的熟悉程度、疲劳度等，这一点在眼动实验任务较多的情况下尤为明显。为规避这种由实验顺序带来的风险，可以采用拉丁方方法或随机分配实验顺序。

在被试间设计中，所有被试均只在某一种或某几种实验条件下参与实验，即每一个被试只会被分配到特定条件下的实验任务。被试间设计经常被用于比较不同人群差异性的眼动实验，如地理学教师与学生的地理空间思维差异、性别对地理空间能力的影响等。这种实验设计方法有效地避免了由实验顺序造成的误差。但与被试内设计相比，被试间设计所需的被试数量更多，每一个实验条件下均需要有足够的被试；同时，由于不同实验条件下得到的数据来自于不同被试，无法完全排除个体差异，这只能由增加被试数量和随机分配来缓解。

2.5.3　仪器准备

不同眼动仪的具体使用方法略有区别，但基本流程一致。总的来说，首先需要确保眼动仪与被试之间的相对位置固定，或保证被试在眼动仪的头动范围内，然后进行定标，确保眼动仪能正确识别眼睛位置。

对于桌面式眼动仪，在实验开始前，主试需要向被试说明，在实验过程中尽量保持身体稳定，不要大范围移动。之后进行定标，定标及实验均在眼动仪配套的软件中进行。常见的眼动仪可选择 5 点定标或 9 点定标，若定标失败，可选择某点或某几点重新定标 (图 2-14)。定标成功后，可开始实验。以常见的 Tobii Pro 系列为例，Tobii Pro TX300 眼动仪包含眼动仪模块和 23 寸显示器模块。眼动仪模块可以单独使用，也可与配套显示器结合使用，分别适用于基于屏幕和基于真实物体或环境 (小范围) 的研究。眼动仪本身有一定的头动范围，如 TX300 的头动范围为：宽 37 cm，高 17 cm，操作距离：50~80 cm，即用户在距离眼动仪水平距离 65 cm 时，定标结束后，头部的活动范围在 37 cm × 17 cm 内，与眼动仪的水平距离为 50~80cm 时，眼动数据的采集较为准确。若实验对眼动数据的精度要求较高，则可配合下颌支架进行实验，稳定头部位置，提高数据精度。

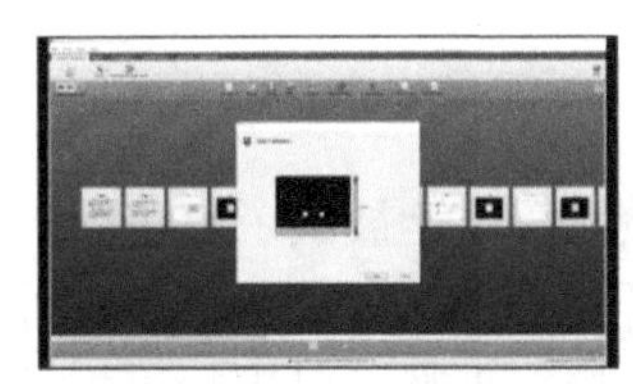

(a) 定标前，确保被试距离眼动仪的水平距离和高度均在理想范围内

(b) 定标过程，被试需保持身体、头部不动，眼睛追随红色目标点

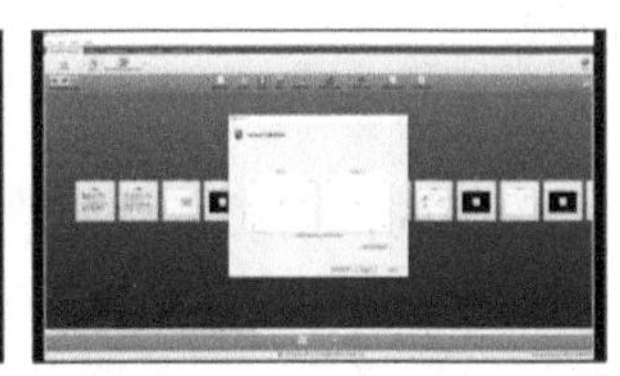

(c) 定标完成，五点定标，左右眼的五个定标点均在误差范围内

图 2-14　使用 Tobii Studio 软件对 Tobii Pro TX300 眼动仪进行定标

对于移动式眼动仪，需要先保证眼动仪稳定佩戴，之后再进行定标 (图 2-15)。由于在真实环境中可视范围较大，在定标时最好在近处和远处均选择定标点，以保证眼睛注意远、近物体时，眼动数据都能被准确记录。随着眼动跟踪技术的日趋完善，已有支持眼动控制的个人笔记本电脑、智能手机、VR 和 AR 设备出现，如外星人 17 R4 笔记本电脑、三星 Galaxy S5、微软的 2 代 HoloLens(AR) 和 HTC VIVE(VR)。此外，也有部分软件可通过手机摄像头来计算眼动位置，如 Hawkeye(https：//www.usehawkeye.com/accessibility) 等。

图 2-15　移动式眼动仪定标

2.5.4　实验流程

实验流程主要分为预实验、正式实验、实验后阶段。

1. 预实验

一个好的实验，主试应该是第一个被试。这意味着一个好的实验，一定需要预实验阶段。具体来说，主试可以招募 1~2 名被试参与实验设计完成后的全过程。在这个阶段，主试需要考虑以下问题：该实验设计是否合理？任务难度是否合适？实验环境是否易于实施？刺激材料是否易于阅读？被试的认知负担与疲劳程度是否有效控制？实验过程中仪器的操作是否存在问题？实验的组织是否连贯？实验采集的数据是否满足主试的预期？这些问题都可以在预实验中解答。

需要注意的是，没有一个实验一设计出来就是完美的，所以这个步骤很大程度地影响了最后的实验结果。因此，预实验应该尽可能与真实实验有着相同的流程，然后根据结果反馈优化主试的实验设计。如有必要，可以设置第二次预实验，直到上述问题得以解决，且实验数据满足主试的预期，就可以进行到实验的下一个阶段，即正式实验阶段。

2. 正式实验

一般来说，正式实验开始前需要有一个简短的实验介绍，让被试了解实验的基本任务。被试需要熟悉实验仪器 (眼动仪和其他辅助的数据采集仪器) 的操作。此外还有一个重要的步骤是定标，这在 2.5.3 节中有具体的介绍。接下来就可以进行正式的眼动实验，实验过程可以分为不同的功能 (run) 和实验试次 (trial), 也可以是一个连续的认知过程。前者会在每个任务试次之间有固定的休息时间，而后者可能需要用户完成具体的任务才能终止。

3. 实验后阶段

在正式眼动实验完成后，被试可能还需要执行一些实验后阶段任务，来对该实验确认和反馈。这一阶段的目的主要是了解用户对眼动实验的体验评价，以及对眼动数据进行质量审核。一种方式是让用户回顾自己完成任务时的眼动数据可视化，并且通过出声思维的方式获取被试完成任务时的策略。这种辅助实验手段将在 2.6 节具体介绍。在所有实验后阶段的任务完成后，整个眼动实验流程也顺利完成。

2.6　辅助实验手段

在开展眼动实验时，除了收集被试在实验过程中产生的眼动数据，往往还会使用一些辅助的心理物理实验手段收集用户其他的行为数据，包括填写实验问卷和量表、出声思维和绘制草图、多源传感器同步等辅助手段等。这部分数据对补充和完善眼动实验具有重要意义。一方面，在实验前填写问卷、量表或者进行行为测试可以进一步筛选被试，或对被试进行分组。另一方面，辅助手段收集的数据在数据分析中可以进一步佐证眼动数据的结果，对眼动数据的深入挖掘起到重要作用。行为数据本身也可以作为数据源参与到数据分析中，作为实验结论的有力支撑。

2.6.1　实验问卷与量表

实验问卷与量表是最常见的眼动实验辅助手段。在眼动实验中常见的实验问卷包括人口统计学问卷 (调查被试背景信息，如年龄、性别和教育背景等)、实验中用于辅助数据收集的问卷 (如在真实环境导航实验收集被试对环境的熟悉程度等) 和实验后问卷 (如对测试的主观感受和意见、对测试难度的感受等)。在设计问卷前，首先要明确需要收集哪些数据，据此设计问卷内容、措辞、排版等，问卷在正式使用前往往需要通过预测试检验问卷的信度和效度。传统问卷填写通过纸笔完成，而今电子问卷收集成为一种方便快捷的方式。

量表作为一种方便的测量工具经常被应用于眼动实验中。在空间能力相关量表中，STAT 空间思维测试 (表 2-2) 包含理解方向、识别空间模式、理解空间叠加和融合、空间可视化、理解空间关系、视角转换等任务类型，常被用于评估空间思维能力 (Lee and Bednarz，2012)；心理旋转测试 (Shepard and Metzler，1971) 和空间定向测试 (spatial orientation test，SOT)(Guilford and Zimmerman，1948) 常被用于收集小尺度空间能力，而圣巴巴拉方向感量表 (Santa Barbara sense of direction scale，SBSOB)(Hegarty et al.，2002) 则多用于估计大尺度空间能力。在导航寻路与空间学习相关量表中，经常会用到参考框架测试 (RFPT)(Gramann et al.，2005)、导航策略量表 (wayfinding strategy scale)(Lawton，1994) 等。在选择量表时，要根据所需数据类型筛选出合适的量表，同时尽量选择认可度高、使用广的量表。也可以对已有的量表进行修改，使其更符合自己的研究需求。例如，Dong 等 (2018b) 对 STAT 任务进行修改和重组，用地形图、遥感影像、城市交通图、专题地图等作为刺激材料，形成一套涉及基于地图的空间可视化、空间导航、空间关联等能力的测试体系，用于测试地理空间能力。面对特殊的数据需求时，往往还需要设计新的量表。新量表的设计要特别注意效度和信度问题，并在实验前预先对量表的可用性进行检验。

表 2-2 修改后的 STAT 题目示例

任务编号	题目类型	相关能力	地图示例或描述
#1	选择与所描述空间信息相对应的地图	综合地理特征推理	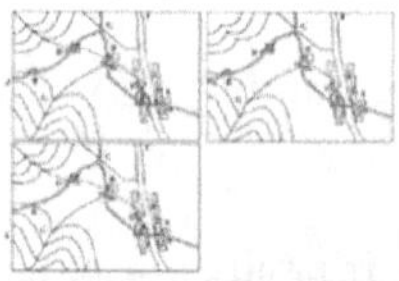
#2	选择与鸟瞰图中的观察点和观察方向相对应的三维影像	维度转换与空间可视化	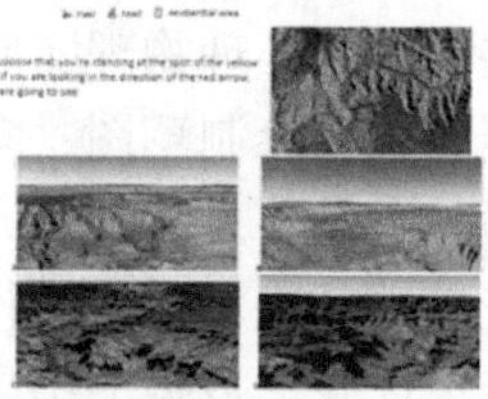
#3	根据指示使用地铁地图导航	基于地图的导航	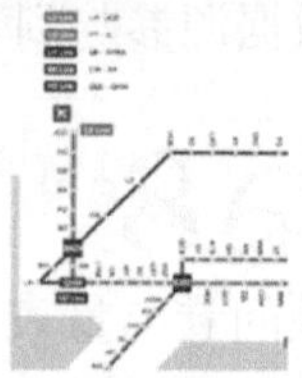
#4	根据指示使用校园地图导航	基于地图的导航	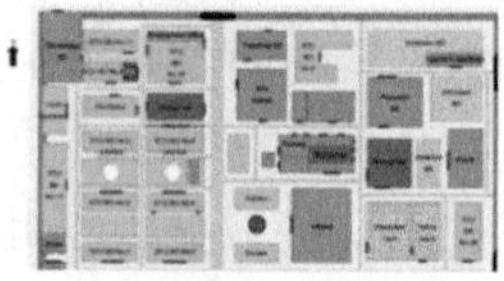
#5	判断地图之间的联系	进行空间比较，判断空间关联	阅读人口统计图和降水量地图，判断两者之间的相关关系

2.6.2 出声思维

出声思维的实验方法由心理学家邓克尔于 1945 年提出。出声思维通过让被试描述自己的思维过程将其外显化，是重构认知过程的经典方式，也是认知实验中十分独特的数据来源，可以分为实时出声思维和回顾出声思维两类。实时出声思维是指被试在进行实验时对自己认知过程的实时描述，而回顾出声思维是指被试在实验完成后对自己实验过程中的认知过程进行回顾并描述。

出声思维实验过程并不复杂，然而想要获得高质量的数据并不容易。在进行出声思维实验前，主试应向被试说明实验意图，并引导被试对自己的认知过程进行自由而全面的描述。必要时，可以在适当训练后再进行实验。实验过程需要保证被试处在一个相对放松而安静的环境中，应该减少外界对被试的干扰，主试也不例外，应避免打断被试、更正被试等情况的发生。在实验开始后，主试需通过录音或视频记录下被试对自己思维过程的全部描述，并在实验后进行转录。出声思维实验数据在眼动实验中主要作为眼动数据的补充和佐证数据。将出声思维结果和眼动数据结合可以对认知过程进行进一步剖析，是地图学空间认知眼动实验的一种实验方案。

2.6.3　绘制草图

草图是被试根据自己的心象地图绘制的，包含主要特征的粗略地图可以使用鸟瞰图或地平线图来显示。在地图认知实验中，也可以通过绘制草图检验被试获取地图信息的精度和广度，其结果可以作为评价地图可用性的一个指标。例如，在室内导航实验中，被试在执行导航任务后绘制的草图可以反映出被试在导航过程中的空间知识获取情况(图2-16)。

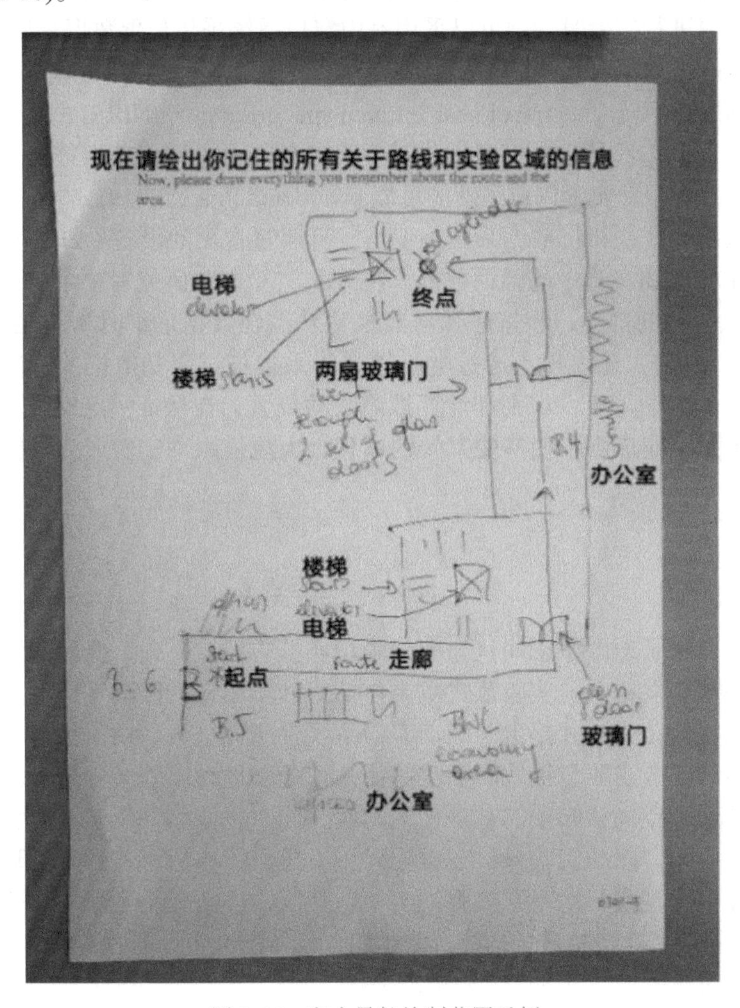

图2-16　室内导航绘制草图示例

草图应用最多的场景是空间导航与学习实验，被试在空间学习实验后绘制的草图可以用于检验被试的空间学习效果。草图绘制越精确、细节越多，表明被试的空间学习效果越好，同时预示着被试有更好的寻路表现。路网、建筑物、地标等都可以被列为草图绘制的内容。当环境较为复杂时，一般会给被试一些初始信息，如行进方向、道路起点和道路终点等。在分析中，往往会计算被试绘制的草图与实际地图的匹配程度。匹配程度由指标确定，常见的指标有绘制出的地标数量、绘制错误的路段数、绘制错误的道路转向等。

2.6.4 多源传感器数据同步

在眼动实验中，为了创造特定的实验条件或采集特殊的实验数据，有时需要用到多种辅助传感器，如 GPS、相机、室内定位系统等。GPS 可以记录被试的位置信息和运动轨迹，因此很适合用于真实环境中的实验 (特别是与空间学习和导航相关的实验) 任务中。对地理位置的理解和关注也是地理学科在研究空间感知与认知中的一个固有优势。而在室内进行实验时，则可以采用室内定位系统采集位置数据，如通过 Wi-Fi、蓝牙、红外线等进行定位 (de Cock et al.,2019)。除此之外，随着可穿戴的脑电仪和功能性近红外光脑成像系统 (functional near infrared spectroscopy，fNIRS) 的发展，有研究将它们与可穿戴眼动追踪器、可穿戴动作捕捉设备相结合，同时获取被试的眼动、动作和脑激活数据，为眼动实验创造了新的可能 (Ward and Pinti，2019)。

与眼动数据相比，相机数据采集难度小，且通过常见的设备 (如手机) 就能完成，所以也可以用作眼动实验中的辅助数据。在一些实验中，研究者要求被试佩戴相机设备并采集被试视角的照片，根据照片可以推测被试在数据采集时所关注的区域 (Pinti et al.，2015)。目前，还出现了通过电脑摄像头采集被试眼动数据的方法，开发者通过对瞳孔图片的自动采集、识别和计算推测眼动位置，在保证一定精度的情况下大大降低了眼动数据采集成本，使实验室外的远程、大规模眼动实验成为可能 (Papoutsaki et al., 2016)。

2.7 小结

本章全面介绍了地图学空间认知中的眼动实验方法。首先，介绍了眼动仪工作的基本原理和眼动实验范式，实验范式主要包括心理学驱动的眼动实验范式和可用性工程驱动的眼动实验范式，并提出了眼动实验系统性研究框架，用于指导具体的眼动实验。眼动实验的任务主要包括地图学空间认知任务和地理空间认知任务两大方面，可以解决地图和地理空间认知中的基本理论问题，同时也能服务于地理教育、遥感解译等领域的实际应用。眼动实验最早在虚拟环境下进行，然后过渡到真实环境，未来的方向可能是在混合现实环境下开展眼动实验。其次，详细介绍了眼动实验的准备与实施过程中的关键步骤，包括被试的筛选与组织、仪器的准备，以及实验的流程。最后，介绍了眼动实验研究常用的辅助实验手段，包括问卷与量表、出声思维、绘制草图以及多源传感器数据同步。总体来说，本章先从整体的眼动实验流程出发，论述地图空间认知背景，过渡到具体的实验内容与方法，能够为开展地图学空间认知眼动实验提供全面而细致的理论参考。此外本章的实验方法能够保证采集到高质量的眼动数据，为第 3 章实验数据的分析提供扎实的数据基础。

第3章　地图学空间认知眼动实验数据分析方法

通过地图学空间认知眼动实验，我们收集了眼动数据和辅助实验数据，如注视信息、浏览轨迹和完成时间等。这些数据中隐藏着被试在特定任务下的注视偏好、注视习惯、认知负担甚至情感以及任务的困难程度等。如何从实验数据中挖掘潜在的规律，验证实验的预期假设，是地图学空间认知眼动实验最重要的任务之一。

一般来说，眼动仪配套软件包含一些眼动数据处理工具，可以完成基础的眼动数据处理操作，如注视点生成、兴趣区提取、眼动指标统计和热力图生成等。在部分情况下，这些操作能够满足地图学空间认知研究中眼动数据的基础分析。但是在面对复杂的实验设置、困难的认知过程，以及频繁的交互任务时采集的眼动数据，这些软件无法提供理想的数据分析方法。因此国内外研究者提出了更多适用于地图学空间认知眼动实验数据的处理与分析方法。

目前，已有很多学术著作和学术论文介绍了大量的眼动实验数据分析方法。数据处理方法种类丰富，涵盖了统计分析、可视化分析和轨迹分析等。近些年来，随着机器学习和深度学习在大数据领域中获得成功，眼动数据分析拥有了新的研究机遇。眼动数据分析在心理学、认知科学、神经科学、教育学等领域中表现出色。也有不少学者将这些方法迁移到地图学空间认知领域，并发表了许多研究成果。但是目前对地图学空间认知眼动数据实验分析方法尚缺乏梳理和归纳。如果研究者缺乏对眼动数据分析方法在地图学空间认知眼动实验的适用性和优缺点等重要问题的认识，就会导致方法的盲目套用，得不到预期的研究结果，许多的尝试会耗费精力，延缓研究的进度。眼动数据的处理和分析决定了实验的预期效果。地图学空间认知眼动实验数据分析，既遵循一般眼动数据分析方法原理，也考虑地图学空间认知领域研究对象和研究任务的特殊性。因此有必要对地图学与空间认知的实验数据方法进行梳理，讨论地图学认知领域眼动数据分析的挑战和未来展望。

3.1　眼动实验数据预处理方法

眼动实验中，眼动仪通常会与多台计算机相连，包括被试机和主试机。被试机装载有眼动实验软件 (如 Tobii Studio)，用来控制和呈现实验材料、采集眼动数据；主试机负责控制实验流程、存储眼动数据和叠加场景等。实验正式开始后，眼动仪根据仪器采样率来采集原始眼动数据 (gaze point)。原始眼动数据是一系列带有时间标签和屏幕坐标的采样点，这些采样点被发送到与眼动仪所连接的计算机上，并存储在该计算机运行的分析软件的数据库中。原始的采样点可以从数据库中导出进行分析。

3.1.1　眼动数据质量评估

通过眼动仪收集到原始眼动数据以后，需要对数据进行质量评估。眼动数据的质量评估包括眼动数据采样率、眼动数据完整性和有效性等。

眼动数据采样率分为眼动设备采样频率和眼动数据有效采样率两种，眼动数据采样率决定了该眼动数据是否能代表实验被试的眼动信息。而眼动数据完整性和有效性直接影响到后续定量分析过程能否得出正确的结论。目前，在大部分地图空间认知研究涉及的定量分析过程中，统计检验是必经的途径，如果不注意眼动数据完整性和有效性这些基础，与统计检验的假设前提存在偏差的数据将产生消极的影响，会提升一类错误 (即假阳性) 或者二类错误 (即假阴性) 的发生率 (Osborne，2011)。所以，眼动数据的质量评估显得尤为重要。

眼动数据的质量评估首先需要考虑眼动数据采样率。眼动追踪设备采样频率是指该眼动仪每秒采集眼球图像的次数，单位是赫兹 (Hz)。眼动仪采样频率越高，单位时间采集到的眼动数据点就越多，获得的眼动行为信息就越丰富，通过眼动数据估计眼睛移动真实路径的能力就越好。然而，更高的采样率往往意味着使用成本更高的传感器、更多的光源、潜在数据噪声等级的上升以及数据库体积的增加 ①。眼动数据有效采样率是正确识别到眼球的采样次数占总采样次数的比例，100% 代表在整个记录过程中双眼始终被能够被眼动传感器捕捉到，50% 意味着在整个记录过程中眼动传感器只能捕捉到一只或两只眼睛一半的数据。理想情况下眼动数据有效采样率可以达到 100%，但实际采集过程中通常会由于被试眨眼、看向别处或者头动超过眼动仪采集范围等造成采集丢失。一般来说，为了满足统计分析基本要求，眼动数据有效采样率需要达到 80% 及以上。

眼动数据质量评估还包括眼动数据完整性和有效性分析。眼动数据完整性指数据的精确性和可靠性。高质量的眼动数据要求对原始数据中的缺失值、异常值和重复值进行处理，通过填补遗漏数据、消除异常数据，以及纠正不一致数据，可以达到这一要求。而有效性分析是在眼动数据定量分析中需要完成的假设检验过程。在检验不同组别 (自变量的不同水平) 之间的差异是否具有统计学意义的研究中，对于各变量不同水平下的各眼动指标数据，首先需要确定数据是否符合正态分布，并检验方差齐性，判断数据是否符合假设检验的要求。

将眼动跟踪技术应用于地图学空间认知研究需要选择适当的分析参数。这些参数可能与“高”或“低”层次的选择有关 (Krassanakis and Cybulski，2019)，“高”层次建立在“低”层次基础之上。“高”层次指根据特定的地图元素划定感兴趣区域，将在 3.1.2 节中详细描述；“低”层次指选择合适的注视参数，将在 3.1.3 节中详细描述。

① https://www.tobiipro.com/learn-and-support/learn/eye-tracking-essentials/eye-tracker-sampling-frequency/

3.1.2 兴趣区划分

眼动数据分析过程有定量和定性两种方式，定量分析包括两种方法：基于点和基于兴趣区 (area of interest，AOI)(Blascheck et al., 2014)。第一种方法是把被试的视点作为视觉刺激空间的二维坐标进行分析。在这种方法中，被试需要观看相同的刺激物，从而使他们的数据具有可比性，并且在分析中需要通过观看注视热图等方式将注视与刺激物的语义内容联系起来 (即将注视与图像中的物体相匹配)。第二种方法是将单个注视划分为由研究人员手动定义的和具有语义的感兴趣区域。基于 AOI 的方法将注视点分为两类——在 AOI 内和不在 AOI 内，对于这一种方法，通常需要定义实验刺激材料的 AOI。

因此，AOI 可以理解为刺激空间中与研究问题相关的区域，这些区域可用于统计各种眼动指标，如注视、眼跳或扫描路径 (scan paths)(Dewhurst et al.，2012)。

基于 AOI 进行统计可以使这些眼动指标更容易解释，AOI 可将眼动测量与刺激材料中的特定对象联系起来，因此在多个研究领域都有应用 (Just and Carpenter，1980)。可解释性也是基于 AOI 的眼动数据分析方法占据主流的原因。通过 AOI 进行统计的各类眼动指标具有与该区域密切相关的认知意义，例如，AOI 注视时间是通过将停留在 AOI 内的注视时间相加来计算的 (Holmqvist et al.，2011)，结果可以解释为被试注视 AOI 的时间。然后可以应用统计检验，如方差分析，来检查不同条件或 AOI 之间是否存在统计差异。

通常来说，AOI 主要存在于静态刺激材料中，如图像、网页和幻灯片等，被称为静态 AOI。随着眼动仪性能的发展，眼动追踪技术在视频、游戏和交互应用等动态刺激中的应用研究也不断增加，动态 AOI 代表动态刺激材料中特定对象随时间位置和尺寸发生变化的区域 (Zhang et al.，2018a)。

无论是静态 AOI 还是动态 AOI，都既可以通过手动绘制，也可以通过算法自动检测和跟踪。

静态 AOI 的绘制主要有两种方法：一是手动绘制出 AOI，二是用脚本来定义 AOI，并根据其在视觉平面上的坐标将注视或扫视分配给 AOI。这两种方法都被广泛应用于行为决策领域。手动绘图法通常用于视觉上更复杂的刺激 (视觉场景和形状较复杂的物体)，而脚本定义则用于可能和需要更多精度的地方 (文本刺激和形状较简单的物体)(Orquin et al.，2016)。

手动绘图法是手动定义位置、形状和大小，此过程需要研究者在定义 AOI 时作出主观决定，通常是围绕感兴趣的对象绘制形状。如图 3-1 所示，研究根据实际情况手动标记感兴趣的道路和 AOI 以进行进一步分析。主要道路 AOI(蓝色区域) 代表影像上便于辨认的主干道，次要道路 AOI(黄色区域) 代表街区以及分开街区的次要道路网络 (Dong et al.，2014a)，红色区域为影像其他部分。

图 3-1　AOI 示例

除了传统的手动绘图法，还可以通过使用脚本来定义 AOI。图 3-2 所代表的研究中就使用了语义图像分割方法。这种方法可以更有效地将图像分割成不同的区域，并且精度很高。研究人员使用了 Deeplabv3+，这是一种基于深度神经网络的开源图像分割模型，自动分割图像，将每个像素分类为 19 个对象类别之一，如道路、建筑物、天空和植被 (Dong et al.，2020d)。

(a) 原始图像

(b) 分割图像

图 3-2　语义图像分割结果示例

对于动态刺激材料，同样可以采用这两类方法定义 AOI。传统方法 (也就是手动绘制感兴趣区域以生成动态 AOI) 是一个耗时的过程。被试观看动态刺激的全过程，可看作连续观看一系列静态刺激的过程，对于该动态视觉刺激的每一帧都需要完成类似手动绘制静态 AOI 的过程。也可以通过设置关键帧的方法，指示场景变化的确切点，图 3-3 所示研究中就采用了这种方法，并为每个关键帧绘制相应地标的 AOI(Liao and Dong，2017)。

图 3-3 通过关键帧来确定动态 AOI

一些主流眼动数据分析软件也提供了手动定义动态 AOI 的功能。例如，Tobii Pro Studio 软件中的“动态兴趣区工具”，提供了分析电影、动画等线性动态刺激物的功能，使用其中的统计工具，可以对动态 AOI 进行类似静态 AOI 一样的分析：选择刺激材料进行分析，生成眼动指标、兴趣区的描述统计，生成数据表格等。

手动添加动态 AOI 非常耗时，因此许多研究提出了自动定义动态 AOI 的方法。Zelinsky 和 Neider(2008) 提出一种方法，使用短距离规则将眼动数据分配给提取出的动态 AOI，这种方法首先需要计算每个眼球运动点与可见的动态区域中心之间的距离，然后将最接近眼球运动点的动态 AOI 归类为“被观察”，通过这种方法将眼动数据自动分配给动态物体。Jianu 和 Alam(2018) 引入了基于兴趣的数据分析，利用已评估的可视化结构来实时检测可视化中的哪些单个元素正在被观看，将注视坐标实时自动映射到可视化内容 (如网络中的单个节点、场景中的三维对象)。Friedrich 等 (2017) 提出了一个眼动和多边形 AOI 自动匹配的应用，该应用通过将图层模型纳入匹配算法，检查眼球运动点是否在自动识别区内。Zhang 等 (2018b) 提出了一种基于眼动追踪的高效系统 VLEYE，该系统可以收集 AOI，并将它们与眼动数据相结合，AOI 既可以手动绘制，也可以通过“动态 AOI 模块”中提供的算法自动检测和跟踪。

3.1.3 眼动指标提取

将原始数据分类为相应的眼动行为是眼动追踪研究中的一个重要过程。凝视点是眼动仪器采集到的原始数据，研究者可以根据研究的实际需求，从凝视点数据里面提取出注视、眼跳这样的指标数据。被试对物体和场景的视觉感知就是通过一系列的注视和眼跳来完成的。以图 3-4 的眼动序列为例，如果只关注横向眼动，首先出现一个注视点，接着是一个眼跳，然后是另外一个注视点。

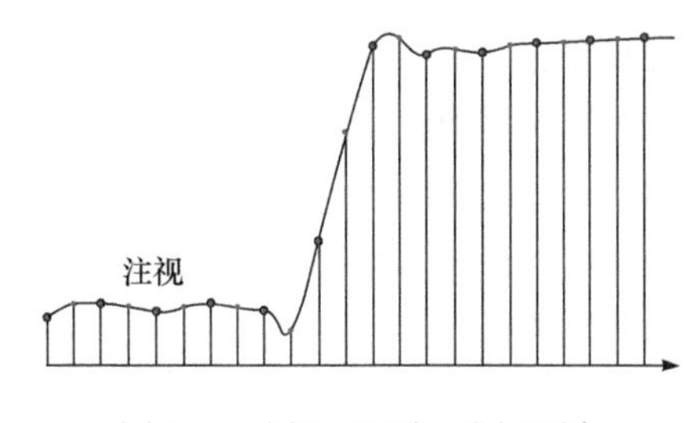

图 3-4　注视 - 眼跳 - 注视顺序

眼跳与注视的定义，请读者参见 1.3 节。由于眼跳发生时眼球的移动速度极快，这期间几乎不会获得任何有效的视觉信息，因此多数的视觉信息是通过注视获取的。

在眼动技术相关文献中，经常出现对事件检测算法的描述，其目的是检测眼动仪信号中的注视或扫视。事件检测假定眼动仪信号中客观地存在动眼神经事件 (注视和扫视)，需要检测它的位置。任何事件分类算法本质上都是提供注视或扫视的计算定义 (因为它是一种旨在标记眼动仪信号的算法)。Tobii Pro Studio 使用了三种注视点过滤器 (ClearView、Tobii、I-VT) 将原始数据归类为注视点，这三种过滤器采用不同的算法，算法可计算出原始数据点是否属于同一个注视点。这些算法的基本思路是如果两个凝视点的距离在一个预设的最小值内，或者是移动的速度低于某一阈值，则认为这两个凝视点应归于同一个注视点——也就是说用户在两个凝视点样本之间没有眼动行为。

基于上述对眼动行为的分类，可从眼动数据中提取各类眼动指标。不同的眼动指标能够反映大脑视觉信息处理过程的不同特征，这是使用眼动跟踪方法研究地图视觉认知的基础。再结合 AOI，可以进一步衍生出一系列的眼动指标用于统计分析。

3.1.4　辅助数据处理

地图学空间认知眼动实验捕捉的视觉信息是一种客观认知的表达数据，对于一些眼动实验，仅仅依靠眼动实验数据难以探究地图学中的问题。在第 2 章中也提到了利用辅助手段得到额外的信息以补充眼动实验数据。在地图学领域常见的辅助手段如 2.6 节所述，包括实验问卷与量表、出声思维、草图绘制等形式。因此，一般来说这些辅助手段是眼动实验的一部分，辅助手段得到的数据的处理和分析也是眼动实验数据处理和分析的一部分。

问卷是最常见的一种辅助实验手段，问卷环节基本是每个眼动实验的必备部分。问卷可以在被试开始实验前填写，以收集被试的基本信息；也可以在眼动实验结束之后，收集被试对整个实验的反馈信息。问卷收集的内容也很广泛，如个人基本信息，如性别，年龄和专业等；又如有关于任务的信息，如日常用图习惯和频率等。量表是心理学常用的测量工具，对于空间能力的测量，主要使用圣巴巴拉方向感量表。问卷的主要处理方式是将问卷内容录入电子表格，对被试的基本情况进行分析，如统计性别、年龄、学历的分布情况等。

出声思维也是眼动实验常用的辅助手段。出声思维是指被试在做任务的时候可以实时地用语言表达自己对正在做的任务的思考，包括态度和情感等。出声思维是一种慢速信息加工过程，用出声思维考察被试，可以了解被试思维的过程 (van Someren，1994), 这对空间认知的过程有重要作用。将出声思维和眼动实验结合，不仅可以了解被试正在看的内容，也可以获得他们的思考方式以及原因。出声思维的处理过程以手动为主。例如，Liao 和 Dong(2017) 手动分析被试的语言内容，并结合眼动实验分析导航系统的可用性。

草图绘制是一种有效的将认知地图外化的方法，包含了空间、时间和顺序属性 (Tu Huynh and Doherty, 2007), 客观反映内在认知过程。草图一般在探索空间思维时被用到。草图作为外在的认知表达，具有几个特点：①草图数据是不完整的信息。例如，在导航寻路任务中，被试通常被要求以自己的记忆和理解对环境进行绘制描述，以传递所获得的空间知识。但是一般来说，这种信息是对环境的不完整刻画，因为被试在有限的时间对环境的掌握有限。当他们通过这种方式传递环境的信息时，往往会把重要的内容描述出来。②草图不同于精准的地图，是一种定性空间信息传递方式。草图中的点、线、面等要素，并不一定按照精准的距离排列和放置，而主要是刻画点、线和面之间的空间关系，如拓扑关系和方向关系等。③因为草图给被试发挥的空间很大，如图 3-5 所示，被试通常可以不加限制地在给定的区域内绘制图形，所以自动提取内容比较困难，而且对于眼动实验来说，被试人数通常不会很多，因此处理方式以手动为主。草图的处理以统计设定的指标为主，指标的设定依赖于实验任务，如转向的正确率等 (Dong et al.，2022)。

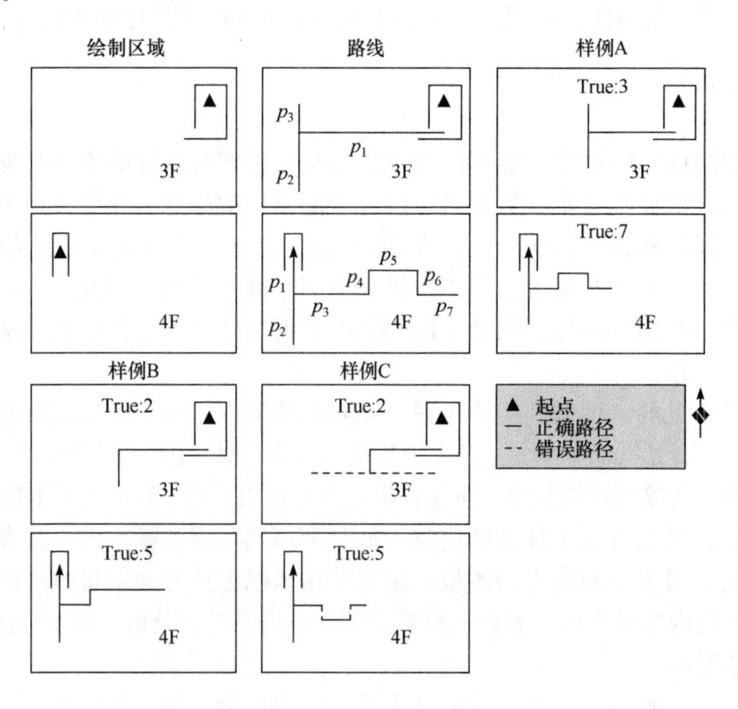

图 3-5 草图绘制区域 (Dong et al.，2022)

3.2　注视点空间校正与语义标注

3.2.1　总体技术路线

真实环境下的行人地图导航眼动实验产生大量的视频和眼动数据，传统手动方法对注视点进行空间校正和语义标注的效率低、可靠性不能保证。此外，由于刺激材料是动态的，不同被试和不同组别之间的眼动数据不能直接进行比较。下面介绍如何使用计算机视觉算法来自动化处理视频眼动数据，实现注视点的自动空间校正和语义识别。

本方法总体上分为以下两个阶段 (图 3-6)。

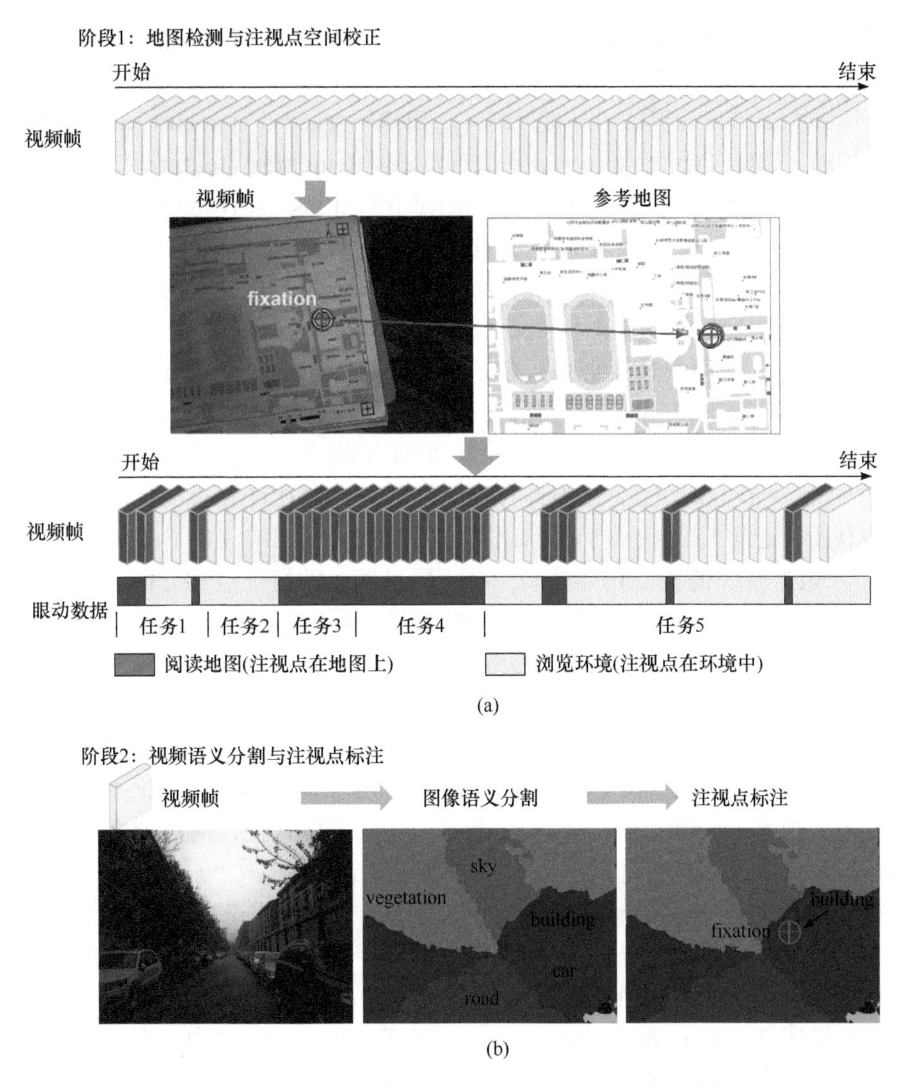

图 3-6　视频眼动数据自动分析方法总体技术路线

阶段 1[图 3-6(a)]：地图检测与注视点空间校正。使用图像特征检测和匹配算法对视频的每一帧进行检测，记录检测到地图的视频帧。然后判断注视点是否落在地图范围内，若是，则将注视点校正到参考地图上。经过这一阶段的处理，就可以将被试阅读地图与浏览环境的数据分开。并且，阅读地图的注视点会被自动校正到参考地图上。

阶段 2[图 3-6(b)]：视频语义分割与注视点标注。对于被试在浏览环境的视频帧，使用图像语义分割方法将其分割成不同的物体类别，然后将落在物体上的注视点标注成相应的类别。至此，所有的注视点都完成了处理。

下面详细阐述这两个阶段的处理方法。

3.2.2 地图检测与注视点空间校正

1. 图像特征检测与匹配算法

本阶段的目的是使用图像特征检测与匹配算法在视频中检测地图并将落在地图上的注视点进行空间校正 (校正到参考地图上)。常用的图像特征检测算法有 SIFT(scale-invariant feature transform) 算法 (Lowe，2004)、SURF (speeded-up robust features) 算法 (Bay et al.，2008)、BRIEF(binary robust independent elementary features) 算法 (Calonder et al.，2010) 和 ORB (oriented FAST and rotated BRIEF) 算法 (Rublee et al.，2011) 等，这些算法具有位置、尺度和旋转不变性。Karami 等对比了 SIFT、SURF、BRIEF 和 ORB 算法在匹配扭曲图像时的正确率和效率，发现 ORB 算法效率最高而 SIFT 算法正确率最高。为了达到最好的地图检测效果，本节选取 SIFT 算法进行图像特征提取而忽略它较低的效率，使用快速近似最近邻 (fast library for approximate nearest neighbors，FLANN) 算法 (Muja and Lowe，2014) 进行特征匹配。

SIFT 算法由 Lowe 于 1999 年提出并于 2004 年改进。该算法对图像的仿射畸变、三维视角变化、噪声和亮度变化等具有很高的健壮性，在计算机视觉的特征检测和描述中表现优异，已经广泛应用于目标识别、图像拼接、三维建模、手势识别和视频跟踪等领域。SIFT 算法的核心是计算图像在不同尺度上的特征点和方向，这些特征点是那些特别明显、不因光照变化、仿射变换和噪声等因素而变化的点，如角点、边缘点、暗区的亮点及亮区的暗点等。

SIFT 算法包括以下 4 个步骤 (Lowe，2004)。

尺度空间极值检测 (scale-space extrema detection) ：搜索图像所有尺度上的所有位置，通过高斯差函数 (difference of Gaussian function) 来识别潜在的特征点。

关键点定位 (keypoint localization)：在每个候选的位置上，通过拟合一个精细模型来确定位置和尺度，选择关键点的根据是它们的稳定程度。

关键点的方向确定 (orientation assignment)：基于图像局部的梯度方向，给每个关键点位置分配一个或多个方向。所有后续的图像操作都相对于关键点的方向、尺度和位置进行变换，从而达到变换的不变性。

特征点描述 (keypoint descriptor)：在每个关键点周围的邻域内，在选定的尺度上计算图像局部的梯度。将这些梯度转换成一种描述子，使得描述子允许比较大的局部形状的变形和亮度变化。

计算出图像和地图的 SIFT 特征以后，需要对图像和地图进行特征匹配。FLANN 算法是一个针对高维数据的算法库，这个算法库包含一系列最近邻搜索的最佳算法和一个能够根据数据集来自动选择最佳算法和参数的系统。FLANN 算法通过大量的实验发现目前对于高维特征的快速近似匹配算法最高效的算法有：随机 k-d 树算法 (The randomized k-d tree algorithm) 和优先搜索 k-Means 树算法 (The priority search k-means tree algorithm)。FLANN 算法已经开源并且集成在计算机视觉库 OpenCV 和许多其他算法库中[①]。因此可以使用集成在 OpenCV 库[②]中的 SIFT 算法和 FLANN 算法进行图像特征检测与匹配。

2. 地图检测与注视点空间校正算法

首先使用 SIFT 算法逐帧计算视频和参考地图的 SIFT 特征，然后使用 FLANN 算法将视频帧与参考地图的特征进行匹配。在进行特征匹配时，可能出现以下 3 种情况：没有足够多的匹配特征数量 [图 3-7(a)]；有足够多的匹配特征数量，但是注视点不在地图范围内 [图 3-7(b)]；有足够多的匹配特征数量，注视点在地图范围内 [图 3-7(c)]。

算法描述如下：给定注视点 fix 及其在视频中的坐标 (x_{video}，y_{video})，该注视点被标记为“地图”必须满足两个条件：

$$N > \text{Threshold} \tag{3-1}$$

$$(x_{video}, y_{video})\text{within Extent}_{map\_in\_video} \tag{3-2}$$

其中，N 表示匹配的特征数量；Threshold 表示一个阈值，该阈值可以通过比较有地图的帧和没有地图的帧与地图匹配时的匹配特征数量得到；$\text{Extent}_{map\_in\_video}$ 表示在视频中检测到的地图的范围，计算方法为

$$\text{Extent}_{map\_in\_video} = M_{map\_to\_video} \times \text{Extent}_{map} \tag{3-3}$$

其中，Extent_{map} 表示参考地图的范围，由上下左右四个点的坐标来表示；$M_{map\_to\_video}$ 表示从地图转换到视频的转换矩阵，该矩阵是 $M_{video\_to\_map}$ 的逆矩阵 (即从视频到地图的转换矩阵)，而 $M_{video\_to\_map}$ 是图像匹配时计算得到的。

当两个条件都满足时，把注视点标记为“地图”，否则标记为“环境”。标记为地图时，通过透视变换将视频中的注视点校正到参考地图上：

$$(x_{map}, y_{map}) = M_{map\_to\_video} \times (x_{video}, y_{video}) \tag{3-4}$$

其中，(x_{map}, y_{map}) 表示转换到参考地图上的注视点 (目标点)。

---

① FLANN 主页链接：http://www.cs.ubc.ca/research/flann/

② OpenCV 主页链接：https://opencv.org/

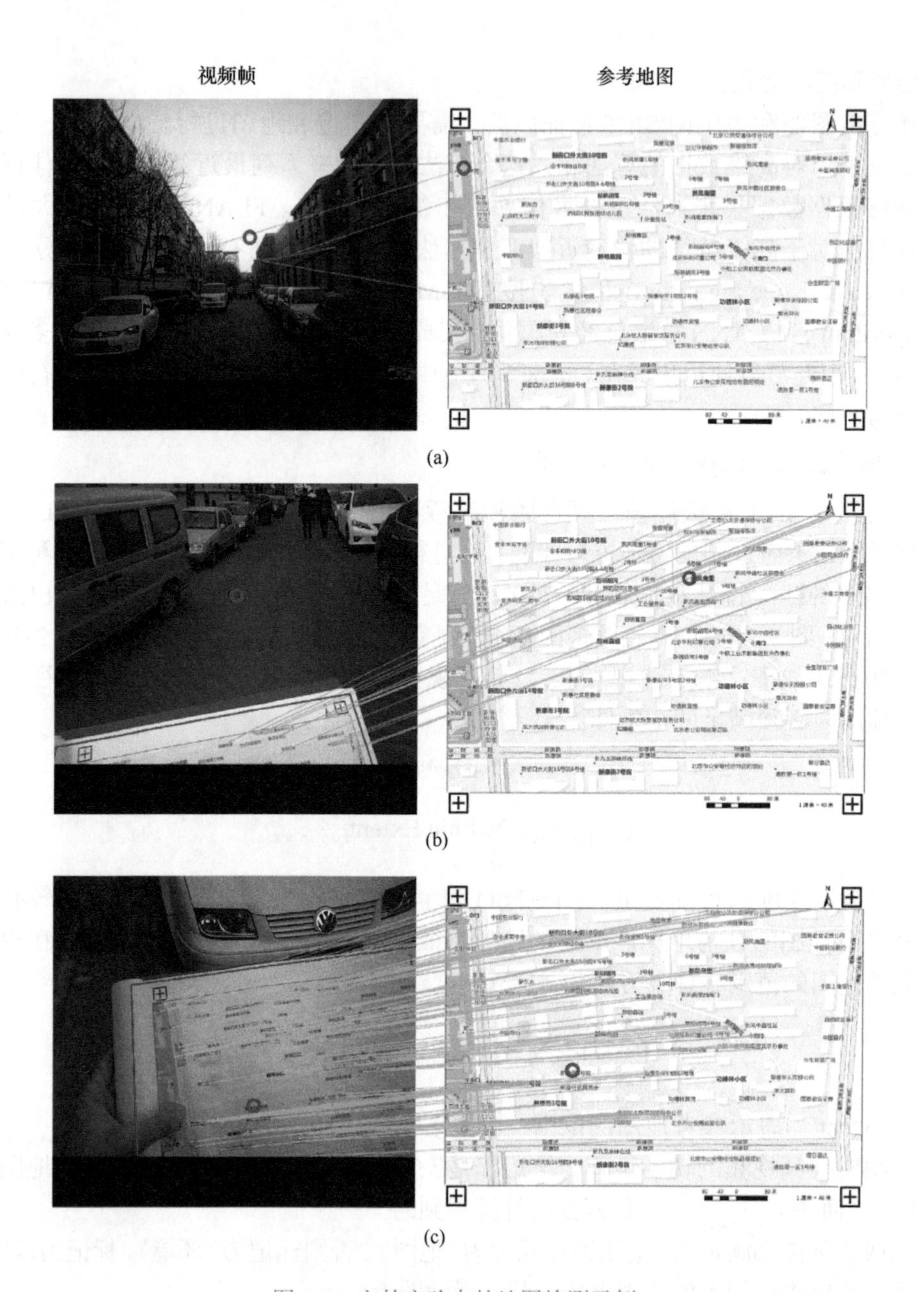

(a)

(b)

(c)

图 3-7 室外实验中的地图检测示例

这些步骤完成后，对注视点进行后处理：由于查看一次地图或者查看一次环境不太可能只有一个注视点，也就是说，为了保证每一次查看地图或者查看环境都至少有两个注视点，使用三点平滑法把一些“孤立”的注视点(即与前后两个注视点的标记不同的注视点)进行平滑，使得这些“孤立”的注视点与前后两个注视点的标记一致。例如，如果一个标记为“地图”的注视点，它的前后两个注视点都标记为“环境”，则把这个注视点的标记改为“环境”，算法描述如表 3-1 所示。

表 3-1　地图检测与注视点空间校正算法

算法 1：地图检测与注视点空间校正
输入：视频、地图、包含注视点视频坐标 (x_{video}，y_{video}) 的数据集
输出：标记为“地图”或“环境”的注视点数据集以及对标记为“地图”的注视点进行空间校正后的注视点数据集
1：　计算地图的 SIFT 特征 $SIFT_{map}$
2：　循环注视点列表 (循环 1)：
3：　对注视点 F (x_{video}，y_{video})，根据时间戳找到 F 对应的视频帧 IMG
4：　计算视频帧 IMG 的 SIFT 特征 $SIFT_{IMG}$
5：　使用 FLANN 算法对 $SIFT_{map}$ 和 $SIFT_{IMG}$ 进行匹配，返回匹配特征数量 N 和从视频到地图的转换矩阵 $M_{video\_to\_map}$ 及逆矩阵 $M_{map\_to\_video}$
6：　判断条件 1，如果不成立，则：
7：　　标记注视点 F 为“环境”
8：　否则：
9：　使用公式 1 计算在视频帧中检测到的地图范围 $Extent_{map\_in\_video}$
10：　判断条件 2，如果不成立，则：
11：　　标记注视点 F 为“环境”
12：否则：
13：　　标记注视点 F 为“地图”
14：　　使用公式 2 计算空间校正后的注视点位置 (x_{map}，y_{map})
15：循环 1 结束
16：循环注视点 (循环 2)：
17：取得当前注视点、前一个注视点和后一个注视点的标注 L_{cur}、L_{pre}、L_{nxt}
18：如果 L_{cur} =“地图” 且 L_{pre} = L_{nxt} =“环境”，则 L_{cur} =“环境”
19：如果 L_{cur} =“环境” 且 L_{pre} = L_{nxt} =“地图”，则 L_{cur} =“地图”
20：循环 2 结束

3.2.3　图像语义分割与注视点标注

1. 图像语义分割算法

图像语义分割是人工智能的一个重要分支，是计算机视觉可视化的关键问题之一。图像语义分割是指将图像的每一个像素分配一个语义标签 (类别)，如道路、天空、行人、汽车、树等。其与目标识别的不同之处在于目标识别只需要从图像中识别特定的一类或几类物体，而语义分割需要确定每一个像素的物体类别，且需要精准地定位不同物体的轮廓，因此语义分割任务要求更高的准确率。

近年来深度神经网络的发展极大地促进了图像语义识别和语义分割算法的进步 (LeCun et al.，2015)。其中，一个重要的里程碑就是全卷积神经网络 (fully convolutional network，FCN) 的提出。在 FCN 之前，图像语义识别使用的方法主要是卷积神经网络 (convolutional neural network，CNN)，CNN 的最后三层是全连接层 (full connected layer)，全连接层不是二维图像而是一个一维向量。因此 CNN 最后的结果是这幅图像属于不同物体类别的概率，即传统 CNN 方法是计算整幅图像包含 / 属于某些物体类别的概率而不是计算每个像素属于某类物体的概率。由于 CNN 的多层结构能自动学习特征，在图像分类任务中取得了非常优异的成绩，如 VGG 和 ResNet 等网络。

2014 年加利福尼亚大学伯克利分校的 Jonathan Long 等提出了全卷积网络 (FCN)，FCN 将传统 CNN 中最后三层的全连接层卷积化，使得 CNN 无须全连接层即可进行像素级别的精细预测，如图 3-8 所示。

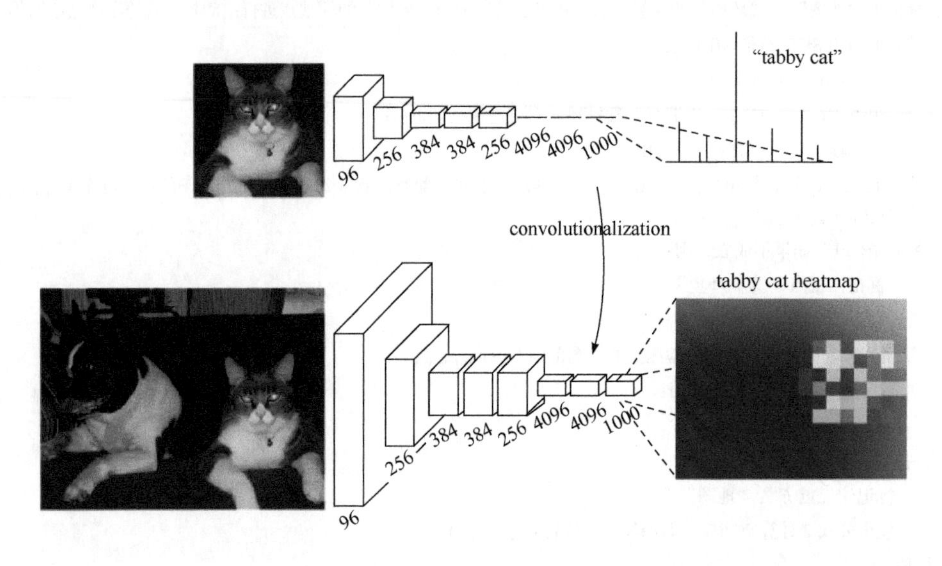

图 3-8 FCN 将 CNN 的全连接层转化为卷积层 (Long et al.， 2015)

此后，在 FCN 的基础上，一系列新的图像语义分割算法被提出来，如 SegNet、PSPNet、RefineNet 和 Deeplab 等。这些算法能够对图像进行像素级别的分割，使用不同的数据集训练可以处理各种场景类型的图像并且达到较高的分割精度。

谷歌的开源深度学习模型 Deeplabv3+(Chen et al.，2018) 是 Deeplab 系列的最新 (第 4 代) 版本，是在 v1~v3(Chen et al.，2018) 的基础上发展而来，模型结构如图 3-9 所示。Deeplabv3+ 使用了语义分割常见的编码器 - 解码器 (encoder-decoder) 结构进行下采样和上采样，并使用了空洞卷积 (atrous convolution) 方式取代传统的池化层。空洞卷积可以在不增加计算量的情况下增加感受野。

使用 Cityscape(https://www.cityscapes-dataset.com/) 数据集训练后，Deeplabv3+ 可以将街道场景图像划分为 19 个类别，如道路、天空、人、建筑等。其像素级分割精度可以达到 82.1%，在 Cityscapes 的榜单中排名第 4。精度的计算方法为 TP/(TP+FP+FN)，其中，TP、FP 和 FN 分别是真正 (true positive)、假正 (false positive) 和假负 (false negative) 的像素数量 (Everingham et al.，2015)。Deeplabv3+ 的类别分割精度更高，为 92.0%。最近，这些语义分割模型在城市研究中得到了应用。例如，Zhang 等 (2018b，2018c) 利用语义分割模型 (PSPNet 和 ResNet) 将大量北京市的街景图片进行分割，用来分析城市的视觉环境和个体对城市的情感感知。但是到目前为止，还没有研究将图像语义分割方法应用于动态视频的眼动研究中。

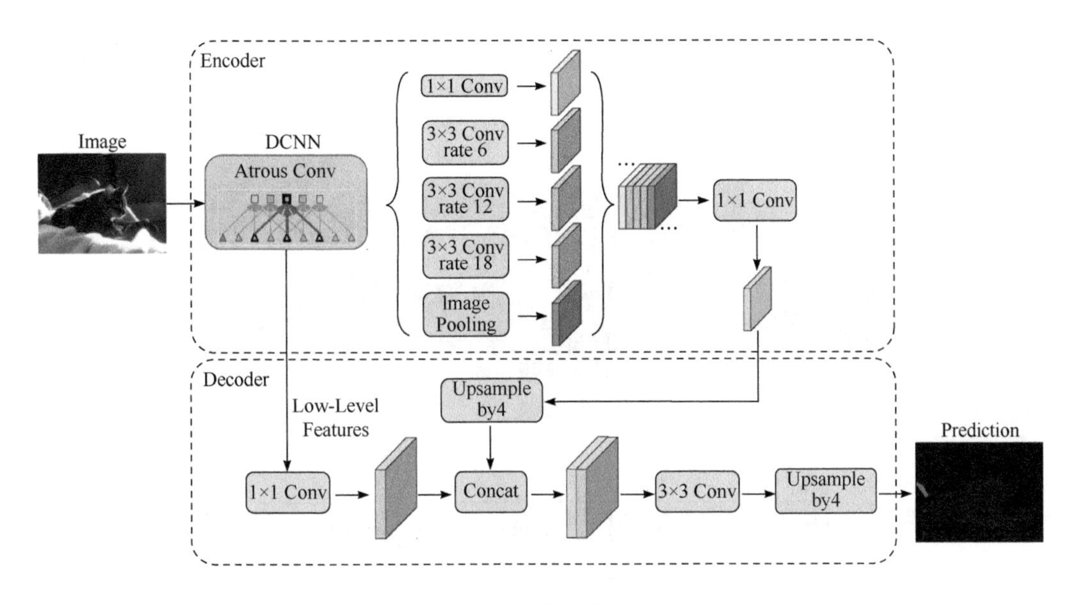

图 3-9　Deeplabv3+ 的网络结构 (Chen et al.，2018)

2. 图像语义分割与注视点标注

以下以 Deeplabv3+ 模型为例对视频进行语义分割，进而对注视点进行语义标注，基本过程如图 3-10 所示。使用 TensorFlow 的 Python 开源库 (https：//github. com/ tensorflow/ models/tree/master/research/deeplab)，公开的 Cityscapes 数据集进行训练。Cityscapes 数据集是一个由 50 个城市的城市街道场景组成的数据集，包含 5000 张精确标注的图片和 20000 张粗略标注的图片，是图像语义分割中常用的公开数据集。

语义分割完成后，将注视点叠加在分割后的图像上，从而识别出注视点所属的物体类别。具体操作步骤如下。

(1) 给定注视点 F 及其在视频中的坐标 (x, y) 和注视持续时长 d，找到时长 d 所包含的视频帧数。对于每秒 24 帧的视频来说，每一帧图像的持续时长为 1000/24 = 41.67ms。假设一个注视点的持续时长为 208ms，则这个注视点可以覆盖 208/41.67 = 5 帧图像。

(2) 通常人眼视觉聚焦的中心不是一个点，而是一个区域。这个区域为人眼视觉中心凹约 1° 所能覆盖的范围。因此，换算到 480px × 360px 大小的图像上是半径为 18px 的圆形区域。因此，在第 (1) 步中找到的第一张图像中，以 (x, y) 为中心，以 18px 为半径划定一个圆形区域，称为注视点区域。

(3) 大多数情况下，在注视点覆盖的图像中，这些圆形区域都位于同一个物体类别中；但是少数情况下，注视点可能与多个物体类别交叉。并且由于背景在快速变化，导致虽然在极短的时间 (如 d) 内，注视点内各物体类别所占的面积比例也在发生变化。在这种情况下，使用面积占优法确定注视点的物体类别。计算每一帧图像中所占比例最大的那一类作为这一帧的物体类别，然后取这些帧数中最多的那一类作为该注视点所属的物体类别(图 3-10)。

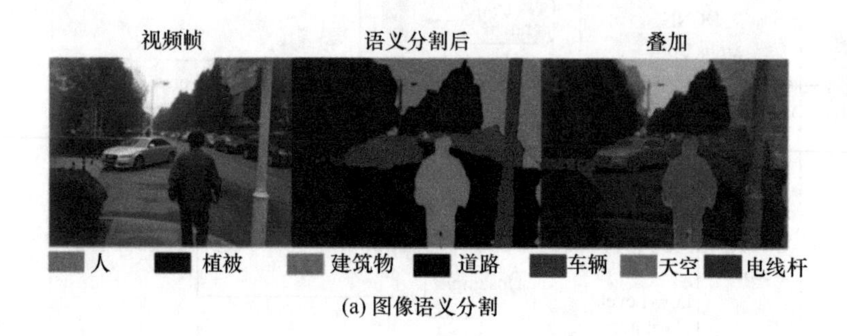

(a) 图像语义分割

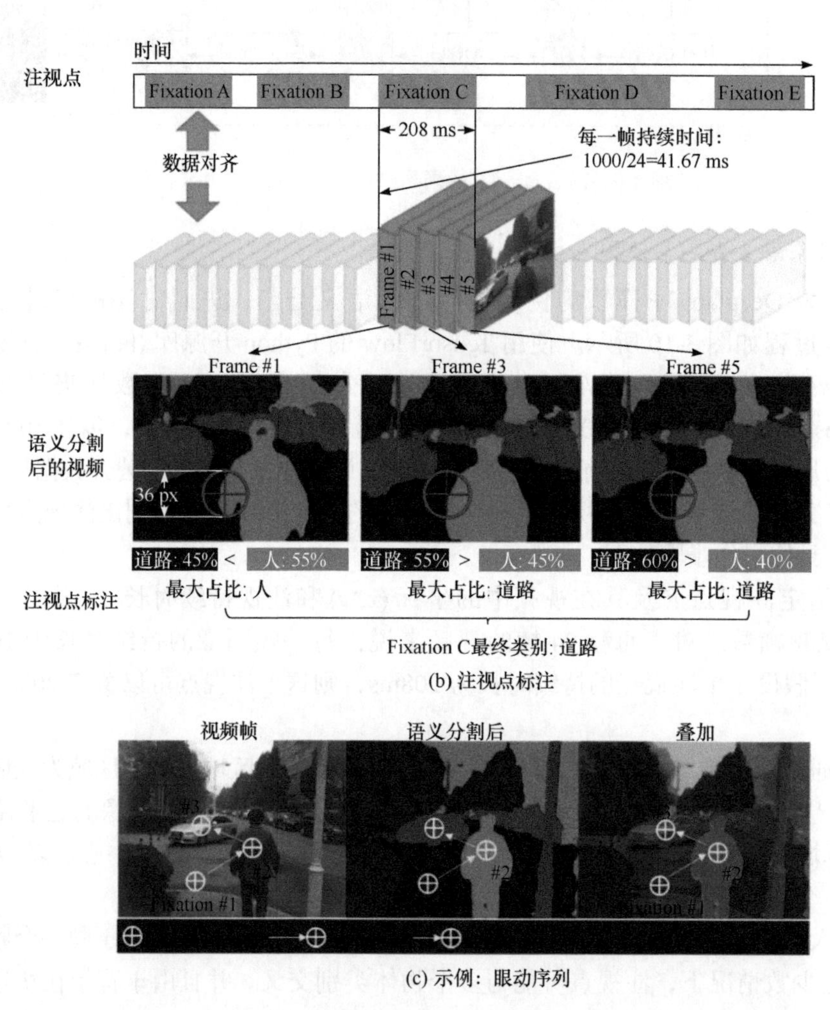

(b) 注视点标注

视频帧 语义分割后 叠加

(c) 示例：眼动序列

图 3-10 图像语义分割与注视点标注

上述过程的算法描述如表 3-2 所示。

表 3-2　注视点标注算法

算法 2：注视点标注	
输入：分割后的视频帧、包含注视点视频坐标 (x_{video}, y_{video}) 及注视持续时长的注视点列表	
输出：标记为 19 个类别的注视点列表	
1：	循环注视点列表 (循环 1)：
2：	对注视点 F 及其在视频中的坐标 (x, y) 和注视持续时长 d，找到 d 所覆盖的视频帧列表 L
3：	初始化类别计数器 C
4：	循环视频帧列表 L(循环 2)：
5：	以 (x, y) 为圆心、18px 为半径创建圆形区域
6：	求圆形区域内各个物体类别的像素数占圆形区域内总像素数的比例
7：	将最大比例的物体类别加入计数器 C 中，若 C 中已有这一类别，则该类别加 1
8：	循环 2 结束
9：	从 C 中取出类别计数最多的类别作为注视点 F 的类别
10：	循环 1 结束

3.3　眼动数据可视化分析

可视化是对眼动数据的直观视觉表达，是研究者认识原始数据特征、理解视觉行为和分析视觉认知规律的重要工具。为了突显被试在实验中表现出的眼动行为，研究者会将高维的时间 - 空间 - 语义信息映射至二维 / 三维可视空间，并以此对被试视觉行为进行定性地分析与判别。此外，利用科学计算可视化的相关理论与方法，研究者可以进一步开展定量分析，挖掘被试群体隐含的视觉认知规律。根据眼动数据中时间、空间与语义信息各自的特点，现有的眼动数据可视化分析方法可以分为时间序列可视化、空间序列可视化与时空序列可视化三大类，分别对眼动数据的时间序列特征、空间分布特征与时空协同变化特征进行可视化。因此，本节将围绕以上三种主流的可视化分析方法展开介绍。

3.3.1　时间序列可视化

1. 时间序列可视化简介

时间序列可视化通常以图表的形式表达数据或指标的时间变化特征。通常情况下，图表中的一个维度用来表达时间的变化，其余维度则用来表达特定时间下的数据分布情况，如图 3-11 所示。绝大多数的经典类型的图表均可以用于眼动数据的时间序列可

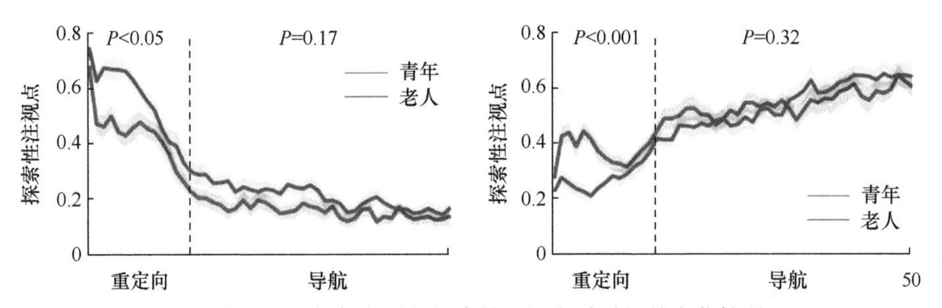

图 3-11　青年与老人在定向 / 导航任务时的探索性注视点随时间的变化情况 (Bécu et al.，2020)

视化，如柱形图、折线图和箱形图等。研究者会通过目视判读和图形计算，对图表中特殊的数据分布模式加以分析并得出结论。

眼动数据的时间窗口大小是决定时间序列可视化效果的关键因素。由于传感器技术的限制，实验获取的眼动数据均为离散值。在统计时间序列时，需要对离散的原始眼动数据按照某种大小的时间窗口进行汇总。当时间窗口过小时，图表中的数据粒度过细，数据量过多，会导致噪声过大。反之，当时间窗口过大时，相同时间窗口内的眼动数据差异被抹平，难以表现眼动数据的局部细节。选择合适的时间窗口能够有效地避免或降低以上问题所带来的信息损失，良好地表达眼动数据的时间变化特征，为可视分析提供支持。在判断合适的时间窗口时，需要参考被试执行特定任务的实际表现，从数据层面统计分析眼动行为特征，如平均注视时长、眼跳频率等指标，确保所选择的时间窗口内包含足够的局部信息量，同时避免全局的数据分布趋势被破坏。

2. 语义序列可视化

眼动数据的语义信息是研究者判断被试认知特点的重要参考。在实际分析过程中，研究者往往需要对被试所关注的目标的类型进行判断，或者跟踪被试视觉行为活动随任务推进而产生的变化情况并加以分析。例如，被试在进行地图导航任务时，通常会执行包括如地图目标搜索、环境目标搜索、地图－环境目标匹配、路线规划与行进等子任务，整个导航过程可以视为以上子任务的某种排列组合。为了探究被试在完成地图导航任务时的共同规律或者发现特殊的视觉行为模式，研究者需要对眼动数据进行语义序列可视化。

语义序列可视化的方法有很多，常见的结果以二维分段柱形图为主，如图3-12所示。与时间序列可视化类似，语义序列可视化图也需要利用一个维度表达时间信息。有些语义序列可视化图用另一个维度表示语义信息；也有部分可视化图选择用其表示被试信息，而语义信息则通过符号化后的柱子进行表达。

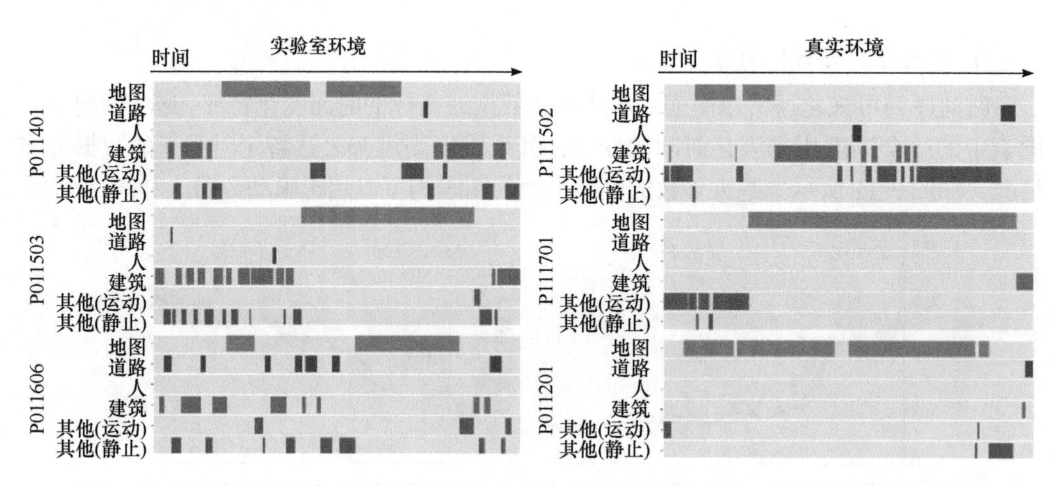

图3-12 实验室环境与真实环境下被试在执行自我定位与定向任务时的语义序列可视化图

3.3.2　空间序列可视化

常用的眼动数据空间可视化的方法是眼动热点图。眼动热点图是对离散的注视点进行加权拟合并绘制的连续的空间分布图像，专注于可视化被试的注视点空间分布情况。相较于注视点空间位置可视化，热点图能够有效地避免局部范围注视点过多所产生的堆叠情况，从而减少用户判断注视点密度时的误差。经计算得到的连续的空间分布图像为单通道的灰度图像，为了便于观察，分析人员会针对注视场景的色调，选择合适的颜色映射模式，以更好地区分不同空间分布级别的观察强度。图 3-13 展示了被试在执行地图导航下不同任务时的注视点热点图，该组热点图选用了冷暖对比色调 (蓝 - 红色带) 的颜色映射模式，被试在某一像素对应空间位置的观察时间越长，用于表示该像素的颜色越暖 (偏红色调)。

图 3-13　被试在执行地图导航下不同任务时的注视点热区图

此外，有些研究中将空间分布图像与透明度建立映射，制作透视热点图，如图 3-14 所示。在透视热点图中，观察时间越长，用于表示该像素的透明度越高。透视热点图更加注重对有效注视区域的凸显，而有意地对观察较少的区域进行了遮盖，由此减少了传统热点图中浓重的色彩对有效注视区域的遮挡，增强了可读性。然而，透

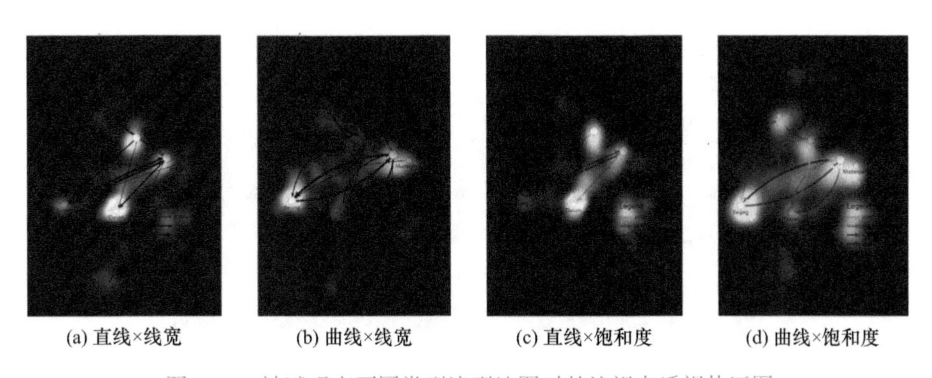

图 3-14　被试观察不同类型流型地图时的注视点透视热区图

视热点图在未观察或少量观察到的区域上可能造成过度的遮盖，隐藏了刺激图像的细节，往往会妨碍分析。在具体选择眼动热点图的可视化效果时，应针对不同的分析目的，选择便于观察全局细节空间分布强度或局部有效注视区域的热点图。

3.3.3 时空序列可视化

1. 眼动轨迹图

眼动轨迹图基于节点 - 连线模型，实现被试注视点与眼跳点的时空间序列可视化，是被试视觉行为时空变化情况的直观表达。注视与眼跳是研究被试地图空间认知的两大基本视觉行为，注视点代表被试在一段时间内持续观察同一位置的行为，而眼跳点则反映了被试的扫视行为，即由当前注视点跳转到下一个注视点的过程。在眼动轨迹图中，注视点依次以节点的形式被绘制在底图上，对应节点的大小根据每个注视点的注视时长确定。随后根据注视点的先后顺序依次串联所有的注视点，注视点间的连接线用以表达眼跳行为。

通过眼动轨迹图，分析人员可以同时观察到被试注视点的空间分布情况、持续时间以及先后次序。与眼动热点图相比，眼动轨迹图突出了被试注视点的时空间变化特征，这有效提高了被试视觉行为的可理解性。如图 3-15(a) 所示，眼动轨迹图清楚地表达了被试阅读街景的过程。但与此同时，当眼动数据量过大时，如图 3-15(b) 所示，眼动轨迹图中会出现大量的重叠现象，大大降低了图像的可读性。由此可见，当利用大量注视点表达被试视觉注意空间分布特征时，选择眼动热点图更为合适。而在利用少量注视点分析被试的视觉注意时空变化特征时，眼动轨迹图更加有效。

(a)

(b)

图 3-15 被试阅读街景的眼动轨迹可视化图

2. 时空立方体

正如第 1 小节所指出的，注视点、眼跳轨迹的重叠现象是眼动数据时空可视化所需解决的关键问题。然而，即使眼动数据量较小时，眼动轨迹图中也会出现重叠的注视点或眼跳轨迹。被试在阅读地图时，经常会执行目标间的对比任务，这要求被试在目标间反复观察，产生回视现象。如图 3-16(a) 所示，被试的回视现象在二维平面中被压缩，被试回视的次序、次数等细节信息均难以表达。

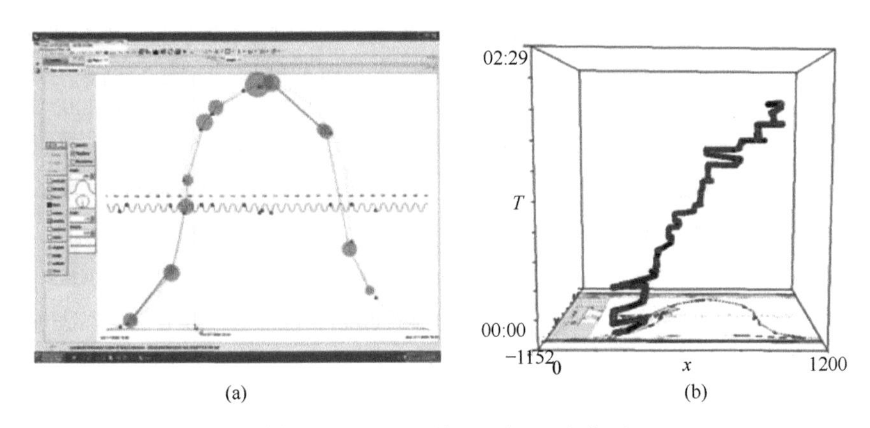

(a)　(b)

图 3-16　被试阅读数字地图的眼动轨迹时空立方体图 (Li et al.，2010)

为了解决这一问题，一些研究者将时空立方体模型引入眼动轨迹可视化，将传统的二维眼动轨迹图拓展至三维。眼动轨迹时空立方体在底图上构建平面直角坐标系，X 轴和 Y 轴表示二维视觉空间，进而构建 Z 轴以表示时间维度。由此，将原本堆积在二维平面内的符号在三维空间中分离，更加直观地展示被试的眼动轨迹时空变化特征 [图 3-16(b)]。

3.4　眼动实验指标

对眼动数据的可视化分析，虽然直观反映被试在实验中的视觉行为规律，但并不能精确地、量化地揭示不同实验变量对视觉认知的影响。实验处理效应所造成的细微差别可能无法从可视化结果中轻易发现，但是可以在定量统计检验中被敏锐地检测出来。此外，定量统计分析可以对多因变量、含潜变量的研究问题进行探究，拓展了研究情境的广度、深度和丰富度，因此对眼动数据的精确定量分析十分必要。本节将首先介绍眼动实验中经常采用的各类定量化指标，然后简要介绍各类统计方法的适用情境、前提假设和检验方法。

3.4.1　眼动实验指标

眼动指标是眼动实验最主要的分析变量，种类繁多，常见的眼动指标可以大致划分为 3 大类 (表 3-3)。

表 3-3　常见的眼动指标

类别	眼动指标	认知意义
信息处理指标	注视点数量	数量越多说明读者处理了越多(但不一定有用)的视觉信息
	总注视时长	越长表明读者花越长的时间解译信息，匹配用户界面和记忆
	平均注视点持续时长	即平均单个注视点的持续时长，越长说明信息解译的难度越大(用户有具体任务时)，或者说明该区域更具有吸引力 / 用户对它更感兴趣(用户无任务，自由观看时)
	首次进入 AOI 前用时	首次到达 AOI 之前所花的时间，越短说明该区域越快吸引视觉注意
	AOI 内注视点比例	AOI 注视点数量除以总注视点数量，用来度量读者对该 AOI 的关注程度，与此类似的还有 AOI 内注视时长比例
	注视频率	即单位时间内注视点个数，注视频率越高说明信息处理效率越高
视觉搜索指标	眼跳次数	眼跳次数越多，说明读者进行的视觉搜索越多
	眼跳路径总长	表征视觉搜索的广度
	总眼跳时长	持续时长越长，说明读者用于搜索的时间越多
	眼跳频率	单位时间内的眼跳次数，频率越高说明搜索效率越高
	回视次数	回视表明对先前区域的认知补充或者再加工
认知负担指标	平均瞳孔大小	用来表征全局的认知负担大小，越大说明实验任务的总体认知负担越重
	最大瞳孔大小	用来表征局部的认知负担大小，越大说明某些实验任务的认知负担越重

信息处理类指标主要通过眼动注视点的参数计算得到。注视点数量指实验中特定时间段内的注视点个数，数量越多说明被试处理了越多的信息。由注视点数量除以时长即可得到注视频率，即单位时间留下的注视点数量。注视频率高意味着被试视觉处理信息的效率更高。特定时间段内所有注视点的时长加总即可得到总注视时长，代表被试在任务中用更多的时间来解译、加工视觉信息。总注视时长和注视点数量的比值即为平均注视点持续时长，在有任务时，更长的平均注视点持续时长意味着执行的任务更加复杂，局部信息的解译更加困难；而在没有特定任务，即自由浏览时，更长的平均注视点持续时长则意味着视觉刺激更加吸引人的注意力。信息处理类指标还常用于定量分析被试观看感兴趣区域(AOI)时的视觉特征。首次进入 AOI 前用时代表从任务开始到第一个注视点落入 AOI 的时间，反映了 AOI 对被试视觉注意的吸引程度：首次进入 AOI 前用时越短，代表 AOI 包含的视觉刺激能更快速地吸引人的视觉注意。AOI 内会留下一系列注视点。AOI 内注视点比例，即 AOI 注视点个数(或者时长加总)在注视点总数(或总注视时长)中的占比，可以反映被试在对 AOI 内特定刺激的加工强度和注意水平。

视觉搜索类指标主要通过眼跳计算得到。类似于注视点，眼跳次数和眼跳频率分别反映了任务中视觉搜索的数量和效率，总眼跳时长反映了被试在任务中用于视觉搜索的时间。将所有眼跳路径连接得到的总长即为眼跳路径总长，平均每次眼跳所划过角度是平均眼跳幅度，两指标均表征了任务中被试进行视觉搜索的广度。在标注出

AOI 后，可以对眼跳轨迹和 AOI 边界的交叉次数进行计数，即可得到被试对 AOI 的回视次数，反映了被试对特定区域刺激补充加工的水平。

认知负担类指标主要通过瞳孔大小进行计算。已有研究证明，在视觉加工过程中瞳孔大小越大，被试的认知负担越重，因此可以用任务过程中平均瞳孔大小表征被试的认知负担。此外，如果被试认知负担较重，眼跳峰速度将会有所下降 (Di Stasi et al.，2010)。因此，眼跳峰速的平均值同样也可以作为表征认知负担水平的指标。

3.4.2　行为指标

眼动实验属于行为实验的一种，即使采用了先进的眼动仪器设备，也仍然需要报告反应时 (reaction time，RT)、正确率 (accuracy) 这些基本的行为实验因变量指标。反应时指的是从视觉材料刺激开始呈现到被试作出行为反应 (如按键、点击鼠标) 所经过的时间，在认知过程上包括被试观看视觉材料、传导到中枢神经、进行内部认知分析、将信号传出到肌肉作出反应这几个过程的时间加总。因为人类神经传输速度基本相同，所以反应时的差别主要反映被试在执行任务时内部认知分析过程的速度差异。

如果被试对题目的行为反应存在正确和错误之分，那么还可以计算被试回答的正确率。被试回答的正确率越高，说明认知过程越有效；如果特定视觉材料所对应的正确率更高，则这种视觉材料所包含的信息传输效率更高。值得注意的一点是：如果题目是从两个选项中单选正确选项，那么即使随机选择答案，根据统计学知识可知，平均而言，正确率会维持在 0.50 左右，四选一正确率维持在 0.25 左右。因此研究者应将随机正确率而不是零正确率作为无辨别能力的解释。

3.4.3　问卷得分

眼动行为实验时常配合使用心理量表，以量化实验中被试的心理感受。其中，最常见的形式为李克特量表 (Likert scale)，被试被要求按照自身情况和感受判断是否同意题目的描述，并在自然数连续序列中打分。量表每一道题目称为一个项目 (item)，测查相同层面心理特征的项目属于同一个维度。不同规模量表的项目数有较大差异，简单如满意程度量表可以仅有一个项目，而多如地理空间认知领域常用的圣巴巴拉方向感量表则包含十五个项目。

多项目量表作为一种源自心理学的社会科学研究工具，使用前理论上讲需要经过心理测量学特性的严格检验。评价量表测量学特性包括信度 (reliability) 和效度 (validity) 两方面。信度指题目测量分数的一致性、可重复性和稳定性，在实际研究中一般以克隆巴赫 α (Cronbach’s alpha) 系数表示 (在计算 α 系数时，负向表达的项目需要反向计分，并且不能跨维度计算信度)，系数越大信度越高。一般，系数高于 0.85 则认为量表信度非常良好；低于 0.6 则认为信度不良。对于信度低的量表，应增加、删除或修改项目以提升其信度。

效度指的是量表题目是否恰当、准确地测量了所要测量的心理量。一个高信度的量表可以得到可靠的分数，但这个分数未必反映了量表所要测量的心理构念，即效度不一定高。效度一般可以划分为以下 3 个方面：①内容效度，指量表项目的表述是否准确表达心理构念，如空间能力量表的项目表述是否测查了空间能力而非语言能力，一般由相应领域的专家评定。②结构效度，指量表各维度间相关性所描述的心理成分结构是否符合相应的心理学理论，一般使用验证性因子分析 (confirmatory factor analysis，CFA) 进行验证。③效标效度，一般选取同样可以反映心理构念的行为或心理变量，称为效标。效标效度指量表分数对效标的预测能力。量表的效度在三方面都比较高时才能准确地测量目标心理量。经过测量学检验后，对适当的项目反向计分，可对相同维度的多个项目求取平均分作为该维度的合成分数。

因为信度效度检验技术流程复杂，而且需要相当丰富的心理测量学专业知识，所以建议在地图学空间认知研究中选用心理学和地图学中成熟编制的测量工具量表。

3.5 眼动实验定量化统计分析

在选取眼动指标并得到相应的数据后，可以开展对应的定量统计分析工作。这一部分将介绍眼动实验研究中常用的多种定量分析方法。统计分析的具体实现步骤一般需要熟悉专业软件的操作(如 SPSS、MATLAB、R 等)，本节限于篇幅和主题不展开介绍，而重点讨论各类统计方法的基本含义、前提假设、适用情境和重要参数。关于具体的操作细节可重点参考相关的统计学书籍。

3.5.1 分析前准备工作

在进行数据分析前，需要首先对数据进行清洗和整理。在统计软件中，数据一般需要整理为整洁数据 (tidy data)：数据形式为一张表格，每一行记录对应一个被试，每一列属性对应一个研究变量。在格式整齐清晰后，需要对部分数据点做缺失值编码，也就是俗称的“数据剔除”工作。最常见的情形包括被试实验异常行为、采样率过低和极端值剔除三种。

被试异常行为指在实验过程中突发事件所导致的数据点不可用情况，包括被试身体不适、操作错误、仪器暂时失灵、环境干扰或主试指令错误等。在突发事件发生时间内实验所采集的被试数据均不可纳入分析，需要编码为缺失值。这些数据点在样本数据分布中往往本身就呈现异常模式，如极端偏离平均值或中位数，但是也不排除符合样本分布的可能性，因此研究者仍然需要去主动剔除。对于某些不适合参与研究的被试(如空间认知领域研究中 SBSOD 分数过低的被试，地图可用性研究中对于地图学有专业研究的被试)，研究者更是可以将被试的所有眼动数据记录删除。

数据质量过低特别指眼动实验研究中某些被试眼动数据采样率过低的情况。对于这些被试，其对应的所有眼动指标变量均不可用。一般来说，如果眼动实验的采样率低于 80%，则认为眼动数据采样率过低。具体的研究阈值选择不同，采样率越低，则采样数据的分布会与真实数据分布有更大的差异，导致数据有偏，同时可能遗漏一些重要的眼动数据点。

极端值剔除是最常见的缺失值编码情况，用于连续性变量数据。研究者需要首先对数据进行直方图可视化。如果变量呈现正态或近似正态分布，则可以使用 Z 值转换法 (Z-transformation)，即按照如下公式求取变量每一个数据点的 Z 分数：

$$Z = \frac{x - u}{\sigma} \tag{3-5}$$

其中，x 表示原始数据；μ 和 σ 分别表示所有 x 的均值和标准差。Z 分数转换后，Z 分数绝对值越大表明数据点在样本分布中越远离平均值，如果 Z 值过大则可以推断其属于异常情况产生的极端数据点，然后将其替换为缺失值。一般，小样本研究中建议极端值的筛选标准为 Z 分数绝对值大于 2.5，如果样本量非常大可以选择 3 甚至 4。

如果变量呈现偏态或者幂律分布，则建议根据四分位距剔除。四分位距 (interquartile range，IQR) 指的是数据从小到大排列后，排名前 25% 和 75% 所对应数值的差。在这种剔除方法下，保留中位数上下 1.5 倍上四分位距区间内的所有数据，超出 1.5 倍上四分位距或者少于 1.5 倍下四分位距的数据点均编码为缺失值。在数据量较大或者偏态较严重的情况下，极端值标准可以放宽到 2 倍甚至 3 倍四分位距。

部分定量统计分析方法要求数据呈现正态分布，但数据变量往往呈现明显的偏态。因此在缺失值编码完成后，有可能根据统计方法的需要和要求，对变量进行数值转换。如果数据分布呈现明显的正偏态，可以对变量求对数或平方根；如果原始数据呈现负偏态，可以对变量数值求平方或者立方，以此完成数据分布转换的目标。

3.5.2　描述性统计分析

统计分析可粗略划分为描述统计和推断统计，分别对应有限样本数据特征的描述和对数据总体参数的推测估计。眼动实验的统计分析也不例外，在通过有限被试的数据推测和反映人类总体的地理空间认知与学习规律之前，研究首先需要报告样本数据的基本统计特征。描述统计不仅可以初步展示数据模式和变量间作用规律，而且可以为下一步的推断统计方法的选取提供思路。

1. 数据分布形态

对变量数据绘制直方图，可以对数据的频率分布有最直观的认识。如果直方图大致呈现钟形，则变量数据近似服从正态分布。正态分布是自然界数据最常见的分布形态之一，其概率密度曲线大致呈现以平均值为轴的对称钟形，平均值附近的数据最为密集，越远离平均值则数据分布越稀疏。利用直方图可以直观判断数据的正态性，但严格意义上此方法并不准确。一种严谨的判断方法是对变量做正态性检验。当样本量小于 50 时，建议使用 Shapiro-Wilks 检验；样本量大于 50 时，建议使用 Kolmogorov-Smirnov 检验。当检验得到的似然值 $p \geqslant 0.05$ 时，可认为样本近似服从正态分布。另一种比较简便的判定正态分布的方法是绘制 Q-Q 图，将数据点的实际分布模式和理论上正态分布的模式绘制在散点图中，如果散点近似呈现 45° 直线，则数据大致服从正态分布。

当然，眼动指标等很多变量数据都呈现偏态分布，即直观上钟形曲线左右不对称的情况。相比于左侧，有较多数据点分布在钟形曲线右侧的分布称为正偏态；反之有更多数据点分布在钟形曲线左侧则称为负偏态。一种比较极端的偏态分布是幂律分布，即大量数据集中于某个中心值附近。沿着这一中心值向单一方向出发，随着数值的增大(或者缩小)，数据分布的密度迅速衰减。

2. 报告基本统计量

在初步窥探数据的分布后，对于研究中所有可量化的指标变量，研究报告中都需要报告其平均值和标准差。平均值用一个集中特征刻画了样本群体数值的大小，而标准差刻画了样本内部数值的分散程度和变异大小。

连续型变量之间的相关性可以由相关系数刻画。最常见的相关系数计算方法是皮尔逊相关，其公式为

$$\rho_{X,Y} = \frac{\mathrm{cov}(X,Y)}{\rho_X \rho_Y} \tag{3-6}$$

其中，分子表示两变量的协方差；分母表示两变量标准差的乘积。相关系数的符号代表相关性的方向，绝对值越大代表变量的相关性越强。相关性强弱的分级具有很强的主观性，一般意义上，绝对值小于 0.2 认为相关性较弱；0.2~0.8 相关性适中，而如果大于 0.8 则认为相关性强。如果是对数值连续性较弱的等级变量(如李克特量表的评分)之间求相关，可用斯皮尔曼相关系数表征两者之间的相关关系，公式为

$$\rho_{X,\,Y} = \frac{\sum_i (x_i - \bar{x})(y_i - \bar{y})}{\sqrt{\sum_i (x_i - \bar{x})^2 \sum_i (y_i - \bar{y})^2}} \tag{3-7}$$

由式(3-7)可知，斯皮尔曼相关系数是皮尔逊相关系数在等级变量情况下的等价形式。

如果研究指标变量多于两个，可以通过计算相关矩阵反映变量之间的关联关系。若研究中共有 n 个变量，则可求得 $\binom{2}{n}$ 个相关系数，在研究报告中呈现出梯级三角形形态。

在结果汇报中，相关系数也需要经过假设检验做显著性分析，一般作的是 t 检验(3.5.3 节介绍)，当 t 检验结果显著时，才会认为两变量之间存在相关，否则，即使相关系数达到了弱相关水平，也不能报告相关性的存在。

3.5.3 推断性统计分析

在对数据进行恰当的统计描述后，可以通过推断统计来检验变量之间的相互关系和作用机制，如多组数据之间在频数分布或者数值大小上是否存在显著差异、指标变量数值是否可被其他变量所预测、变量之间的预测路径是否与预期假设相符合等。然而需要注意的是，所有的推断统计都是数据驱动的，本质上是对数据间关联关系的验证，本身并不能证明变量之间的因果关系和作用机制。只有具备合理的实验设计流程，或者基于扎实可靠的理论梳理而作出推断，其统计分析才具有实际的推断意义。因此本

节也将避免使用“自变量”“因变量”这样因果关系色彩较重的术语，而以“分组变量”、“预测变量”和“响应变量”替代。读者学习这部分内容时，也需要时刻记住研究实验的设计和理论基础是良好统计分析的前提。

1. t 检验

研究问题的过程中，由于离散型变量取值不同 (如性别) 或者实验分组操纵 (如实验组、对照组)，若干组样本数值大小可能产生系统性差异。这种差异通过比较各组数据的均值是否达到统计显著性水平完成。

例如，对于一组被试所产生的 SBSOD 方向感得分，比较两种生理性别之间的分数差异。统计学上，称分组变量的组数为水平 (level)。生理性别可能有两种取值：女性或者男性，所以在这个问题情境下，两水平的单一的分组变量 (即性别) 可能预测方向感得分的差异。

得分差异的检验的方法是独立样本 t 检验，其前提假设是：两组样本的数据彼此独立生成并且服从正态分布，并且方差近似相等 (或称为“方差齐性”)。代入式 (3-8) 计算 t 值，然后查 t 分布表：如果对应的 t 分数的累积概率值 $p < 0.05$，那么两组数据具有显著的差异，否则两组数据的差异不能被确证。

$$t = \frac{\left|\bar{X} - u_0\right|}{S_{\bar{X}}} = \frac{\bar{X} - u_0}{s / \sqrt{n}} \tag{3-8}$$

$$s_p^2 = \frac{\sum_{i=1}^{n_1}\left(x_{1i} - \bar{x}_1\right)^2 + \sum_{j=1}^{n_2}\left(x_{2j} - \bar{x}_2\right)^2}{n_1 + n_2 - 2} \tag{3-9}$$

其中，分子表示两组数据均值的差；分母中 n_1 和 n 分别表示两组数据的样本量，即合并两组数据估算的方差。

这里需要注意两点：第一是如何理解 p 值，这是初学者最容易犯错误的地方。p 指的是两组数据完全无差异情况下，得到如下数据的概率。p 值很小可以理解为：在无差异的情况下，采集到当前这些数据的可能性很低。例如，这种可能性小于 0.05，研究者就可以反过来推测：两组数据之间应该是有差异的，否则这么小概率的事件应该不会发生。在正确理解 p 值含义后，就可以知道，p 值显著并不能证明差异一定存在，p 值不显著也不能说明差异就一定不存在。

第二是如何判断两组样本的方差是否齐性。如果不齐该怎么办？在这里推荐 Levene 检验，如果检验的 p 值大于 0.05，则无法确认方差不齐，近似认为方差齐性。如果 p 小于 0.05，则判定方差不齐。需要用式 (3-10) 进行校正：

$$t = \frac{\bar{x}_1 - \bar{x}_2}{\sqrt{s_1^2/n_1 + s_2^2/n_2}} \tag{3-10}$$

即不用合并方差计算 t 统计量。在判定 p 值时，认为 t 分布服从的自由度 df 不是 n_1+n_2-2，而是：

$$\mathrm{d}f=\frac{\left(s_1^2/n_1+s_2^2/n_2\right)^2}{\left(s_1^2/n_1\right)^2/(n_1-1)+\left(s_2^2/n_2\right)^2/(n_2-1)} \tag{3-11}$$

研究中还会遇到这样的情况：一个被试同时生成了两个数据。例如，研究一种新型的导航设备对人空间知识获取的影响。一个被试在使用新设备之前和之后分别产生一个有关“空间知识获取量”的定量数据点，那么预测变量“是否使用新设备”虽然也是两水平，生成的数据也是两组，但是一名被试使用不同导航设备所获取的数值彼此必定紧密相关，因此数据之间互不独立。这就违背了独立样本 t 检验的独立性前提假设，因此需要更换检验方法。

这里采用的检验方法是配对样本 t 检验，其前提假设是：两组变量的差值组成的样本数据呈正态分布，并且配对生成，即两组样本量必然相同。检验的思路是：对每一对样本做差，组成一个“差值变量”样本数据，然后检验这组数据的平均值是否显著不等于 0。具体公式为

$$t=\frac{\bar{d}-u_0}{s_d/\sqrt{n}} \tag{3-12}$$

其中，分子中 $\bar{d}$ 表示所有差分变量 $d_i=x_{1i}-x_{2i}$ 的平均值；分母中 s_d 表示差分变量的标准差。如果 $p<0.05$ 则可以说明两组样本有显著差异。

从两种 t 检验的前提假设可以看出：两组样本 (或者其差值) 必须服从正态分布。这一假设可通过正态分布检验进行验证。如果不服从正态分布可以进行数值转换，或者利用非参数检验的方法。独立两组样本使用 Mann-Whitney U 检验，配对样本使用 Wilcoxon 符号秩检验。这两种非参数检验对数据分布形态没有要求，只要是连续性数据就可以。不过，非参数检验相比于 t 检验等参数方法，更加不容易得到显著的实验结果。

2. *方差分析*

方差分析 (analysis of variance，ANOVA) 是一种广泛使用的均值比较方法。相比于 t 检验比较两组样本均值的情况，ANOVA 适用于单分组变量 (或称为单因素) 多于两水平，或者含多个分组变量 (即多因素) 的研究设计。如“对于各自使用纸质地图、电子地图或语音地图三种导航工具之一的三组被试，比较获取的空间知识量的差异”，就是单因素三水平实验设计；在这个问题基础上再考虑性别差异，就变成了两个分组变量 (性别、导航工具) 分别取两水平 (女性、男性) 和三水平 (三种工具)，即 2×3 双因素研究设计，共有六组数据。

t 检验区分了独立样本和配对样本两种子类型，主要区分依据是两组数据是否由同一组被试产生。这种区分同样存在于 ANOVA 中。三种导航工具可以分别让三组被试使用，产生三组数据，也可以让同一组被试按照随机顺序使用三次，留下三组数据。这两种情况下，“导航工具”分别属于被试间因素和被试内因素 (或者重复测量因素)。按照这个逻辑，性别一般只能是被试间因素，但是假想如果一组被试都可以轻易转换生理性别并留下数据点 (当然这只是假想而已)，那么“性别”因素也可以成为被试内

因素。一旦区分因素和被试的关系，ANOVA 的基本分类就可以明确了：对于单因素 ANOVA，因素可以是被试间，也可以是被试内的；对于双因素 ANOVA，两个因素可以都是被试间或者被试内的，也可以是一个被试间一个被试内的；三因素 ANOVA 情况可以以此类推。因素的被试间或者被试内属性，直接关系到内部计算机制的合理性和检出显著结果的可能性，因此不能随意更改 ANOVA 的类型。

ANOVA 也具有前提假设。各组数据都需要服从正态分布、方差齐性，并且彼此独立生成。正态分布检验已经介绍；方差齐性假设可以通过已经介绍的 Shapiro-Wilks 检验或者 Bartlett 法检验，均为 $p \geqslant 0.05$ 不显著时满足方差齐性假设。此外，被试内因素相关的检验量还需要满足球形假设，利用 Mauchly 检验验证，同样不显著满足球型假设。

不过，ANOVA 究竟能帮助研究者解决和验证什么问题？t 检验就是要验证两组样本的均值是否有显著差别，而对于单因素三水平的三组样本来说，就存在 $\begin{pmatrix} 2 \\ 3 \end{pmatrix} = 3$ 种配对比较情况，若有 n 个水平就有 $\begin{pmatrix} 2 \\ n \end{pmatrix}$ 种比较方案。ANOVA 计算的统计量 F，其值为组间平均差异和组内平均差异的比值。这一比值越大说明组间差异越明显。p 值显著证明各组样本存在均值差异，即不全相等，但是并不能证明是哪两组之间存在差异。因此，单因素 ANOVA 检验完成后，还需要补充多重比较检验环节，利用经过统计校正的特定方法验证每对样本组的差别是否达到显著水平。比较常用的有 LSD 法、Bonferroni 法和 Scheffe 法，检验的严格性依次增强，即比较差异越不容易显著，但绝不可以用 t 检验方法去做多重比较，因为这很有可能虚报组间差异。

这里还需注意：多重比较本质上还是差异检验，是一种对组间差别的概率性推测判断，不一定具备逻辑上的传递性，也不能当作等号和不等号去理解。例如，组 1、组 2、组 3 均值逐个增大，前两者和后两者差异都不显著，但有可能组 1 和组 3 差异显著；同样地，组 1 和组 3 差异显著，但和组 2 不显著，也不能确认组 2 和组 3 就一定显著。

ANOVA 还可以解决多因素研究设计的统计分析，这种情境下要验证的假设是什么呢？例如，探讨性别和导航工具对空间知识获取的影响。对于 2×3 双因素实验设计，首先是讨论两性之间是否存在差异（不考虑导航工具），其次也可以讨论不同导航工具之间是否存在差异（不考虑性别）。这种讨论有点类似于单因素研究，因为并不考虑其他研究因素的作用。某一个因素在多因素研究设计中所起的差异效应称为主效应。显然，对于三水平的导航工具主效应而言，如果效应显著，由于水平数多于 2，还需要进行事后多重比较，以明确 3 种工具之间具体的大小关系。

在检验主效应的基础上，读者还可以思考：男性和女性在空间知识获取上，在这 3 种工具上的差异模式是不是不相同？或者说，男性和女性的空间知识获取的差异，在 3 种工具上是不是还存在差异？这种讨论“差异的差异”的问题就是检验变量是否存在交互效应的过程。不论是主效应还是交互作用，在 ANOVA 当中最后都会以 F 检验的形式进行探测并同样以 p 值来说明其是否显著。一个双因素 ANOVA 包括两个主效应和一个交互效应的检验，因此包括 3 对 F 和 p 统计量；一个三因素 ANOVA 则包括 3 个主效应、3 个二阶交互效应和 1 个三阶交互效应，即包括 7 对 F 和 p 统计量。当交互作用显著时，需要报告简单效应检验的结果，说明“因素的差异是怎么在另一个因素的不同水平上表现出差异的”。具体而言，就是把任一因素的各个水平取值拆分开，去观测另一个因素的作用情况，例如，单独讨论女性被试中 3 种工具所造成的空间知识获取的差异，再同样地讨论男性被试中 3 种工具造成的差异。

最后，由于 ANOVA 同样有对数据特性的前提假设，因此当假设不满足时，可以使用对应的非参数检验方法。单因素多水平设计采用 Kruskal-Wallis 检验，而双因素设计则采用 Scheirer-Ray-Hare 检验。两种检验方法都是将连续值转换为秩然后进行差异检验，在此不再赘述。

3. 回归分析

前两小节所介绍的统计方法本质上都是均值差异检验，其目的是比较分组变量及其组合所形成的各个数据组之间，数值上是否有明显的差异，或者可以说，是讨论具有离散取值的、分组的“预测变量”是否会对连续数值造成系统性差异。如果要讨论连续的预测变量对响应变量的作用，则需要利用回归进行检验。

回归是社会科学领域最常用的检验变量间作用关系的统计方法，在大量的统计学、经济学著作中都有介绍，因此本小节不对回归的数学原理、计算公式作过多说明，重点介绍使用回归方法过程中需要注意的一些问题。

首先，回归适用于连续变量之间预测关系的验证。由于预测变量可以是连续值，回归方法往往被大量的非控制性实验研究所采用，此时如果结果显著，对结果的解释就尤其重要：回归本质上还是验证了变量相关关系，因此本身并不能说明预测变量和响应变量间的关系是否是“因果关系”。关于作用机制的陈述必须有相应的理论工作支持。

其次，回归的前提假设。回归首先要求选用最能刻画变量间关系的模型。响应变量大致是预测变量的线性组合，对应线性回归；若回归预测公式中响应变量和一些预测变量存在指数幂关系，则可以考虑多项式回归。类似于均值差异检验，回归要求数据满足多元正态分布以及方差齐性。前者可以通过 Shapiro-Wilks 检验进行验证，后者可以通过 Box M 检验进行验证。另外，误差独立性假设要求所有数据点响应变量的随机误差部分是彼此独立的。

这里需要特殊强调的之前未介绍过的前提假设是，回归分析要求各预测变量不存在多重共线性问题：变量之间不能高度相关，即任一预测变量不应是其他预测变量的线性组合。如果变量间存在多重共线性，那么对于回归系数的估计误差将会非常大。多重共线性可通过方差膨胀因子 (variance inflation factor，VIF) 来判断，如果 VIF > 10，则说明预测变量之间存在比较严重的多重共线性问题，可以通过剔除一些预测变量来解决这一问题。

回归模型的显著性检验问题也需要讨论。这里验证的不是“均值是否存在明显的差异”，而是“模型是否可以有效验证响应变量和预测变量间的线性关系”，以及“各个预测变量的回归系数是否显著不为零”(即这一预测变量是否具有显著的预测作用)。这里回归系数指的是预测变量增加一单位值时响应变量的增量。前者通过 F 检验验证，

后者通过 t 检验验证。当 p 值小于 0.05 时，可以认为模型或者系数显著。

此外，即使模型整体 F 检验显著，研究者可能还需要报告模型整体的表现：响应变量究竟有多少的变异是由于预测变量的变化而引起的？或者说用线性回归模型对变量间关系进行拟合的效果如何？响应变量的变异中由预测变量引起的占比值称为决定系数，即通俗意义上的 R^2。如果 $R^2 = 0.85$，则可以认为响应变量 85 % 的变异由预测变量所引起。

回归可以处理连续变量之间的预测问题，那么是否可以处理离散变量呢？例如，预测变量是否可以是性别这样的二分分组变量呢？答案是肯定的。此时只需要把性别作为一个预测变量纳入回归方程中，然后将其中一个值 (如男性) 编码为 1，另一个 (如女性) 编码为 0，然后进行回归检验。这一变量显著的回归系数意味着男性和女性在响应变量上的平均差值。这种用于编码离散分组情形的变量称为哑变量。如果分组数不是 2 而是 3，那么就需要 2 个哑变量，3 个组在 2 个哑变量上的取值分别为 (0,0)、(0,1) 和 (1,0)。4 个组则需要 3 个哑变量，以此类推。

如果响应变量是二值离散变量，可以首先把其取值分别编码为 0 和 1，然后使用逻辑斯谛 (Logistic) 回归检验模型和各个预测变量的显著性。逻辑斯谛回归特别用于检验响应变量为二值离散变量的模型问题。

最后，当预期假设中众多变量形成作用链条，一个模型中的响应变量成为另一个模型中的预测变量，整个模型中有多个响应变量和预测变量时，研究变量间会形成一个复杂的作用路径。这种问题一般采用路径分析的方法，其统计本质就是批量进行回归分析，但路径的构建需要有理论上的扎实依据。不作为响应变量只作为预测部分的变量称为外生变量，否则称为内生变量。

4. 潜变量和结构方程模型简介

之前的分析中，变量本身就是研究问题的一部分，在统计过程中，研究问题所涉及的概念直接被量化为变量数值来纳入模型进行检验。然而有些情况下，研究问题的概念很难通过外部测量方法直接测查出来。举一个例子，本书已经介绍了诸多眼动指标，它们是眼动实验的核心数据之一。如果问地图学眼动实验中的视觉行为特征究竟有哪些方面，尽管存在很多眼动指标，如平均注视时长、平均眼跳幅度、注视频率、眼跳频率等，但这些仅仅是测量出的数值，真正的特征层面应该是信息加工、视觉搜索、认知负担这些真正具有认知含义的概念。这些概念可以在眼动指标中被反映出来，但是又很难被直接测量。有没有一种统计方法可以量化抽象的概念呢？

此时，可以用潜变量 (latent variable) 来刻画难以在研究中被直接测量，但是可以被容易测量的变量间接反映的抽象概念，如能力、素质等。潜变量在多元统计中最常见的例子是探索性因素分析 (exploratory factorial analysis，EFA)，例如，某高校地理院系的专业培养计划中，地理专业课有 24 门，假设每一个地理专业的学生都会有 24 门课的成绩，那么如果要分析这些课程内部是否存在关联，所考察的知识是否存在内部结构，就可以对所有学生的专业课成绩数据做探索性因素分析，也许就可以识别三种分离但却又彼此关联的因素：自然地理素养、人文地理素养和地理信息技术素养。这里的三种因素都属于潜变量，它们并不能直接由任何一门课测量出来；但是通过多元统计方法，任何一种潜变量都可以在几门性质相近的课中被识别出来，并且被量化为分数。

探索性因素分析主要用于不确定潜变量的数量和结构的情形，例如，24 门专业课成绩数据到底能析出多少个潜变量，每门课和潜变量的关系是什么，其实并不能提前确定。然而像前面介绍过的眼动指标，已经说明可以反映信息加工、视觉搜索、认知负担三个层面，因此就可以先验地将眼动指标链接到对应的潜变量上。Dong 等 (2018b) 探讨读图能力的研究，选用了六个测量眼动指标，然后根据前人研究和理论分析推测出读图能力相关的三种重要潜变量：第一注视因素、视觉加工因素和视觉搜索因素，并将六个眼动指标两两映射到三个潜变量上，但任一眼动指标不会同时反映两种潜变量。不仅如此，研究推测的因素结构还是多层的，认为三种潜变量又是对读图能力这一更高层级的潜变量的反映。这一研究也就说明，在合理理论的支持下，因素结构可以设计为多层。在理论支持下，这种潜变量分析的逻辑是：一个潜变量的变化可以反映在多个与之对应的更低层级的变量 (无论是测量变量还是潜变量) 上，一个测量分数却一般只反映一个潜变量的变异，而分析过程就是通过测量数据去反推量化的潜变量分数。由于已经有了先验的指标变量和潜变量之间的映射关系，研究者所能做的只是进行验证性的统计，确证因素结构确如预期所假设的那样。这种潜变量多元统计方法称为验证性因子分析 (confirmatory factor analysis，CFA)(图 3-17)。

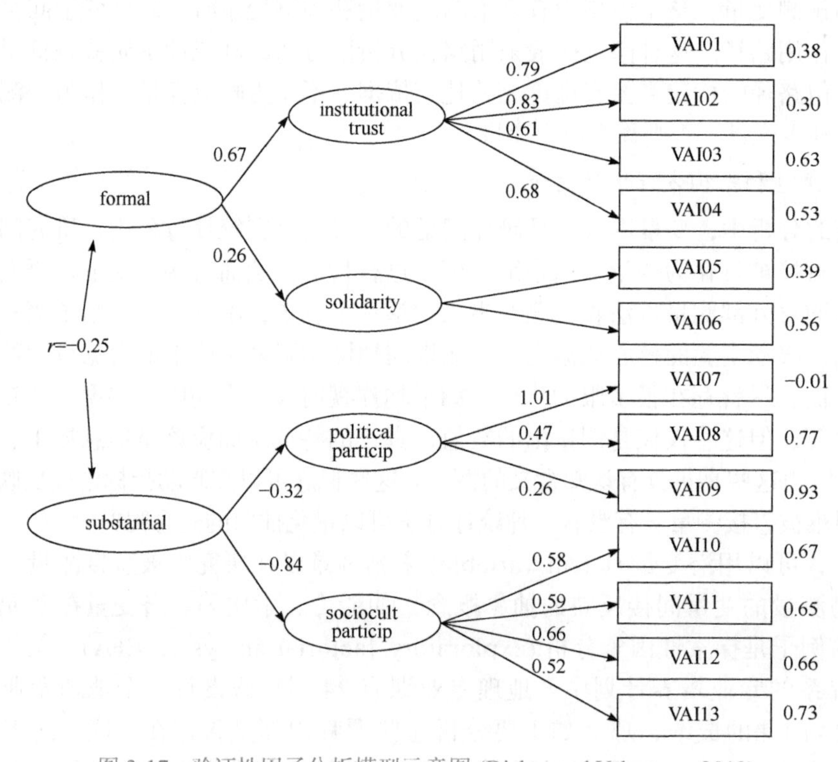

图 3-17 验证性因子分析模型示意图 (Dickes and Valentova, 2013)

当然可以发现，这种研究方法并不能解释研究变量之间的相互影响和预测路径关系，只能验证测量值是否如预期假设那样反映了潜变量。如果在潜变量之间再去构建一个类似于路径分析的潜变量作用链，那么整个模型就会变成如图 3-18 所示的形态，对这种模型的分析方法称为结构方程模型 (structural equation model，SEM)。

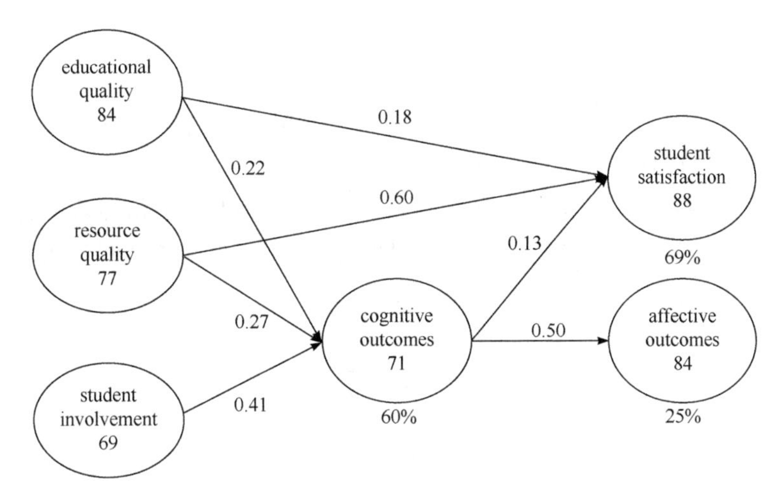

图 3-18　结构方程模型示意图 (Duque and Weeks，2010)

CFA 或者 SEM 都属于验证性的统计方法，其目标都是通过数据拟合来验证理论导出的模型假设。数据和模型拟合得越好，证明假设的模型关系成立的可能性越大。在研究中常用的拟合指标要求卡方检验不显著、CFI 和 TFI 大于 0.9、RMSEA 大于 0.8 等，具体可查阅相关的统计方法资料，在此不做详细介绍。此外，因为 CFA 和 SEM 方法都具有较强的参数拟合性质，所以对样本数量有着不低的要求。一般建议样本量不应低于待估参数的 10 倍，即使放松标准也不能低于待估参数的 5 倍。由于并未介绍参数结构等内容，研究中样本量最好多于 200。

5. 计数类型的检验

以上所介绍的各种检验统计方法，都有连续数值变量的参与，例如，均值差异检验讨论离散的分组变量对连续响应变量的预测作用；一般线性回归讨论连续预测变量对连续响应变量的预测作用；逻辑斯谛回归讨论连续预测变量对二分的响应变量的预测作用。那么，是否存在完全没有连续变量，只有离散变量的统计检验方法呢？答案是肯定的，但是这种情况下需要明白要检验的统计问题和假设是什么。没有连续预测变量，意味着纳入分析的数据本身是由不能量化的离散变量组成的，不能对取值点做数学运算。要进行量化的统计，只能对数据点的个数进行操作。

这里举一个例子。设计者开发了一套全新的地图符号系统，声称可以极大程度提升读图者的使用效率。为了验证这套符号方案的有效性，研究者可以招募一批被试，让他们随机阅读全部使用原始符号或者全部用改进方案的地图，每次读图后都回答问题，最后统计每一名被试是否全部回答正确。在实验后得到的整洁数据中，所有被试都会对应两个变量：符号方案 (原始符号或改进符号)、答题情况 (全对或者有错误)。

这两个变量的取值都不是连续数值，也不能做四则运算，但是可以依据取值将被试划分成四类，列成一个 2×2 的表格，即列联表 (表 3-4)。

表 3-4 列联表

原始符号、全对	改进符号、全对
原始符号、有错	改进符号、有错

每个单元格与被试的个数对应。如果符号方案确实可以在一定程度上影响答题情况，那么列联表的计数数据在每个单元格的分布上会存在某种差异性关联，这种关联称为列联相关，其探测通过卡方检验来完成。如果卡方检验的 p 值显著拒绝了原假设，即小于 0.05，那么可以认为两个分类变量，即符号方案与正确率之间存在显著的相关，其相关程度可以由 φ 相关系数所度量，其公式为

$$\chi^2 = \sum \frac{(O_i - E_i)^2}{E_i} \tag{3-13}$$

和皮尔逊积差相关一样，只有卡方检验通过显著性水平，φ 相关系数所度量的相关性才有实际意义。上述例子采用了 2×2 分组，但是对于多于两水平的分组情况 (如 2×3、3×3 的分组方案) 而言，同样是使用卡方检验检验分组变量之间的相关性。在对相关性的量化表达上则使用修正的 Crammer V 系数：

$$V = \sqrt{\frac{\chi^2/n}{\min(k-1, r-1)}} \tag{3-14}$$

至此，本节对地图学眼动研究中常用的推断统计方法做了大致的介绍。一般研究的目标都是验证某种预测作用的存在 (无论是理论上预测变量对响应变量的预测作用，还是实验设计中自变量对因变量的因果作用，抑或仅仅是两个变量之间的相关性关系)，这种预测作用被证实的标志就是 p 值的显著性。本节已经介绍 p 值的含义，那么在实际研究中，什么因素会影响显著性?

第一个因素是样本量大小。上述介绍的各种假设检验有个一般性的规律，就是研究所纳入分析的数据样本量越大，p 值往往倾向于越小。这一规律不仅适用于 t 检验、ANOVA、回归系数、列联相关这些研究者通常希望看到显著差异效应的检验技术，而且也适用于 Kolmogorov-Smirnov、CFA、SEM 这些一般不希望结果显著的拟合度检验或者证实性技术。以皮尔逊相关为例，一组小样本数据中两变量可能估出 0.3 的相关性，但是假设检验的 p 值很有可能都不显著 (而且此时不能认为两变量相关)；而一般超大样本的数据中，相关系数都很容易显著，有时即便相关系数绝对值可能连 0.01 都不到，但 p 值却还能小于 0.01。这不仅说明了 p 值大小某种程度上可以通过样本量操纵，而且从另一个方面说明，p 值本身并不能衡量差异效应或者预测效应的大小。因此，在比较严格的行为科学研究期刊中，评审都会要求作者报告除 p 值以外的效应量大小。

第二个因素是效应本身的强弱。如果将一群被试随机分配成两组，然后检验它们 SBSOD 的得分差异，是否可以得到显著的结果呢？即使把样本量扩张到非常大，也不

见得 p 值能达到显著性水平，因为两组被试本身就是随机分配的，理论上方向感得分就不该有差异。换句话说，两组之间的差异效应实在太小，可能连扩充样本量都无法让结果显著。对于相关、回归等方法而言，道理是一样的：如果相关性或者预测效应本身就太小，甚至效应为零，那无论如何也很难检验出来。

第三个因素是所选的显著性水平。如果把显著标准定为 0.1，$p = 0.06$，这样本来不显著的结果就可以显著了——毫无疑问，这是一种错误的想法。p 值的含义是：假设效应完全不存在时，得到当前数据结果 (及其产生的统计量) 的概率。这意味着研究者对效应显著存在的判断，是一种带有不确定性的推测；既然是推测，就存在猜错的可能。如果 p 值的显著性门槛定为 0.05，那么如果真的没有效应，判断出“有效应”的概率也不会超过 0.05。更专业的说法就是假阳性率不会超过 0.05。如果把门槛放低到 0.1 甚至 0.2，那么假阳性率也会随之增加，其消极影响是：如果研究者对实际上没有任何效应的 10 个统计量，做了 10 次假设检验，其中就会有 1 ～ 2 次都会是显著的，颇有童话中“狼来了”的意味。

以上就是影响显著性最主要的因素。推断统计分析是地图学眼动研究，甚至是所有定量科学研究中最主要的分析手段，也是研究报告中数据结果的核心部分，更是研究者进行定量分析最大的难点。事实上，假设检验方法浩如烟海，本节在此仅仅展示介绍了领域内最常用的少数几种研究方法，更复杂、适合的分析手段还需要读者进一步深入学习。

3.5.4　指标稳定性分析

最后一部分介绍指标稳定性的分析。这里的指标稳定性，其实就是研究中通过各种测量手段 (如问卷测查、行为数据、眼动指标) 获取指标变量的信度。问卷数据的信度分析本文不再介绍，因为这已经在“分析前准备工作”部分详述。这里重点介绍眼动指标对应的信度分析方法。

诸多眼动指标都反映了被试的视觉认知过程，这些指标之间应该具有某种潜在的关联性。根据以往的研究来看，平均注视时长和注视频率一般呈负相关 (一段时间内如果总注视时长的占比不变，那么注视点越多，每个注视点的平均用时就会越少)，注视点频率和眼跳频率呈正相关 (眼动轨迹由注视点和眼跳组成，二者数量是同步增长的)，眼跳的平均幅度和平均最大速度也是呈正相关 (眼跳幅度越大，中途眼球转动的角速度往往也越大)。如果在一组眼动数据上捕捉到了这些相关性，那么就有理由相信这批数据的质量是比较可靠的。

3.6　眼动轨迹分析

眼动轨迹表示人们在执行眼动实验任务，观察分析刺激材料信息时的视觉轨迹 (路径) 信息。眼动轨迹的研究可以追溯到 Noton 和 Stark(1971) 的早期研究。眼动轨迹是一个由认知模型驱动的眼动过程，反映视觉刺激在人脑中的被处理顺序。眼动注视序列表征一种特定的视觉模式，而且这种模式对评估视觉记忆非常重要。此外相比于其他方法，眼动轨迹能够更能反映被试的真实表现和认知策略 (Kucharský et al.，2020) 。

眼动轨迹的分析和信息挖掘是地图学空间认知眼动实验数据分析的一个重要组成部分。近几十年来，研究者已经提出了众多的眼动轨迹分析方法，并运用在了各个领域和行业，眼动轨迹分析法的有效性已经得到证实。眼动轨迹分析方法划分为定性和定量两种。由于人眼善于捕捉图形信息，眼动轨迹的可视化 (3.3 节) 帮助研究者从视觉上直观地捕捉眼动特征和模式，如展示被试完成阅读时感兴趣的区域，进而反映被试的阅读习惯等，因此眼动轨迹可视化是一种非常有效和常规的定性分析方法。但是在眼动数据量较大，实验任务复杂的情况下，眼动轨迹可视化的方式已经很难帮助人们正确寻找规律，可视化分析不能够展现认知规律，无法支持潜在规律的发掘，此时需要使用眼动轨迹定量分析的方法来探索新模式。

3.4 节详细地介绍了许多常用的眼动指标。眼动指标分析虽然也是定量分析方法，但是大多数都是基于单一维度的分析，如代表时间维度的注视时长和代表空间维度的注视次数和注视语义等。这种眼动指标的定量分析虽然能够反映出一部分的规律，但是由于缺失了两个维度综合的分析过程，只能够得到单一维度的结果。眼动轨迹相比于眼动指标的优势是它结合了注视的时间和空间的特征，既包含注视了什么，同时也包含注视顺序信息。然而正是因为眼动轨迹包含空间和时间的信息，眼动轨迹分析成为当前研究重大的挑战。地图学空间认知实验中的眼动轨迹分析是眼动轨迹分析的特例，眼动轨迹的分析和地图学眼动实验的刺激材料、实验流程和实验任务都有直接的关联。地图学空间认知实验的眼动轨迹分析能够支持人们对认知过程的理解。在实验异常检测，视觉特征的重要程度评估等情况下，被试认知研究和交互研究都有重要的应用。目前国内外在此方面也积累了不少的成果，本节将结合地图学的研究系统地讨论眼动轨迹分析方法。

眼动轨迹分析的基本方法一般包括眼动轨迹编码、眼动轨迹比较和分析、眼动轨迹聚类等。下面将针对眼动轨迹分析的几个关键问题进行讨论：一是讨论在地图学中的地图认知编码问题；二是讨论眼动轨迹比较方法；三是讨论眼动轨迹聚类方法在地图学和空间认知中的实际应用。

3.6.1 地图认知的眼动轨迹编码方式

眼动轨迹是一串原始的注视点数据，注视点数据包含屏幕坐标 (序列) 以及持续的时间 (权重)。读者可以把眼动轨迹序列与 DNA、字符串进行类比，DNA 的序列元素是碱基对，字符串的序列元素是字母。关于 DNA 和字符串的序列分析方法已经较为完善，且在生物信息学领域，这些算法不断地优化以适应超长序列的 DNA 分子，提高处理效率。类似地，眼动轨迹如果借助生物信息学中的 DNA 分析方法进行分析，那么首要步骤是将眼动轨迹表示成一系列具有意义的符号，这个过程即为眼动编码。眼动编码的概念是 Cristino 等 (2010) 在字符串编码方法的基础上提出来的，基本原理是对兴趣区域的划分和编码，形成眼动轨迹字符串。编码方式主要包含位置编码、网格编码和兴趣区编码等编码方式。

位置编码是基于屏幕坐标的编码方式，即用实际坐标的数值大小表示该注视点的含义。位置编码是最简单的编码方式，因为无须结合刺激材料。此外，通过位置编码可以间接获得角度编码、眼跳编码等编码方式。由于眼动仪的精度，以及人类视觉观察到同一个点的概率问题，如果直接使用图像坐标编码的方式会受限。但是没有考虑语义信息，特别是对于动态的实验材料，如视频和动图，其相同位置在不同时间所包含的视觉信息是变化的。因此，很少有研究会直接使用位置编码。但不可否认位置编码有编码方式简单、不需要额外处理实验材料的优点。

网格编码将区域按照标准的网格划分为相同大小的不同编码区域，如果某个注视点落入一个网格内，则该注视点被编码成该网格的编号(图 3-19)。网格编码本质上也属于位置编码，其编码方式也不考虑实验材料的语义信息。与位置编码不同的是，网格编码克服了位置编码中受限于仪器精度和实验误差的问题。但网格编码也有问题产生，如不同的分辨率造成编码结果不同可能导致结果的不一致。网格编码主要用于分析用户的读图习惯，如从左到右和从上到下等。

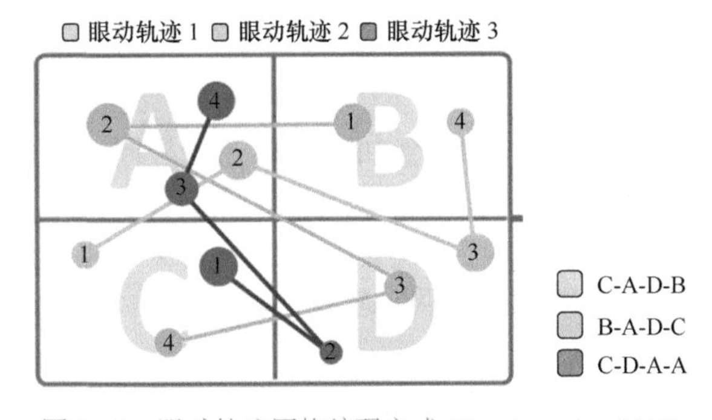

图 3-19 眼动轨迹网格编码方式 (Burch et al.，2018)

兴趣区编码将区域分成多个兴趣区，每个兴趣区是不同的类别。在行人导航寻路实验中，可以将兴趣区划分为不同的物体，如路牌、道路、建筑、文字信息、地图等。兴趣区之间可以相互重叠和嵌套。当眼动实验材料为地图的时候，这些兴趣区可以是地图中的一些特别的部分，可以是一些标志，如地铁站、公交站等。对地图学研究来说，使用兴趣区编码对研究地图交互更加有意义。

此外还有其他的编码方式，如眼跳角度编码、眼跳距离编码和注视时长编码、眼动行为编码等。眼跳角度编码是通过对每一个连续的扫射进行编码，此编码可以用于路径方向比较。方向可以用绝对角度或是相对于当前的运动方向表示。眼跳距离编码是将定点之间的距离作为编码方式，这样就可能找到较短扫视距离的区域。注视时长编码，较长的固定时间可能表明刺激的复杂性或观察者的混乱性；固定时间较长的扫描路径可能表明界面有问题。眼动行为编码用于定义用户的各种视觉行为 (Netzel et al.，2017)，并用不同的字母表示，眼动轨迹则表征为一系列连贯的视觉行为(表 3-5)。

表 3-5 视觉行为及其编码

行为编码字母	行为内容
J	被试的视觉注意转移
NJ	被试注意转移或者注视到空白区域
JD	被试注意试图跟随线条，但是注视点偏移线条
JF	被试注意跟随线条，但注视点之间有很大距离
F	被试注意跟随线条
T	被试注意力在线条之间转换
FTR	被试注意力跟随线条或者在线条之间转换
FTU	注视跟随线条以及转换方向
N	被试注视空白的地图区域
S	被试注视起点
E	被试注视终点
FILA	被试的注视轨迹终点

3.6.2 眼动轨迹比较

眼动轨迹的比较是检测眼动轨迹之间的异同，这种异同进而可以解释不同的任务表现。眼动轨迹的相似性检测弥补了眼动轨迹图无法表征多个眼动视觉特征的限制。而检测轨迹之间的差异性则可以检测眼动模式的异常行为，也有助于讨论视觉搜索策略对任务完成的影响。许多文献都对眼动轨迹比较进行了系统介绍 (Anderson et al., 2015)。

列文斯坦距离是一个经典的序列差异性度量算法 (Levenshtein，1965)。该算法将一个轨迹编码转换成另一个轨迹编码的步骤次数和类型来表示两个轨迹之间的差异性。该算法需要创建替代成本矩阵，即描述从一个字符转换到另一个字符需要付出的成本和代价，如果两个字符所代表的实际区域意义相似，则替代成本较小，反之，替代成本会增大。该算法面临的一个主要问题是替代成本的确定，因为不同的替代成本会造成结果的不一致，甚至会导致相反的结论。同时这种编码距离的方法没有考虑注视时长。然而这个指标是非常有意义的，如更长的注视可能表示提取信息的难度更大。

与列文斯坦距离类似的还有 Needleman-Wunsch 距离 (Needleman and Wunsch 1970)，该方法借鉴了生物信息领域和字符串领域的方法。列文斯坦距离已经运用在多个地图学认知领域。该方法适用于全局的序列比对，且该方法的时间复杂度低，而且占用内存少。因此这种方法适用于当用户快速地和地图进行交互，而且不断地调整时间和空间的粒度等特征的情况。

最长公共子序列 (longest common scanpath) 是寻找两个轨迹的最长公共子序列的问题，也可以看作衡量两个轨迹的相似性问题 (Maier，1978)。Yesilada 等的研究是最长公共子序列应用在眼动实验中的一个例子，运用眼动轨迹的最长公共子序列表征两个轨迹所拥有的一段相似片段。对该序列的提取有助于分析用户的相似行为模式。

最短公共超序列 (shortest common supersequence) 是指两个或多个公共超序列中最短的一个，所有已有的序列都是该序列的子序列。最短公共超序列算法有很多种，大部分基于动态规划算法。最短公共超序列的计算是找出潜在的共同序列。但是在计算过程中会出现许多问题，如最短公共超序列太长导致的规律不明显。眼动轨迹的最短公共超序列分析不是针对两个眼动轨迹序列的对比，而是旨在找出多个眼动序列的共同模式。

3.6.3　眼动轨迹聚类方法

轨迹的分类是另一个重要研究问题。眼动轨迹聚类方法通常用于多个眼动轨迹的分析，单纯地比较两个轨迹或者是计算轨迹之间的距离得到距离矩阵的可视化没办法研究轨迹的分组信息。因此需要引入聚类的方法进行多轨迹分析 (Eisen et al.，1998)。常用的方法是点阵算法。为了聚类多个眼动轨迹，两个最相似的眼动轨迹通过点阵方法被选择出来，对两个选择出的轨迹进行合并。合并后的眼动轨迹加入到轨迹集合中，而这两个轨迹则被移除出轨迹的集合。这个过程一直被重复，直到只剩下一条眼动轨迹。这条轨迹就是公共轨迹 (common scanpath)。有两种方式可以合并两个序列：①通过使用 Dotplots 算法识别两个类似的共享扫描路径；②直接将其中一个分配到合并的轨迹。

层次聚类法是眼动轨迹聚类分析中另一种最常用的方法。层次聚类法先计算轨迹之间的距离，每次将距离最近的两个轨迹合并到同一类。然后再计算类与类之间的距离，将聚类最近的类合并为一大类，这个过程一直重复，直到合并成一个类。图 3-20 显示了一个轨迹聚类的例子，轨迹相似度可以通过多个指标计算得出，如路径的转换 [图 3-20(a)]、注视点持续时间 [图 3-20(b)]、眼跳长度 [图 3-20(c)] 和完成时间 [图 3-20(d)]。通过轨迹之间的两两比较，得到相似度矩阵。在此基础上，使用层次聚类法对所有的轨迹进行聚类，从而找到具有相同模式的眼动轨迹。

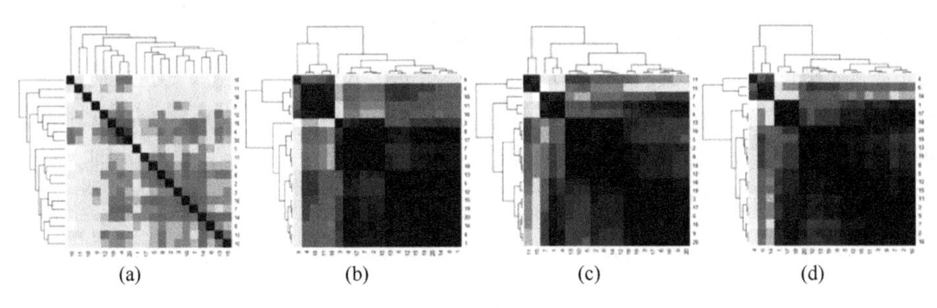

图 3-20　眼动轨迹层次聚类 (Kumar et al.，2016)

3.7 眼动数据分析的挑战

3.7.1 眼动数据处理

眼动数据长期以来一直被用于推断感知、认知过程，其中，在大部分眼动文献中重点讨论的是注视和扫视。但是，不同的研究领域对注视和扫视的定义有所差别，来自不同领域的眼动研究人员阅读和讨论彼此的工作时，有可能会对讨论的眼动概念产生误解。造成这种差异的原因有 3 个：①参考系不同；②注视和扫视的功能与计算定义不同；③眼动仪采集信号的事件分类方式不同。在地图学空间认知相关领域，可能会出现既涉及对静止图片的注视，同时又包括增强现实或虚拟现实中的眼球跟踪的情况。研究人员需要明确定义所研究的眼动的所有相关组成部分，以确保“注视”或“扫视”事件适用于整个研究范围。

此外，AOI 的划分与定义能更好地了解被试对各类刺激的认知过程。然而，在很多情况下，AOI 依然需要手动划分，未来的研究需要更自动化的分析。研究者需要更为完善的 AOI 划分方法，既能对 AOI 进行自动划分，同时也不依赖于特定的眼动仪，以满足研究人员在各种实验场景下的具体需求。

3.7.2 眼动数据可视化

数据可视化的本质是将原本复杂、庞大的数据集以某种符合人类视觉认知习惯的表达模型加以抽象，以便人类从特定的视角挖掘数据集中隐含的重要信息。眼动数据可视化同样也不例外，为了有效地表达眼动数据的时间、空间和语义信息，还原被试视觉行为模式和认知规律，必然需要对数据有选择性地强调与省略。这导致了眼动数据可视化本身必然存在如维度、尺度、视觉变量等方面难以平衡的矛盾，同时也带来难以估量的认知不确定性。良好的可视化方式应该尽量平衡数据表达层面的矛盾，减少不确定性带来的视觉认知误差。对于地图学眼动数据可视化，应当回归被试的视觉认知行为本身，挖掘被试的视觉认知行为模式，从地图学视觉认知规律层面揭示眼动数据本身固有的不确定性，进而针对眼动数据不确定性的特点完善眼动数据可视化方法。为此，需要针对不同地图认知任务、环境、被试群体等变量，分析其对地图学空间认知眼动数据可视化的影响机制；针对眼动数据及其可视化方法开展进一步的不确定性研究；依据眼动数据不确定性的特点，完善眼动数据可视化设计准则，建立标准的眼动数据可视分析方法体系。

3.7.3 眼动轨迹分析

对于地图学空间认知眼动实验来说，眼动轨迹分析的基础是按照合适的方法划分 AOI，确定编码方式是轨迹分析的重要前提。结合实验任务，确定轨迹分析方法是关键步骤。目前在眼动数据分析方法上仍然有一些不确定性，首先是编码方式的选择。目前很少有研究比较不同编码方式之间的效果，而且对于同一种编码，编码的变量选取对结果有显著影响，例如，在进行网格编码时，分辨率，即网格尺寸的选取，可能会影响眼动轨迹的比较结果和眼动轨迹聚类结果。此外，眼动轨迹聚类算法的扩展性差，当眼动轨迹的长度太大或者注视点数量太多的时候，常规眼动轨迹比较算法会出现问题，包括计算消耗的时间会比较长，得到的结果不准确。另外，受某些外部干扰因素影响，眼动轨迹会出现异常，如偏离正常的可视范围。如何定位这些异常情况以及处理异常也是眼动轨迹分析的挑战之一。

3.8　小　结

本章全面介绍了地图学空间认知实验数据分析方法。首先，3.1 节从采集到的数据处理出发，结合案例介绍了眼动数据的常规处理步骤，并在 3.2 节着重介绍了注视点的空间校正与语义标注。在本章中，我们将眼动数据处理方法分为定性和定量两类。眼动数据可视化是定性分析的主要方式。3.3 节按照可视的时空维度，进一步将眼动数据可视化分为时间序列可视化、空间序列可视化和时空序列可视化，并分别介绍了其适用性。眼动数据定量分析由眼动指标统计检验和眼动轨迹分析两部分组成。3.4 节归纳了眼动实验数据常用的指标，并在 3.5 节总结了指标的统计分析方法，然后在 3.6 节对轨迹分析进行了描述，阐述各种方法的优缺点，最后在 3.7 节提出了眼动数据分析面临的挑战。

第 4 章　地图空间认知行为模式挖掘方法

考虑下面两个问题。

问题 1：行人导航的用户任务推测 [图 4-1(a)]。文献表明，在人类的众多行为中，眼动是直接、清楚地体现认知状态和意图的行为之一 (Anagnostopoulos et al.，2017)。用户在进行地图阅读和场景感知时的视觉注意受到高级 (自上而下) 因素的影响，如用户任务、专业知识等 (Henderson，2003；Wolfe et al.，2003)。不同的用户任务会产生不同的眼动行为模式 (Yarbus，1967)。如果把这个过程反过来，是否可以通过眼动行为来推测用户正在进行的任务呢？

问题 2：驾驶场景的视觉显著性预测 [图 4-1(b)]。据统计，在所有的交通事故中，由于驾驶员疏于观察、注意力分散造成的事故占总交通事故中的很大比例 (Beanland et al.，2013)。在驾驶过程中，驾驶员主要通过视觉进行信息检索和提取，为驾驶员作出合理决策提供支持。视觉是驾驶过程中获取地理场景信息的主要方式，驾驶环境中地理场景的视觉显著区域的提取是保障驾驶安全的关键步骤。那么如何实现实时提取驾驶环境中的视觉显著区域呢？

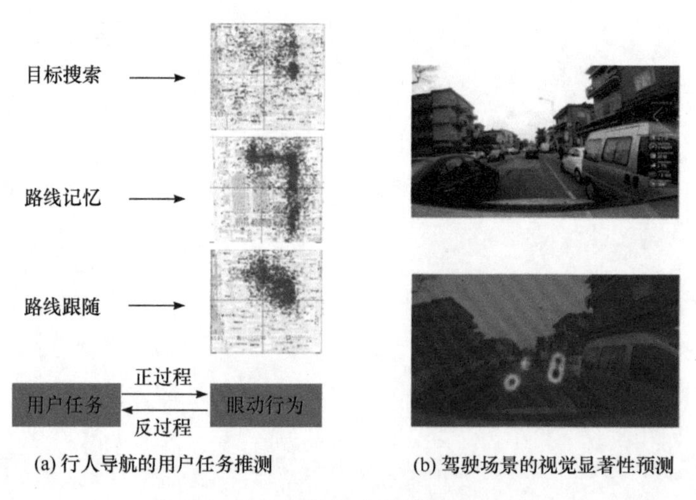

图 4-1　认知行为模式挖掘的两个问题

本章将从数据驱动的角度出发，阐述使用机器学习解决上述两个问题及类似问题的方法。

4.1　从理论驱动到数据驱动

4.1.1　自上而下与自下而上的方法

在目前的地图学眼动研究中，眼动行为模式分析方法大体上有两个：心理学实验驱动方法和数据驱动方法，如图 4-2 所示。

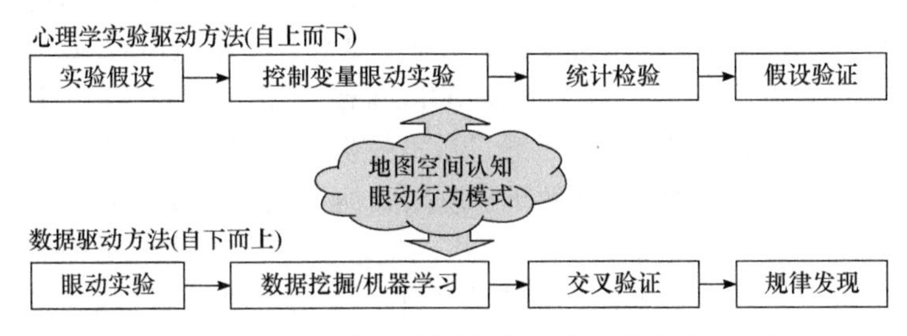

图 4-2　行人地图导航眼动行为模式分析的两个方法

地图学眼动研究根植于心理学 (MacEachren，1995)，一方面能够为心理学的视觉空间感知和认知领域贡献知识，另一方面又借鉴心理学的理论框架和控制实验方法 (Montello，2002)。如第 3 章所述，传统的心理学实验的研究思路是：通过理论推导提出实验假设，然后设计严格 (并且巧妙) 的实验来控制变量，最后通过对结果的统计检验来验证假设。本书把这种基于心理学控制实验方法的研究称为“自上而下”的方法。这种思路最大的优点是通过严谨的逻辑推导出因果关系，长久以来成为认知研究的标准范式。总结来说，自上而下的方法的核心在于控制变量，目的在于通过严格的控制实验和假设检验方法得到可归纳、可复现的实验结果，优点在于可以推导出因果关系，因此对于被试人数、实验条件、实验环境、实验流程等要求严格。

但是传统的控制实验方法仍然存在以下 3 个不足 (Feng，2003)：第一是统计推断的方向，即传统控制实验通过操作某些认知过程能够发现眼动数据会出现什么样的差异，而反过来不行，即不能通过眼动模式来区分不同的认知过程。第二是关于数据分析，即传统控制实验只通过少量几个统计指标 (如注视时长) 的显著性来描述眼动数据，而不能对眼动模式进行系统全面的概括。由此可知，传统的理论驱动型研究思路不能满足对认知机理进行定量化、模型化应用的需求。第三是在将心理学概念和方法引入到地图学中时也存在一些问题。例如，在大多数心理学实验中，为了使实验最大限度地可控以建立因果关系，实验所使用的刺激材料进行了大幅度的简化 (Franke and Schweikart，2017；Lin et al.，2012；Wiener et al.，2012)。但是地图学的用户研究通常需要对完整的、真实的地图设计进行评价，以此来提高实验的生态效度 (Montello and Sutton，2012)。因为传统的控制实验追求的是可归纳的、可复现的实验结果 (Roth et al.，2017a)，所以在应用于真实环境下的地图学实验时就会遇到很大的困难。例如，Liao 等 (2019a) 通过对比一个控制变量的地图阅读实验和一个真实地图阅读实验的眼动指标发现注视时长和注视频率在两个实验中的变化规律是相反的。这个结果生动地说明了在地图阅读这个任务中，严格控制变量实验与真实情况存在的显著差异。

与自上而下的思路相对应的，是以数据为驱动的自下而上的方法，此方法近几年随着地理时空大数据研究的发展而受到广泛关注 (Li et al.，2016)。尽管目前对于大数据的定义还不一致，但是一般具备“4V”特征：即大数据量 (volume)、高速度 (velocity)、多样性 (variety) 和价值性 (value)(Laney，2014)。基于大数据的研究已经深入各个领域，如人类移动模式 (Brockmann et al.，2006；Gonzalez et al.，2008；Song et al.，2010；刘瑜等，2014)、人类动力学 (Shaw et al.，2016；Yuan，2018)、社交网络数据挖掘 (Gao et al.，2013；Liu et al.，2014)、城市规划与智慧城市 (Batty，2013；Zheng et al.，2014；李德仁等，2014)、疾病预测 (Ginsberg et al.，2009) 等。其研究思路是首先通过多种传感器收集大量数据，然后通过数据挖掘和机器学习方法探求其内在关联，并进行知识发现。宋长青 (2016) 将这种研究思路归纳为地理大数据研究范式 (第四范式，前三个范式依次是：地理经验科学研究范式、地理实证科学研究范式和地理系统科学研究范式)，但同时指出“大数据的产生带有‘自发性’，并非针对理解地理事实而设计，数据本身与地理事实相去甚远”并总结到“尽管大数据在地理学界‘炒’得如火如荼，但是作为一个全新的科学范式，其本体特征尚未达成广泛共识”。程昌秀等 (2018) 将其称为“数据密集型地学发现”研究范式，认为地理大数据可以为地理复杂性研究提供新的机遇。

在地图学中，基于地理空间大数据的地图制图研究机遇与挑战也已经在 2015 年国际制图协会会议“展望地图学研究的未来”(Envisioning the Future of Cartographic Research) 上列入地图学未来的研究议程中 (Griffin et al.，2017；Robinson et al.，2017)。与地理大数据不同，眼动数据只能满足“4V”特征中的两个“V”，即高速度 (眼动数据更新速度极快，为毫秒级) 和价值性 (每一个眼动都是自底向上和自顶向下因子的双重驱动的结果)，因而不一定称为“大数据”，但是数据驱动的研究思路在眼动研究中可以借鉴。

目前在国际上已有根特大学、苏黎世大学、苏黎世联邦理工大学等机构开始开展相关的研究。在国内北京师范大学、信息工程大学、武汉大学、南京师范大学和湖南师范大学等机构也开始了相关的研究。这些研究集中在眼动地图交互、眼动数据挖掘和用户行为预测等方面。数据驱动的眼动研究是当前地图学眼动与视觉认知研究的一个趋势，但是与地理大数据的研究一样，还缺乏系统性、广泛认同的研究方法。地图视觉认知的数据驱动方法亟待进一步的探索。

4.1.2 两种方法框架的内在一致性

本书提出的心理学实验驱动方法 (自上而下) 和数据驱动方法 (自下而上) 虽然在思路上表现不同，但是这两者具有内在一致性，即都是探讨不同的组别是否具有其固有的眼动行为模式，体现在它们是否与某些眼动特征存在显著关联，从而使得不同的组别之间存在显著差异，这种差异既可以通过自上而下的统计检验体现出来，也可以通过自下而上的分类器区分开来。

本书提出结合这两种思路探索地图空间认知规律，原因包括 3 个方面：第一，已有的理论驱动的研究大量地借鉴了实验心理学的研究方法，已经取得了很多的研究成果，在揭示因果关系方面具有优势，因此自上而下的研究思路对于地图空间认知眼动研究具有重要的借鉴和指导意义。第二，在很多情况下，地图学空间认知实验由于其复杂性和不可控性，本身就难以满足传统实验的严格控制变量的要求。第三，基于眼动的实际应用需要直接利用眼动数据进行建模，因此从数据驱动出发能更方便、直接地解决应用问题。总之，结合自上而下和自下而上两种思路可以充分利用它们的优势来服务于地图学空间认知的眼动研究。

4.1.3　数据驱动的方法框架

数据驱动的方法是自下而上的思路，即从眼动数据出发，通过提取眼动特征、使用机器学习方法进行训练和分类，最后总结规律。使用机器学习方法把同一变量不同水平之间的统计对比问题转化为分类问题，其本质仍然是探求变量的不同水平之间与眼动行为模式之间是否存在显著的关联。如图 4-3 所示，数据驱动的方法框架通常包括五个方面：眼动数据收集、眼动数据预处理、眼动特征提取、训练与交叉验证、结果分析。因为眼动数据收集方法已在第 2 章中详细阐述，所以本章着重阐述框架的后四个方面。

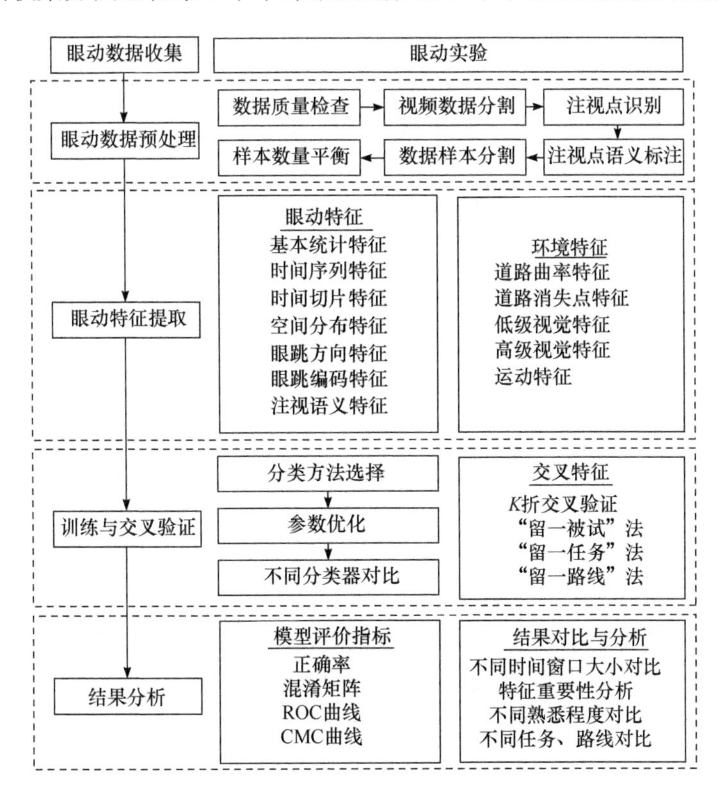

图 4-3　地图眼动行为模式研究的数据驱动方法框架

4.2 数据预处理

数据预处理的一部分工作(数据质量检查、视频数据分割和注视点识别)已经在3.1节和3.2节中详细说明,本章不再赘述。以下着重阐述数据预处理中的3个重要问题:缺失值与异常值处理、数据样本分割、样本数量平衡。

4.2.1 缺失值与异常值处理

数据缺失是数据预处理中的常见问题,有很多原因都可能造成数据缺失,如有些信息暂时无法获取,或因为人为因素而丢失。例如,在实验中有被试中途放弃,导致后续的数据缺失。数据缺失还有可能是因为被试眼动定标不准、中途眼动仪(尤其是眼镜式眼动仪)位置发生了变化、被试的视线超出了眼动仪追踪范围以及其他的偶然因素。缺失值的存在使得系统丢失了大量有用信息,增加了分类模型的不确定性和不稳定性。包含缺失值的数据会使分类模型出错,导致不可靠的输出。

常用的缺失值处理方法包括以下几种。

1) 删除样本/记录

将存在缺失值的样本或记录删除是最简单的方法,这种方法可以得到一个完备的数据表,代价是丢弃了大量隐藏在这些记录中的信息。但这种方法仅在以下情况适用:某条记录存在多个属性缺失值、含缺失值的记录在数据表中所占比例非常小。在数据量较小(被试个数较少)的情况下使用这种方法可能导致数据发生偏离。

2) 填充缺失值

基于统计学原理用一定的值去填充缺失值,从而使数据表完备。常见的填充缺失值的方法有以下几种。

(1) 人工补充。人工方法检查每一个缺失值,设法补充为正确的数据。这种方法产生的数据偏离最小、填充效果最好,但显然不适用于数据量很大、缺失值很多的情况。

(2) 平均值/中值填充。如果缺失值是数值属性,则使用该属性中其他所有数值的平均值/中值来填充该缺失值。如果缺失值是非数值属性,则根据统计学中的众数原理,用该属性在其他所有对象中出现频率最高的值来补齐该缺失的属性值。

(3) 就近补齐。对于一个包含缺失值的对象,在所有数据中找到一个与它最相似的,或在时间、空间上相邻的对象,然后用这个相似/相邻对象的值来填充缺失值。不同的问题对“相邻”的判定方法不一样。

(4) k近邻法。该方法是就近补齐法的扩展,不同之处在于就近补齐法是根据一个“相邻”对象来填充缺失值,k近邻法是根据k个“相邻”对象来填充缺失值。先根据欧氏距离或相关分析来确定距离具有缺失数据样本最近的k个样本,将这k个值加权平均来估计该样本的缺失值。

(5) 回归方程估计。使用完整数据集建立回归方程，将包含缺失值的对象的已知属性值代入回归方程来估计缺失值并进行填充。

(6) 期望值最大化(expectation maximization，EM)方法。假设缺失值的出现是随机的，通过观测数据的边际分布可以对未知参数进行极大似然估计。这种方法适用于大样本，足够多的有效样本数量可以保证估计值是渐近无偏的并服从正态分布。但是这种方法可能会陷入局部极值，收敛速度较慢，并且计算复杂。

3) 不处理

不处理缺失值，某些机器学习方法可以直接处理包含缺失值的数据，如贝叶斯网络和人工神经网络等。

4) 判定异常值

异常值，又称离群点，即数据集中存在的不合理值。判定异常值常用的一种方法是运用经验和专家知识对属性值设定一个合理区间，然后查看哪些值是不合理的 (范围以外的值)；另一种方法是运用“3δ 原则”。若数据服从正态分布，则距离平均值 3δ 之外样本的概率为 $P(|x-\mu|>3\delta)\leqslant 0.003$，这属于极小概率事件 (图 4-4)，可以认定距离超过平均值 3δ 的样本是不存在的。因此，当样本距离平均值大于 3δ 时，认为该样本为异常值。当数据不服从正态分布时，可以通过远离平均距离的标准差倍数来判定，倍数的取值需要根据经验和实际情况来确定。

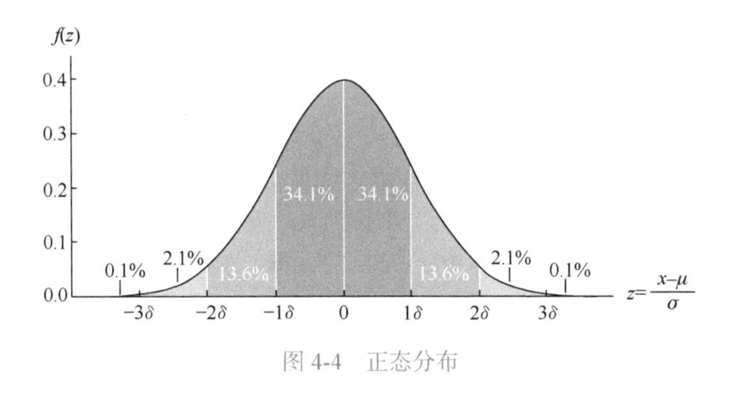

图 4-4　正态分布

判定异常值以后，将异常值当作缺失值便可以使用上述处理缺失值的方法来处理异常值。

4.2.2　数据样本分割

数据样本分割是指将一条记录分割成几个 (时间等长的) 部分，这些分割后的部分将作为相互独立的样本参与机器学习。进行数据样本分割的原因可能有以下几种。

(1) 在不限制完成时间的地图学眼动实验中，不同被试完成任务所用时间不一样，而机器学习方法要求数据样本等长。一种简单的处理办法是取最短的时间长度，而把其他记录中超过这个长度的数据剔除 (截尾法)，但是这种方法可能会丢弃掉一些有用的信息。另一种方法是将时间短的记录补齐末尾数据使之与时间长的记录等长 (补尾法)，但这种方法只适用于时长差别不太大的记录。

(2) 由于眼动实验的被试数量较少，机器学习的样本量过少，通过数据样本分割可以增加样本数量。

因此本节使用滑动窗口对数据进行分割，以最大化利用眼动实验采集到的数据。滑动窗口是一种常见的对数据进行分割的方法 (Bednarik et al.，2013；Bulling et al.，2011；Steil and Bulling，2015)。分割时，使用一个滑动窗口对每个眼动数据进行扫描，每一个窗口内的数据作为一个独立的样本。有以下两种分割方法 (图 4-5)。

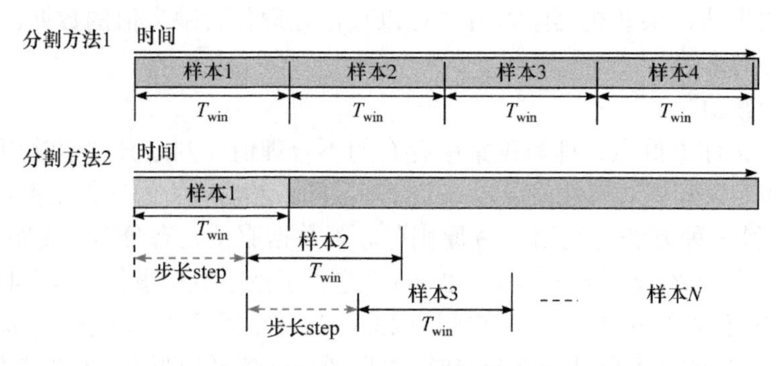

图 4-5　使用滑动窗口对眼动数据进行分割

第一种：将记录进行等间距分割，每个分割后的样本等长且互不重叠。例如，将一条 100 s 的记录进行等间距分割，时间窗口大小 (time window size，T_{win}) 为 10 s，则该条记录被分割成 10 个互不重叠的样本。

第二种：引入滑动窗口的第二个参数——步长 (T_{step})，即滑动窗口每次往向移动的距离。当步长小于窗口大小时，相邻的样本之间就会产生部分重叠。例如，将一条 20 s 的记录进行分割，假设窗口大小为 10s，步长为 5s，则该条记录将被分割成 3 个样本，分别是时长为 0 ～ 10s、5 ～ 15s 和 10 ～ 20s 的数据。实质上，第一种分割方法是第二种方法在 $T_{step} = T_{win}$ 下的特例。

如何确定最佳时间窗口大小和步长？通常使用穷举的方法来判断。例如，在上述用户任务推测的问题中，假设时间窗口大小 T_{win} 变化范围为 [1,20]，步长 T_{step} 变化范围为 [1,10]，两者可以产生 $20 \times 10 = 200$ 种组合。对每个窗口大小和步长的组合情况进行分类和交叉验证，得到的分类正确率如图 4-6 所示。从图中可以看出：在本例中，正确率随着窗口的增大而增大，但是不同的步长对结果的影响较小，但是当 $T_{step} = 4$ s 时能最早地达到最高正确率，因此步长 4s 是一个较为合理的选择。

4.2.3 样本数量平衡

如果不同记录的时长不等，则可能导致不同类别间的样本数量极不均衡，即类别间样本数量的不平衡问题 (Chawla et al.，2004)。通常情况下把样本类别比例超过 100 ：1 甚至达到 10000 ：1 的数据称为不平衡数据 (He and Garcia，2009)。例如，在

步长/s \ 时间窗口大小/s	1	2	3	4	5	6	7	8	9	10	11	12	13	14	15	16	17	18	19	20
1	0.43	0.49	0.52	0.54	0.56	0.56	0.57	0.57	0.57	0.58	0.60	0.60	0.61	0.62	0.62	0.62	0.62	0.62	0.61	0.61
2	0.43	0.48	0.52	0.53	0.55	0.56	0.57	0.58	0.57	0.59	0.60	0.60	0.60	0.61	0.63	0.63	0.63	0.61	0.63	0.62
3	0.43	0.49	0.53	0.55	0.56	0.57	0.57	0.58	0.57	0.58	0.59	0.59	0.60	0.62	0.63	0.61	0.62	0.62	0.62	0.61
4	0.46	0.50	0.54	0.55	0.57	0.57	0.59	0.58	0.60	0.60	0.62	0.61	0.60	0.61	0.61	0.62	0.67	0.65	0.66	0.66
5	0.42	0.50	0.52	0.54	0.54	0.54	0.54	0.60	0.58	0.59	0.59	0.58	0.61	0.62	0.63	0.62	0.64	0.63	0.65	0.66
6	0.44	0.49	0.52	0.55	0.56	0.56	0.59	0.61	0.60	0.59	0.59	0.60	0.61	0.62	0.62	0.62	0.62	0.62	0.67	0.65
7	0.44	0.49	0.53	0.55	0.57	0.58	0.58	0.59	0.60	0.59	0.59	0.60	0.62	0.60	0.61	0.61	0.61	0.63	0.66	0.63
8	0.44	0.49	0.54	0.57	0.58	0.58	0.61	0.60	0.58	0.59	0.59	0.61	0.62	0.61	0.61	0.61	0.63	0.62	0.67	0.63
9	0.46	0.50	0.54	0.57	0.60	0.60	0.61	0.61	0.60	0.59	0.59	0.61	0.61	0.63	0.63	0.62	0.64	0.62	0.63	0.67
10	0.43	0.51	0.55	0.57	0.59	0.59	0.61	0.61	0.63	0.61	0.60	0.60	0.60	0.61	0.61	0.62	0.66	0.66	0.64	0.64

图 4-6 不同步长和时间窗口大小分类正确率

4.1 节中提到的行人导航用户任务推测问题中，被试需要完成多个用户任务，其中包括一个地图目标搜索任务 (在地图上搜索一个指定目标) 和一个路线跟随任务 (沿着地图上预先定义的路线从起点走到终点)(Liao et al.，2019a)。被试完成地图目标搜索任务的平均用时为 11.5s，完成路线跟随任务的平均用时为 361.5s。若使用 10s 的时间窗口对数据进行等间隔分割，则地图目标搜索任务仅能产生一个样本，而路线跟随任务则会产生 36 个样本。这样两个任务类别的样本数量比例就为 36 ∶ 1，说明类别间的样本数量不均衡。

在机器学习中，类别间样本数量的不平衡会使分类模型产生严重的偏向性 (偏向多样本数量的类别)，因为分类器学习到的特征偏向于有多数样本的类别，从而无法识别出那些只有少数样本的类别。例如，在上述用户任务推测问题中，假设分类模型需要推测一个眼动样本属于地图目标搜索或路线跟随 (二分类)，那么分类模型只需要把所有样本预测成用户路线跟随任务，就能达到 36/37 = 97.3% 的分类正确率，显然是不可取的。

处理样本不平衡问题有以下几种方法 (Brownlee，2015；He and Garcia，2009)。

(1) 增加数据。如果现有数据集样本量较小，考虑是否可能再增加数据，尤其是小类样本数据。虽然这要求再做实验，增加被试数量或任务数量，但机器学习主要依赖于数据，更多的数据往往能够得到更好的效果。当然实验者要在再做实验所需的投入与取得的数据量之间进行取舍。

(2) 数据集重采样。通过对数据集进行重采样 (re-sampling) 来实现数据平衡。最简单的重采样方法就是随机过采样 (random over-sampling) 和随机欠采样 (random under-sampling)，前者随机重复一些少数类别的样本，后者随机删除一些多数类别的样本 (Chawla et al.，2004)。采样以后不同类别的样本数量比例不一定要是 1 ∶ 1，因为 1 ∶ 1 可能不符合实际情况。可以同时考虑过采样与欠采样，也可以考虑随机采样和非随机采样。注意，使用简单复制样本的方法增加的样本数量不宜过多，否则容易产生模型过拟合的问题。

在 4.1 节中提到的行人导航用户任务推测问题中，可以考虑欠采样来平衡类别间样本数量：将每一个任务中的样本按时间先后排序，找到地图目标搜索任务的样本数 N，在路线跟随任务中取前 N 个样本，由此保证两个类别中的样本数量是相等的。按时间

排序并取前 N 的样本的原因有两个：一是前几秒的眼动数据包含了用户任务最关键的信息 (Boisvert and Bruce，2016；Borji and Itti，2014)；二是从实际应用的角度，越早识别出用户任务越好。

(3) 人工构造数据。属性随机采样是一种简单的人工构造数据的方法：在所有样本每个属性特征的取值空间中随机选取一个组成新的样本。注意这与前面提到的随机过采样不同：随机过采样产生的是已有样本的副本，而本方法是随机选取属性值组成新的样本。

SMOTE(synthetic minority over-sampling technique) 是一种广泛应用的、系统地构造人工数据样本的方法，是随机过采样算法的一种改进方案 (Chawla et al.，2002)。SMOTE 算法对少数类样本进行分析并根据少数类样本人工构造新样本添加到数据集中，即构造新的小类样本而不是产生小类中已有的样本的副本。其算法基本流程如下：①对于少数类中每一个样本，计算它到少数类样本集中所有样本的距离，得到其 k 阶近邻。②根据样本不平衡比例设置一个采样比例以确定采样倍率 N，对于每一个少数类样本，从其 k 近邻中随机选择若干个样本。③对于每一个随机选出的近邻，计算它与少数类的样本之间的距离差异，将该距离差异乘以一个 [0, 1] 的随机数，最后加上原来少数类样本的特征向量，得到一个新的样本：

$$x_{\text{new}} = x_i + \left(\widehat{x_i} - x_i\right) \times \delta \tag{4-1}$$

其中，x_i 表示小类中的一个样本；$\widehat{x_i}$ 表示 x_i 的位于小类集合中的 k 近邻之一；δ 表示一个 [0, 1] 的随机数。

(4) 对不均衡样本使用健壮的分类方法。决策树是一种基于规则划分的分类算法，因此可以强制地将不同类别的样本分开，在类别不均衡数据上有较好的效果。目前流行的决策树算法有：C4.5、C5.0、CART 和随机森林 (random forest) 等。

(5) 对小类错分进行加权惩罚。对分类器的小类样本数据增加权值，降低大类样本的权值，从而使得分类器将重点集中在小类样本身上。一个具体做法就是，在训练分类器时，若分类器将小类样本分错时额外增加分类器一个小类样本分错代价，这个额外的代价可以使得分类器更加“关心”小类样本，如 penalized-SVM 和 penalized-LDA 算法。

(6) 转换问题。把分类问题转换为其他问题。例如，把小类样本作为异常值，那么包含小类样本的分类问题便可以转化为异常点检测 (anomaly detection) 与变化趋势检测 (change detection) 问题。这种思路的转变可以促使尝试使用新的方法解决问题。

4.3 特征提取

特征提取是数据驱动方法的一个关键环节，本质是对用户眼动行为、环境进行定量化描述。眼动特征和环境特征多种多样，以下介绍常见的几种眼动特征和环境特征。

4.3.1　眼动特征

1) 基本统计特征

基本统计特征是基于注视点、眼跳、眨眼和瞳孔的眼动指标，如注视时长、注视频率、眼跳幅度、眨眼时长、瞳孔大小等，这些指标是眼动研究中常用的分析指标 (Dong et al., 2014b; Goldberg and Kotval, 1999; Liao et al., 2019b; Ooms et al., 2012)。在统计分析中，通常比较眼动指标的均值。在机器学习中，除了均值以外，还可以将眼动指标的其他统计量作为眼动特征，包括中值、标准差、最大值、最小值、四分位数、偏度等，具体如表 4-1 所示。

表 4-1　常见眼动基本统计特征

类别	指标名称	英文名称	指标单位	统计量
注视	注视频率	fixation frequency	个 /s	—
	注视点持续时长	fixation duration	ms	中值、均值、标准差、最大值、最小值、偏度、1/4 分位数、3/4 分位数
	注视点离散度	fixation dispersion	像素 (px)	
眼跳	眼跳频率 眼跳总长度 眼跳凸包范围	saccade frequency scanpath length scanpath convex hull area	次 /s px px	—
	眼跳时长 眼跳幅度 眼跳速度 眼跳速度峰值 眼跳潜伏时长 眼跳加速度	saccade duration saccade amplitude saccade velocity saccade velocity peak saccade latency saccade acceleration	ms ° °/s °/s ms $°/s^2$	中值、均值、标准差、最大值、最小值、偏度、1/4 分位数、3/4 分位数
眨眼	眨眼频率	blink frequency	次 /s	—
	眨眼时长	blink duration	ms	中值、均值、标准差、最大值、最小值、偏度、1/4 分位数、3/4 分位数
瞳孔	瞳孔直径	pupil diameter	mm	中值、均值、标准差、最大值、最小值、偏度、1/4 分位数、3/4 分位数

2) 时间切片特征

时间切片特征是上述基本眼动指标在时间上的分段统计，用于刻画眼动行为的时间变化特征。该特征与分段时长 (T_{bin}) 有关。假设一条眼动记录时长为 10s，分段时长为 2s，则首先将眼动数据分割为 2s 的片段 (总共 5 个小段)，然后计算每一小段内的基本眼动指标的统计量。

3) 时间序列特征

如果将眼动轨迹看作是时间序列信号，那么可以使用信号处理领域的多种方法来提取眼动的时间序列特征。例如，不同滞后的自相关系数、自回归系数、样本熵、近似熵、分组熵、小波分析系数、傅里叶变换系数和谱统计量(光谱质心、峰度、偏度等值)、基于确定动力学模型 Langevin 拟合的多项式系数等。

4) 注视空间分布特征

运用二维高斯核卷积 (Silverman，1988) 将注视点空间分布转化成连续表面密度数据，高斯卷积的标准差与 1° 的视角(约 27px) 相对应，最后重采样到固定栅格大小，得到粗粒度的注视空间分布特征，过程如图 4-7 所示。最后将二维栅格转化为一维的特征向量。需要注意的是，当实验材料为动态刺激或真实环境时，这里的注视点是未经空间校正的注视点。可以使用第 3 章所述的方法对注视点进行空间校正，然后再计算校正后的空间分布特征。空间校正并不是必需的，因为是否进行空间校正反映的是用户不同的眼动行为特征。

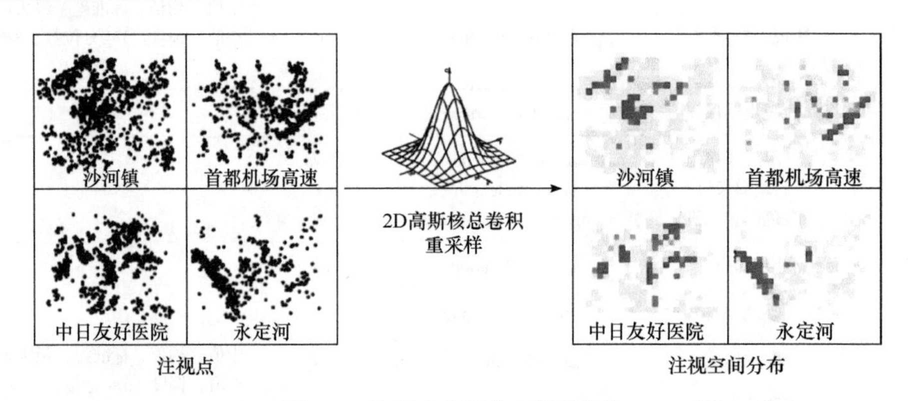

图 4-7 注视点空间分布特征提取

5) 眼跳方向特征

该特征类型是眼跳在各个方向上的分布 (Kiefer et al.，2013)，是基本统计特征在各个方向上的扩展。首先确定一个 4 方向或 8 方向系统 [图 4-8(a)]，把每个眼跳划归到对应的方向中，计算每一个方向上眼跳相关指标(如眼跳次数、眼跳幅度和眼跳时长)的基本统计量(如均值、最大值和最小值等)，作为眼跳方向特征。

6) 眼跳编码特征

该特征在 Bulling 等 (2011) 编码方法的基础上做了修改。首先将眼跳划分为长距离眼跳(眼跳幅度大于 1.1°)和短距离眼跳(眼跳幅度小于 1.1°)，1.1° 的阈值基于 Kiefer 等 (2013) 的 8 方向系统，可以将眼跳序列编码为由 16 个字符组成的字符串 [图 4-8(b)]。大写字母表示长距离眼跳(≥ 1.1°)，小写字母表示短距离眼跳 (<1.1°)。此后确定一个窗口大小(如 3 个字符的长度)对字符串进行扫描，步长为 1 个字符，窗口每移动一个字符落在窗口内的字符串(如“LuR”)形成一个“微小模式”。扫描结束记录所有“微小模式”出现的次数。最后，将不重复的“微小模式”个数、最大模式次数、最大与最小模式次数之差，以及所有模式出现次数的均值作为这条轨迹的特征。

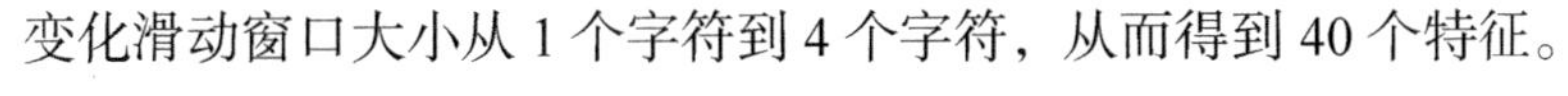

变化滑动窗口大小从 1 个字符到 4 个字符，从而得到 40 个特征。

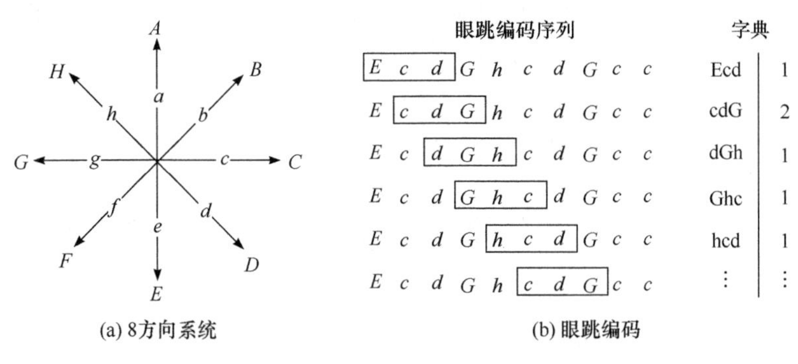

图 4-8　眼跳方向特征与眼跳编码特征

7) 注视语义特征

使用第 3 章中的注视语义标注方法对注视点进行语义标注，计算每个语义类别所获得的注视点个数 (或比例) 和注视持续时长 (或比例) 即为注视语义特征。

4.3.2　环境特征

常用环境视觉特征可以分为 3 类：图片的低级视觉特征、由驾驶环境和驾驶任务决定的高级视觉特征和人眼对动态场景感知的动态特征。表 4-2 列出了环境特征的介绍。下面将详细介绍表中视觉特征的提取方法。

表 4-2　环境特征列表

特征类别	特征名称	特征描述
低级视觉特征	颜色特征	按照 RGB 颜色空间将原始图片分解成 R、G、B 三个通道的灰度特征图
	亮度特征	对 RGB 三通道求和
	多尺度方向特征	构建高斯差分金字塔并利用 Gabor 算子对差分图像滤波
	视觉显著图	由自底向上的计算机视觉显著性模型 (如 Itti、SUN、GBVS) 计算得到
高级视觉特征	道路曲率特征	
	道路消失点特征	基于图像纹理信息提取道路消失点，以坐标点为中心作高斯平滑
	场景语义特征	分别提取场景车辆、行人、标识牌和道路类别，然后对图像进行二值化
动态特征	运动方向	先计算光流图，提取光流图的方向分量
	运动强度	先计算光流图，提取光流图的强度分量

1) 颜色和亮度特征

已有研究证实颜色、亮度和方向特征是图像的低级视觉特征，对人的视觉注意具有引导作用。将彩色场景图片中提取出 R、G、B 三个通道作为三个颜色特征，并根据 R、G、B 通道值求和得到亮度特征 I。

2) 多尺度方向特征

人眼对图像的灰度变化很敏感，方向特征就是提取图像在特定方向上的灰度梯度。灰度特征一般由 Gabor 算子计算得到，表达式见式 (4-2)。Gabor 本质是三角函数和高斯函数叠加，分为实部和虚部，实部 [式 (4-3)] 用于方向特征提取。Gabor 算子在提取目标的局部空间和频率域信息方面具有良好的特性。

$$g(x,y;\lambda,\theta,\psi,\sigma,\gamma)=\exp\left(\frac{x'^2+\gamma^2y'^2}{2\sigma^2}\right)\exp\left[i\left(2\pi\frac{x'}{\lambda}+\psi\right)\right] \tag{4-2}$$

$$g(x,y;\lambda,\theta,\psi,\sigma,\gamma)=\exp\left(\frac{x'^2+\gamma^2y'^2}{2\sigma^2}\right)\cos\left(2\pi\frac{x'}{\lambda}+\psi\right) \tag{4-3}$$

其中，(x, y) 表示图像像素坐标；λ 表示三角函数波长；θ 表示核方向，展示特征方向 (如 0° 、45° 、90° 、135°)；ψ 表示相位偏移；σ 表示高斯函数的标准差，展示提取梯度的像素窗口大小。由于人眼的多尺度特性，还可以选取不同尺度方向的特征。γ 表示 x 和 y 两个方向的纵横比。图 4-9 展示了某一场景的多尺度方向特征图，随着特征图从上而下排列，尺度逐渐增大。

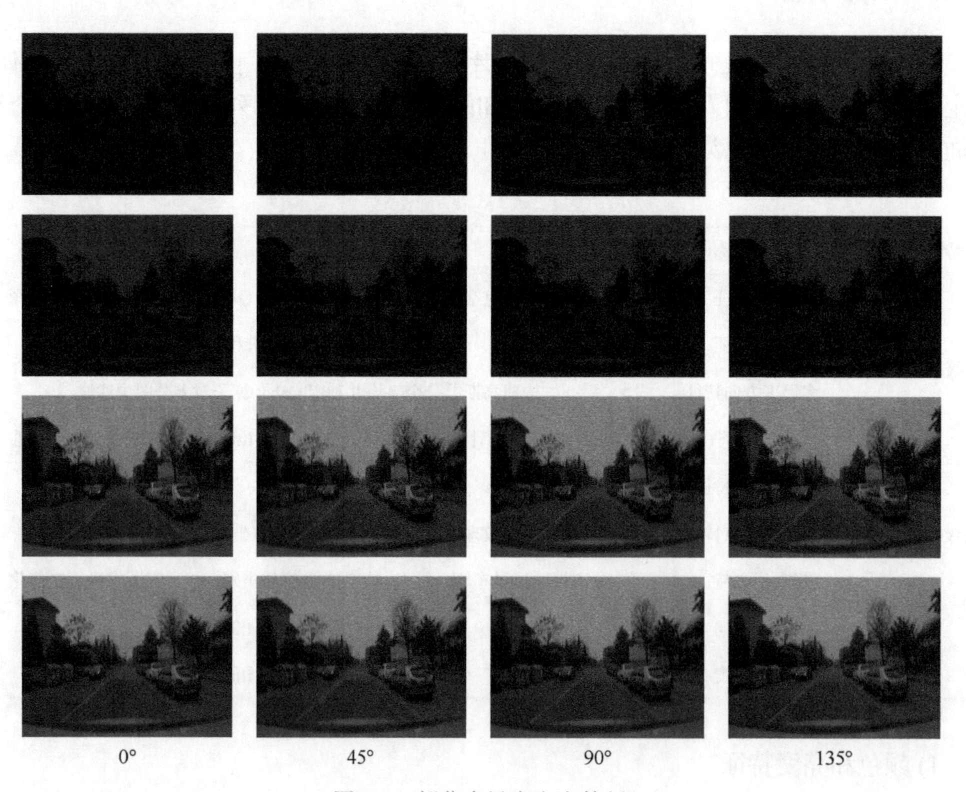

图 4-9 部分多尺度方向特征

3) 视觉显著图

自底向上的计算机视觉显著性依赖于低级视觉特征，生成的显著图在低级视觉引导方面具有典型性，如 Itti 模型 (Itti et al.，1998)、GBVS 模型 (Harel et al.，2006) 和 SUN 模型 (Zhang et al.，2018a) 都是经典且广泛使用的视觉显著性模型，图 4-10(a)(b)(c) 分别为上述三个模型的视觉显著特征示例图。

仅使用低级视觉特征构造的视觉显著性模型本身并没有考虑特定的任务和特定的知识。虽然无法直接表示动态地理场景的显著性，但是它们能够精准地提取出场景中对人眼具有自底向上刺激的区域。如图 4-10 所示，Itti 模型显著图中车灯颜色高亮显示，另外，建筑物、植被和天空的边缘的显著度较高；GBVS 模型比较模糊，其显著图中显著度高的比例很大，大部分集中于中央，四周显著度低。SUN 模型提取结果网格痕迹明显，但是边缘信息提取很好。

(a) Itti模型显著图

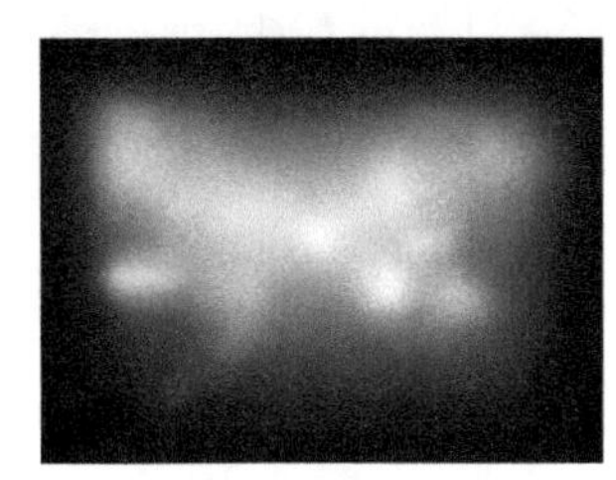
(b) GBVS模型显著图

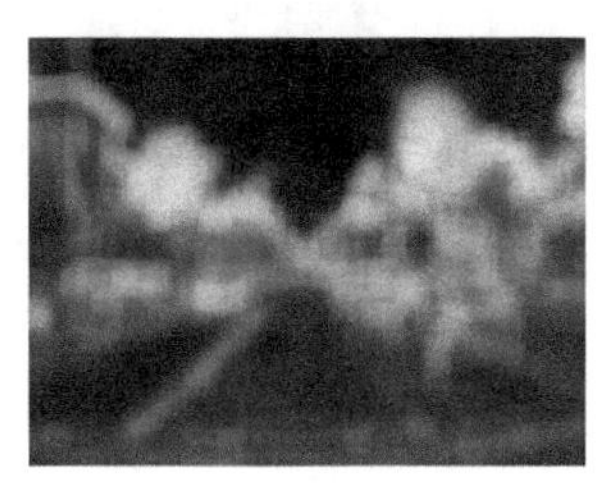
(c) SUN模型显著图

图 4-10　视觉显著特征图

4) 道路曲率特征

道路曲率特征是道路结构的参数之一。道路曲率会影响驾驶员的视觉注意行为。图 4-11 显示了某个驾驶过程采集的轨迹点数据的分布，通过放大可以发现原始的轨迹点数据不是平滑的，这是 GPS 定位的偏差造成的，因此不符合驾驶员真实的驾驶路径，用这个数据也无法直接计算道路曲率。使用指数核的多项式平滑算法 (polynomial approximation with exponential kernel, PAEK) 对原始轨迹点进行平滑处理，将平滑后的线条重新采样成点，然后计算各采样点的曲率，计算方法为三次 B 样条曲率 (毛征宇和刘中坚，2010；张攀等，2015)，计算公式为

$$\rho_i = 4 \cdot \left| \frac{(x_{i+1} - x_{i-1})(y_{i-1} - 2y_{i+1} + y_{i+1}) - (y_{i+1} - y_{i-1})(x_{i-1} - 2x_{i+1} + x_{i+1})}{\left((x_{i+1} - x_{i-1})^2 + (y_{i+1} - y_{i-1})^2\right)^{3/2}} \right| \tag{4-4}$$

其中，ρ_i 表示第 i 个点的曲率；$(x_{i-1}，y_{i-1})$ 表示前一个点的坐标；$(x_{i+1}，y_{i+1})$ 表示后一个点的坐标。图 4-11(c) 是采样点曲率计算的结果，颜色越深表示曲率越大。

5) 道路消失点特征

道路消失点特征是场景的高级特征之一，也是衡量眼动数据离散程度的一个指标。消失点不仅在驾驶场景中显著，在图片场景 (Borji et al.，2016)、室内场景 (Elloumi et al.，2014) 同样对视觉注意具有引导作用。道路消失点特征对驾驶安全很关键，因为道路消失点一方面包含了很多的不可预测信息，另一方面也是驾驶员开车时的方向参考。图 4-12 为道路消失点特征图提取过程。

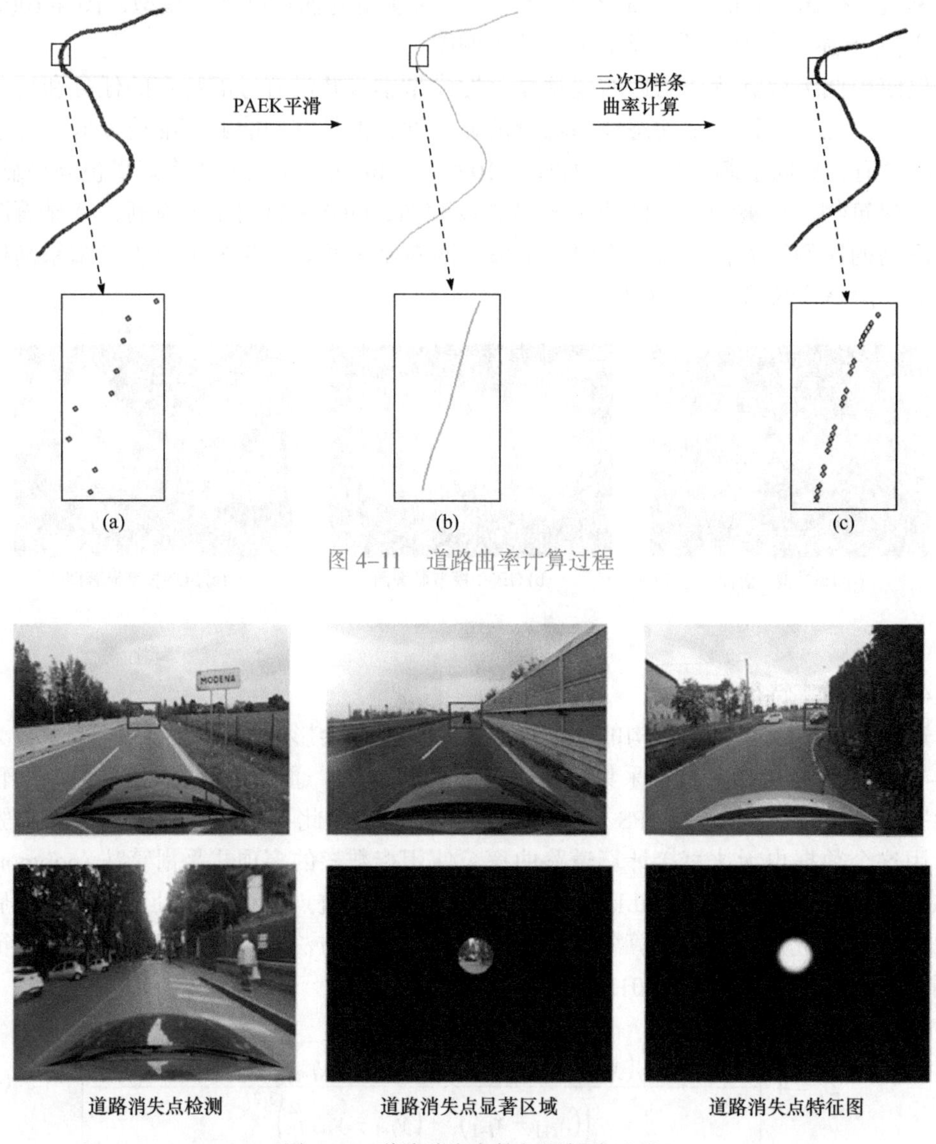

图 4-11　道路曲率计算过程

图 4-12　道路消失点特征图提取过程

目前道路消失点计算方法很多，最广泛使用的方法有两种：第一种是直线相交法，即通过场景中直线相交点统计得到道路消失点，统计直线相交点出现最大概率的位置 (李泳波，2017)，因为在三维世界里面的平行线投影在二维图上会相交，道路场景的道路边缘线条提取必定在二维图片中相交于道路消失点。具体做法是提取场景中所有的直线，计算直线之间的交叉点，对所有交叉点聚类，将聚类中心作为道路消失点。这种方法适用于具有明显边界线和车道线的结构化道路，如城市道路、高速路等，但不适用于没有明显直线特征的乡村道路。第二种是基于纹理特征的提取方法(Moghadam et al.，2012；Rasmussen，2004)，先计算所有点的纹理方向，然后统计纹理方向得到最佳的道路消失点。纹理特征的方法适用于几乎所有的道路场景，只是计算量比直线相交法复杂。如果数据中包含非结构化道路(乡下道路)，没有固定的道路边界线，很难准确提取场景中的直线，则适宜使用第二种基于纹理特征的提取方法。道路消失点坐标提取后，再用高斯函数进行平滑得到显著区域，最后提取显著区域得到道路消失点特征图。

6) 场景语义特征

场景语义特征是对场景各部分理解形成的特征。使用计算机视觉中的语义分割技术提取场景语义特征，具体方法见 3.2 节。图 4-13 为语义分割示意图，图 4-14 为二值化语义特征图。

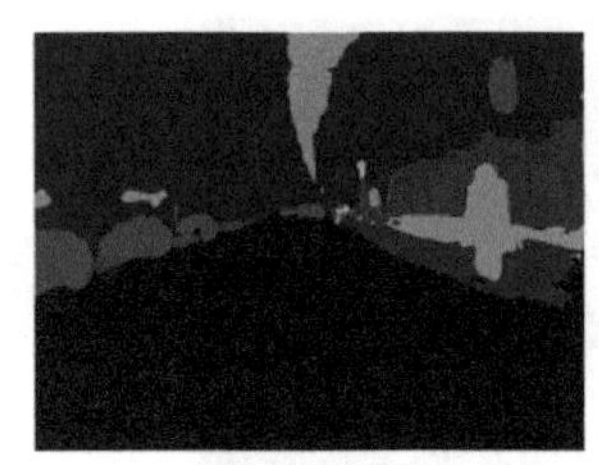

图 4-13　语义分割示意图

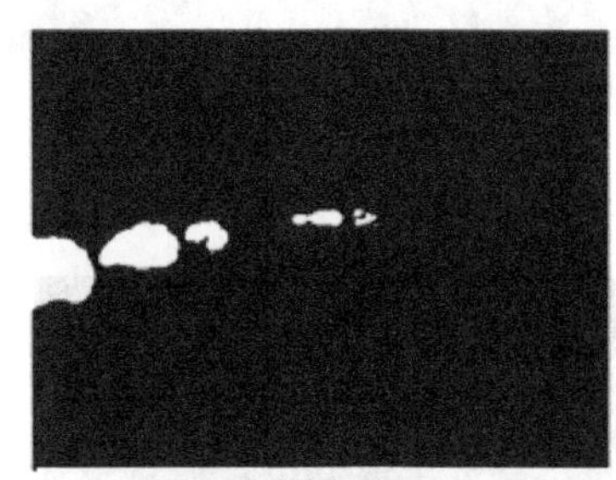

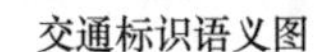

图 4-14　二值化语义特征图

7) 运动特征

动态地理场景和静态图片的区别在于地理场景动态性。驾驶环境下的地理场景动态性表现在两个方面，第一是驾驶员自身运动导致地理环境与驾驶员相对运动，第二是地理环境中动态的行人和车辆。动态性也是视频视觉显著性检测的重要内容 (Fang et al.，2014)。可以运用视频显著性中的光流图来提取场景的运动特征 (Zhong et al.，2013)。其主要思想是匹配当前场景与前一个场景中的像素，然后计算各像素在图像空间坐标系中的位移大小和位移方向。冬天场景的光流图的色度为位移方向，饱和度为像素位移大小，亮度均为 255。图 4-15 为光流图和光流图颜色空间的解释，光流图中道路两侧颜色不同，两边冷色和暖色表示不同的运动方向，颜色的不同饱和度表示物体的运动强度不同。图 4-16 为光流图分解得到的场景的运动强度特征和运动方向特征示例。

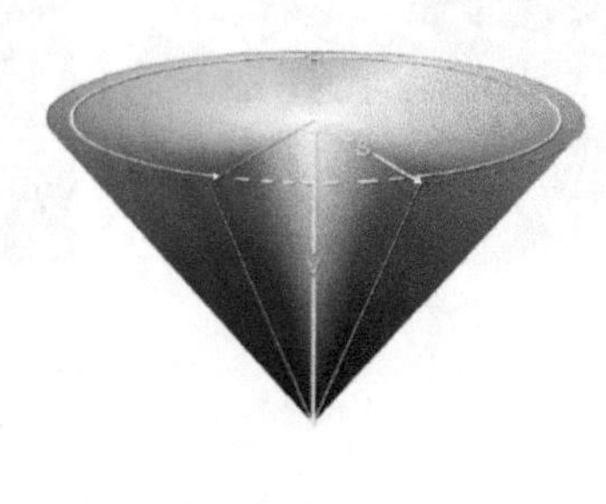

图 4-15　驾驶场景的光流图

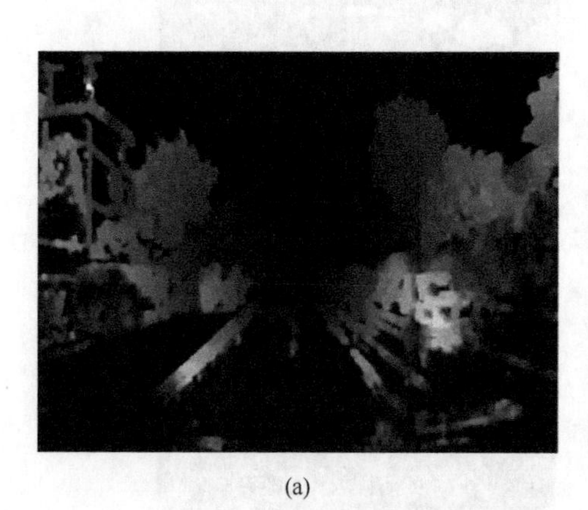

(a)

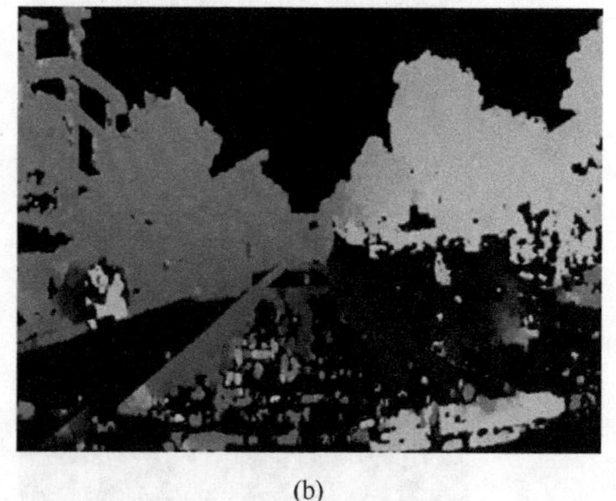

(b)

图 4-16　动态场景运动的强度特征和运动方向特征

4.4 特征选择

因为特征较多，机器学习中并不需要把所有特征都考虑进去，且特征之间可能存在冗余，所以需要对特征进行选择。特征选择可以降低维度，留下最重要的特征，降低计算成本。下面介绍特征选择的常用方法：最小冗余最大相关算法(minimum redundancy maximum relevance，mRMR)(Peng et al.，2005)。

mRMR的核心思想是：最大化特征与分类变量之间的相关性，而最小化特征与特征之间的相关性。mRMR基于一个统计学概念：互信息(mutual Information)。互信息是信息论中用于评价两个变量之间相互依赖程度的一个度量，定义如下：给定两个随机变量X和Y，它们的概率密度函数(对应于连续变量)为$P(X)$, $P(Y)$, $P(X, Y)$，则互信息$I(X; Y)$为

$$I(X;Y)=\sum_{X,Y}P(X,Y)\log\frac{P(X,Y)}{P(X)P(Y)} \tag{4-5}$$

mRMR的目标就是找出含有m个特征的特征子集S，这m个特征需要满足以下两个条件。

(1) 保证特征和类别的相关性最大。

对于离散变量：

$$\max D(S,c),D=\frac{1}{|S|}\sum_{x_i\in S}I(x_i;c) \tag{4-6}$$

对于连续变量：

$$\max D_F,D_F=\frac{1}{|S|}\sum_{x_i\in S}F(x_i;c) \tag{4-7}$$

(2) 确保特征之间的冗余性最小。

对于离散变量：

$$\min R(S),R=\frac{1}{|S|^2}\sum_{x_i,x_j\in S}I(x_i;x_j) \tag{4-8}$$

对于连续变量：

$$\min R_C,R=\frac{1}{|S|^2}\sum_{x_i,x_j\in S}c(x_i;x_j) \tag{4-9}$$

其中，x_i表示第i个特征；c表示类别变量；S表示特征子集；$F(x_i; c)$表示F统计量；$c(x_i, x_j)$表示相关函数。

4.5 传统机器学习方法

4.5.1 常用机器学习算法

常用机器学习算法包括 k 近邻 (k-nearest neighbors，KNN)、k 均值 (k-means)、支持向量机（support vector machine，SVM）、决策树 (decision tree)、随机森林 (random forest)、自适应增强算法 (Adaboost)、朴素贝叶斯 (naive Bayes)、逻辑回归 (logistic regression)、神经网络 (neural network)、马尔可夫链 (Markov chain) 等。下面对这些算法作简要介绍。

1. k 近邻

k 近邻算法属于监督学习算法。对一个新数据进行分类，只需要判断与其最近的 $k(k=1,2,3,\cdots)$ 个数据的类别，并将该数据归类为优势方。算法步骤：①定义空间与距离公式；②录入样本点信息；③寻找最近的 k 个样本点；④判断最近的 k 个样本点中哪种类别最多。

k 值的选取很关键。k 值太小容易受到个例影响，k 值太大容易受到较远的特殊数据影响。因此 k 的取值受到问题本身和数据集大小的影响，需要反复尝试。而在实际问题中，我们可以通过划分测试集以及训练集的方式预先确定 k 值。

样本之间的距离可以是曼哈顿距离 (坐标轴直线距离的绝对值之和) 或欧氏距离 (直线距离)。其中，坐标系的单位不一定是具体的单位长度或距离，也可以是用于衡量两个或多个特征 (属性) 的单位。

在二维平面中两点的直线距离为

$$\rho=\sqrt{\left(x_2-x_1\right)^2+\left(y_2-y_1\right)^2} \tag{4-10}$$

而该公式扩展到多维中即为

$$d(x,y)=\sqrt{\left(x_1-y_1\right)^2+\left(x_2-y_2\right)^2+\cdots+\left(x_n-y_n\right)^2}=\sqrt{\sum_{i=1}^{n}\left(x_i-y_i\right)^2} \tag{4-11}$$

优点：直观好理解；不需要估算整体，只需要关注数据的局部分布。

缺点：局部估算可能不符合全局分布；不能计算概率；对 k 的取值敏感；不适用于大数据集。

2. k 均值

k 均值算法属于非监督学习算法，可以对数据进行聚类，k 代表种类，即希望将数据划分为多少个类别。算法步骤：①随机选取 k 个质心 (k 值取决于想聚成几类)；②计算样本到质心的距离，与质心距离近的归为一类，分为 k 类；③求出分类后的每类的新质心；④再次计算样本到新质心的距离，与质心距离近的归为一类；⑤判断新旧聚类是否相同，如果相同就代表已经聚类成功，如果没有就循环步骤②～④直到相同。

k 均值算法的主要公式为质心计算公式以及“误差平方和”的计算公式。其中“误差平方和”用于描述一个簇(聚类)中的差异大小，差异越大说明聚类效果越差。质心计算公式为

$$\text{dis}t_{\text{ed}}\left(X,Y\right)=x^2-y^2=\sqrt{\left(x_1-y_1\right)^2+\left(x_2-y_2\right)^2+\cdots+\left(x_n-y_n\right)^2} \tag{4-12}$$

误差平方和计算公式为

$$\text{SSE}=\sum_{i=1}^{k}\sum_{x\in C_i}\left(C_i-x\right)^2 \tag{4-13}$$

其中，C 表示聚类中心，如果 x 属于 C_i 这个簇，则计算两者的欧氏距离，将所有样本点到其中心点距离算出来，并加总。

优点：原理简单，容易实现；聚类效果好。

缺点：准确度不如监督学习；k 值、初始点的选取不好确定。

注意：k 近邻算法与 k 均值聚类算法有本质上的区别，k 近邻是监督算法，类别是已知的，并通过对已知分类的数据进行训练和学习，找到这些不同类的特征，再对未分类的数据进行分类；而 k 均值是非监督算法，事先不知道数据会分为几类，通过聚类分析将数据聚合成几个群体。聚类不需要对数据进行训练和学习。

3. 支持向量机

支持向量机 (SVM) 属于监督学习算法。SVM 是一种二类分类模型，它的基本模型是定义在特征空间上的间隔最大的线性分类器，SVM 的学习策略就是间隔最大化。若数据点是 p 维向量，我们用 p–1 维的超平面来分开这些点。实际上可能有多个超平面用于数据分类。最佳超平面的一个合理选择就是以最大间隔把两个类分开的超平面，而样本中距离超平面最近的一些点称为支持向量。

当数据线性可分，即可以用一个线性函数把两类样本分开时，可以较容易地找到这个超平面。但是当数据线性不可分时，窍门是把数据转换到更高维度的空间中，希望数据在更高维度是线性可分的。这种时候就需要用到一套数学函数——核函数进行映射。

4. 决策树

决策树算法属于监督学习算法。为达到目标根据一定的条件进行选择的过程称为决策树，在机器学习中常用于分类，即根据目标样本的不同特征依次作出选择从而对其进行分类。算法步骤：①过滤所有可能的决策条件；②选择最大熵增益的决策条件；③重复上述步骤直到每个节点中的样本只属于一类。

决策树算法的关键在于如何选择最优的决策条件，因此需要引入两个信息学中的概念：熵与熵增益。熵用于描述一个系统内在的混乱程度，而在决策树中熵代表某分支下样本种类的丰富性。样本种类越多、越混乱，熵越高；反之亦然；熵等于 0 时则代表该节点下的所有样本均属于同一类别。而构造决策树的基本思路则是随着树的深度增加让熵迅速降低，熵降低的速度越快，说明决策树的分类效率越高。而熵增益则是熵的变化量，在决策树中表示为根节点(上一节点)的熵减去当前决策条件下所有子

节点熵的和，即当某一决策条件使得该节点的熵增益最大时，该条件即为最优条件。

数据集 D 的熵计算公式为

$$H(D)=-\sum_{k=1}^{K}\frac{|C_k|}{|D|}\log_2\frac{|C_k|}{|D|} \tag{4-14}$$

其中，C_k 表示集合 D 中属于第 k 类样本的样本子集。

针对某个特征 A，对于数据集 D 的条件熵为

$$H(DA)=\sum_{i=1}^{n}\frac{|D_i|}{|D|}H(D_i)=-\sum_{i=1}^{n}\frac{|D_i|}{|D|}\left(\sum_{k=1}^{K}\frac{|D_{ik}|}{|D_i|}\log_2\frac{|D_{ik}|}{|D_i|}\right) \tag{4-15}$$

其中，C_i 表示 D 中特征 A 取第 i 个值的样本子集；D_{ik} 表示 D_i 中属于第 k 类的样本子集。

因此，在 D 集合中，特征 A 的熵增益即为

$$\text{Gain}(D,A)=H(D)-H(DA) \tag{4-16}$$

优点：直观；可解释性高。

缺点：对特例数据无法区分；容易过度拟合或欠拟合；计算效率不高。

5. 随机森林

随机森林是一个集成学习方法，它是通过集成多个弱分类器（决策树）从而实现一个强分类器的方法 (Breiman，2001；Friedman et al.，2003)。随机森林的分类过程如图 4-17 所示。随机选取训练数据集中的一个子集来生成一棵决策树，该决策树将作为一个独立的分类器对预测数据进行分类，即一棵决策树将为某一个类别“投票”。当生成的决策树数量足够多时，获得最多投票的那一类就是随机森林的最终分类结果。随机森林的一个优势就是随机性地引入，使得分类器可以避免数据的过拟合。本研究选择随机森林作为分类器的另一个重要原因是它能够评估眼动特征在分类过程中的重要性。

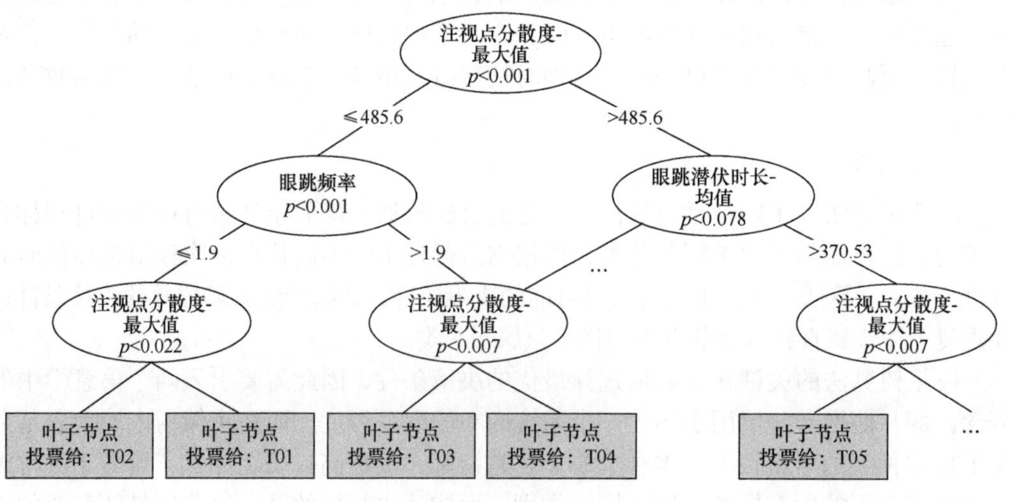

图 4-17　决策树示例

优点：随机性强，不会过拟合；处理高维数据相对较快且不需要做特征选择；合

理训练后准确度高。

缺点：模型过于困难，样本的处理性低。

6. 自适应增强算法

自适应增强算法 (Adaboost) 属于集成学习算法。Adaboost(或称 Adaptive boosting) 是一种用于二分类问题的算法，它用弱分类器的线性组合来构造强分类器 (集成)。它的自适应在于：前一个基本分类器被错误分类的样本的权值会增大，而正确分类的样本的权值会减小，并再次用来训练下一个基本分类器。同时，在每一轮迭代中，加入一个新的弱分类器，直到达到某个预定的足够小的错误率或达到预先指定的最大迭代次数才能确定最终的强分类器。

算法步骤如下。

(1) 训练每个弱分类器并计算样本困难度。对于第一个弱分类器的训练方式如下。

初始化所有样本的困难度为 $w_i = \frac{1}{N}$，其中，i 表示第 i 个样本；N 表示样本总数。

利用该分类器的训练结果更新样本困难度：

$$w_i^{\text{new}} = \begin{cases} \frac{1}{2(1-\varepsilon)} w_i^{\text{old}} & \text{如果当前样本被正确分类} \\ \frac{1}{2\varepsilon} w_i^{\text{old}} & \text{如果当前样本被错误分类} \end{cases} \tag{4-17}$$

其中，ε 表示当前分类器所产生的错误率。

基于更新后的困难度训练下一个分类器。

(2) 计算每个分类器的权重 (不同于随机森林，随机森林中的各个决策树权重相同)，权重计算公式为

$$\alpha_k = \frac{1}{2}\log\left(\frac{1-\varepsilon_k}{\varepsilon_k}\right) \tag{4-18}$$

其中 ,α_k 表示第 k 个分类器的权重；ε 表示该分类器的错误率。

Adaboost 与随机森林都是集成学习中具有代表性的算法，即多个弱模型集成为强模型的例子。但是随机森林中的每个决策树相互独立，属于并列结构；而 Adaboost 中每一个后置的分类器都建立在前一个分类器的基础之上，从而更加关注前一个模型无法解决的问题，使得模型的总体性能逐步提高。

优点：相比于随机森林，它考虑每个分类器的权重，更加擅长解决复杂问题，模型性能“天花板”高。

缺点：容易过拟合与欠拟合，模型性能起点低；训练速度慢。

7. 朴素贝叶斯

朴素贝叶斯属于监督学习算法。假设各个特征之间相互独立，对于给出的待分类项，求解在此项出现的条件下各个类别出现的概率，哪个最大，就认为此待分类项属于哪个类别。

算法步骤如下。

(1) 确定特征属性、获取特征样本。

(2) 统计在各个类别下各个特征属性的条件概率。

(3) 如果各个特征属性是条件独立的则有条件概率公式：

$$P(AB)=\frac{P(AB)}{P(B)} \tag{4-19}$$

由此推导出贝叶斯公式：

$$P(BA)=\frac{P(AB)P(B)}{P(A)} \tag{4-20}$$

其中，A 表示类别；B 表示特征。

优点：算法逻辑简单，易于实现。

缺点：朴素贝叶斯模型假设属性之间相互独立，这个假设在实际应用中往往是不成立的，在属性个数比较多或者属性之间相关性较大时，分类效果不好。

8. 逻辑回归

逻辑回归属于监督学习算法。作用：分类(一般为二分类)。概述：逻辑回归即利用 Sigmoid 函数将线性回归的输出结果表示为 0 ～ 1 的数值，从而判断某件事情发生的可能性。

算法步骤如下。

(1) 构建评估指标。

(2) 线性回归。

(3) 代入 Sigmoid 函数：

$$y=\frac{1}{1+\mathrm{e}^{-\left(w^{\mathrm{T}}x+b\right)}} \tag{4-21}$$

优点：能够计算出概率；能减小极端值的影响。

缺点：只适合线性分布问题。

9. 神经网络

神经网络属于监督学习算法，模拟生物的神经网络并由节点以及赋有权重的连接构成的网。神经网络包含两层或两层以上，通常由输入层、隐藏层、输出层构成，而其中隐藏层的数量可能大于 1。数据由输入层输入并转化为神经网络可理解的内容(如每个像素的灰度)，而隐藏层中的每一层则试图认出数据的一部分特征，经过一系列计算后由输出层输出结果。

通过对神经网络的改进，从而衍生出一系列用于处理各种问题的神经网络，例如，输入内容为图片的神经网络称为图神经网络 (graph neural network，GNN)；将神经元打包后的神经网络称为胶囊神经网络；使用卷积对图像等数据做处理的神经网络称为卷积神经网络 (convolutional neural network，CNN) 等。

算法步骤如下。

(1) 由输入层输出并解读数据。

(2) 输入层中每一个节点中的数据经过赋有权重的连接进入隐藏层。

(3) 隐藏层将得到结果与自身节点的偏置值相加，并通过激活函数判断该层的某个具体的神经元是否被激活，激活后的神经元才能将数据继续传输到下一层 (前向传输)。

(4) 输出层将具有最大值的神经元激活并作为结果输出，输出值代表可能性。

(5) 判断结果是否正确并明确输出误差，将误差经由神经网络反向传输并基于这一消息对权重值加以调整 (后向传输)。

(6) 前向传输与后向传输随着多次的信息输入经过反复迭代，从而达到训练该神经网络的目的。

优点：层层过滤信息使得模型性能非常出色；可以处理非线性分类的复杂问题。

缺点：训练超负荷；训练难。

10. 马尔可夫链

马尔可夫链是根据现有状态以及转移矩阵来推测未来某一时态状态或事件发生概率的算法模型。三要素：状态空间 (多少种状态)、无记忆性 (与之前状态无关)、转移矩阵 (转移概率)。

4.5.2　分类方法选择

分类方法 (分类器) 是机器学习的另一个关键影响因素。机器学习中已有许多的分类模型，这些分类模型都有各自的特定适用性，目前没有证据表明哪一个分类器是最优的。以用户任务预测为例，Borji 和 Itti(2014) 发现集成学习方法 (boosting classifier) 可以取得比 *k* 近邻 (KNN) 和线性 SVM 更好的分类效果。在对相同任务进行分类时 (Borji and Itti，2014；Greene et al.，2012；Haji-Abolhassani and Clark，2014)，隐马尔可夫模型 (hidden Markov model，HMM) 达到了最高 59.64% 的分类精度 (随机水平：25%)。Steil 和 Bulling(2015) 使用隐狄利克雷分布 (lateat Dirichlet allocation，LDA) 模型对日常生活中的 9 个任务 (如吃饭、阅读等) 进行分类，发现其分类效果优于 SVM 和朴素贝叶斯。表 4-3 列举了一些典型的用户任务预测案例，这些案例使用了不同的分类方法。在对地图空间认知眼动数据进行挖掘时需要探讨不同的分类器对结果的影响，为分类器选择提供参考。

表 4-3　一些典型的用户任务识别案例总结

文献	用户任务	被试	刺激	准确率	分类器
Greene et al.，2012	①记住这张照片；②判断这张照片拍摄的年代；③判断照片中的人物彼此熟悉的程度；④判断照片中人物的富裕程度	16	自然场景图片	25.9% 随机：25%	相关模型，SVM
Haji-Abolhassani and Clark，2014	同上	16	自然场景图片	59.64% 随机：25%	HMM

续表

文献	用户任务	被试	刺激	准确率	分类器
Kanan et al., 2014	同上	16	自然场景图片	37.9% 随机：25%	SVM
Borji and Itti, 2014 实验一	同上	16	自然场景图片	34.12% 随机：25%	KNN，RUSBoost
Borji and Itti 2014 实验二	①自由观看；②估计这个家庭的主要事项；③说出每个人的年龄；④猜测这个意外访客到来之前这个家庭在做什么事情；⑤记住每个人穿的衣服；⑥记住房间里人和物体的位置；⑦猜测这个客人有多久没来了	21	自然场景图片	24.21% 随机：14.29%	KNN，RUSBoost
Henderson et al., 2013	①记住这个场景；②阅读下面的文字；③在场景中搜索物体；④“伪阅读”(阅读类似文字的东西)	12	自然场景图片	80% 随机：25%	多元模式分析，朴素贝叶斯
Boisvert and Bruce，2016	二分类：①自由观看；②目标搜索；③观看显著性；④选择最显著的位置	19	自然场景图片	69.6% 随机：50%	随机森林
Bulling et al., 2011	①复制文字；②阅读论文；③手写笔记；④看视频；⑤浏览网页	8	办公室场景	76.1% 随机：20%	SVM
Bulling et al., 2013	二分类：①社交(有无社交)；②认知(集中 vs 放松)；③运动(运动 vs 休息)；④空间(室内 vs 室外)	4	日常生活场景	76.8% 随机：50%	SVM
Steil and Bulling，2015	①室外；②社交；③专心工作；④旅游；⑤阅读；⑥电脑工作；⑦观看媒体；⑧吃；⑨其他	10	日常生活场景	43%-75%	LDA
Bednarik et al., 2013	①认知；②评价；③规划；④目的；⑤移动	—	问题解决型	32%，随机：20%	SVM
Kiefer et al., 2013	①自由浏览；②全局搜索，如“找到X”，X为POI；③路径规划，如“规划一条从X到Y的路线”；④聚焦搜索，如“找到离你的位置最近的3个物体”；⑤路线跟随，如“沿着街道X从北往南走并计算经过多少个十字路口”；⑥比较两个多边形的面积	17	地图	77.7% 随机：16.67%	SVM

4.5.3 超参数优化

分类模型中有两类参数：

(1) 模型参数 (parameter)。模型参数是模型内部的配置变量，即模型本身的参数，参数值是用数据估计得到的。例如，线性回归模型中直线的加权系数 (斜率) 及其偏差项 (截距)。

(2) 超参数 (hyperparameter)。在开始训练之前人为设定的参数，而不是通过训练得到的参数，属于调优参数 (tuning parameters)。例如，随机森林模型中树的数量或树的深度、学习率，以及 k 均值聚类中的簇数等都是超参数。超参数优化是指，对机器学习模型的超参数的可能取值及参数组合进行有效搜索，然后用评价函数选出最优参数提供给机器学习模型，以提高学习性能和效果。

下面介绍常见的超参数搜索算法。

(1) 格网搜索 (grid search)。是一种穷举搜索方法，在一定的区间内尝试所有可能的参数组合 (暴力搜索)，表现最好的参数就是最终的结果。格网搜索的缺点是耗时且计算昂贵。

(2) 随机搜索 (random search)。搜索超参数值的随机组合，所取的随机组合越多，得到最优解的概率也就越大。随机搜索的效率高于网格搜索，缺点是有可能遗漏搜索空间中的重要点 (值)。

(3) 启发式搜索 (heuristically search)。又称为提示性搜索 (informed search)，一般利用启发信息来引导搜索，以达到减少搜索范围、降低问题复杂度的目的。其原理是对每一个搜索的位置进行评估，得到最好的位置，再从这个位置进行搜索直到达成目标。这样可以省略大量无用的搜索路径，提高了效率。启发式搜索有很多种，如模拟退火算法、遗传算法、列表搜索算法、蚁群算法、人工神经网络等。

4.5.4　训练与交叉验证方法

交叉验证的基本思想是从数据样本中取一部分作为训练集 (train set)，另外的部分作为测试集 (test/validation set)，首先用训练集对分类器进行训练，再利用验证集来测试训练得到的模型 (model)，以此来作为评价分类器的性能指标。交叉验证的目的是得到可靠稳定的模型。

常见的交叉验证方法有以下几种。

1) K 折交叉验证 (K-fold cross-validation)

将数据集随机分为 K 个子集 ($K \geqslant 2$)，每次使用其中的一个子集进行测试，使用剩下的 K–1 个子集用于训练。重复 K 次，当每个子样本验证一次时结束。每次验证都会得出相应的正确率，K 次结果的正确率的平均值作为对算法精度的估计。10 折交叉验证 ($K = 10$) 是最常用的。

2) 留一交叉验证 (leave-one-out)

每次使用数据集中的一个样本作为测试集进行验证，剩余样本作为训练集进行训练。重复这个过程直到所有样本都进行了验证为止。实际上，在 K 折交叉验证中，当 K 与样本数量一样大时，K 折交叉验证则演变为“留一交叉验证”，即留一交叉验证是

K 折交叉验证在 *K*= 样本数量时的特例。这在数据样本量较少时经常被采用。由于每一次验证时都几乎使用了所有样本进行训练，得到的结果较为可靠。但当数据量较大时计算耗时会增多。基于留一交叉验证的思路，在地图空间认知眼动研究中，根据具体的分类目的的不同，有如下 3 种扩展方案。

(1) 留一被试交叉验证 (leave-one-person-out，LOPO)：即每次进行训练与验证时，取出一个被试的数据用于测试，使用剩下被试的数据进行训练。这种方法用于检验分类器推广到新的被试的能力。

(2) 留一路线交叉验证 (leave-one-route-out，LORO)：即每次进行训练与验证时，取出一条路线的数据用于测试，使用剩下路线的数据进行训练。这种方法用于检验分类器推广到新的环境的能力。

(3) 留一任务交叉验证 (leave-one-task-out，LOTO)：即每次进行训练与验证时，取出一个任务的数据用于测试，使用剩下任务的数据进行训练。这种方法用于检验分类器推广到新的任务的能力。

4.6 模型评价

4.6.1 模型评价指标

1. 总体正确率

对于一个二分问题，可将实例 (case) 分成正类 (positive) 或负类 (negative)。预测结果会出现四种情况：实例是正类并且也被预测成正类，称为真正类 (true positive，TP)；实例是负类被预测成正类，称为假正类 (false positive，FP)；实例是负类被预测成负类，称为真负类 (true negative，TN)；实例是正类被预测成负类，称为假负类 (false negative，FN)。如表 4-4 所示，其中 1 代表正类，0 代表负类。在不同的语境下 (尤其是医学类机器学习中)，真正类又称为真阳性，假正类又称为假阳性，真负类又称为真阴性，假负类又称为假阴性。

表 4-4 二分类中的四种预测结果

项目		预测情况	
		1	0
实际情况	1	真正类	假负类
	0	假正类	真负类

基于此，可以得到召回率、精确率和正确率的定义。

召回率 (又称查全率、灵敏度、真阳率，Recall)：TPR = TP / (TP+FN)。

假阳率 (又称特异度)：FPR = FP/(FP+TN)。

精确率 (又称查准率，precision)：TP/(TP+FP)。

总体精度 (正确率，accuracy)：(TP+TN)/(TP+TN+FN+FP)。

其中，TP、FP、FN 和 TN 分别是真正、假正、假负和真负的样本数量。

图 4-18 是一个应用正确率分析的实例 (Liao et al.，2019a)，在该实例中，研究者需要从眼动数据中预测用户正在进行的任务，这些任务包括 5 个：自我定位定向 (T1)、环境目标搜索 (T2)、地图目标搜索 (T3)、地图路线记忆 (T4) 和路线跟随 (T5)。研究者分别使用了 6 种眼动特征和 20 个时间窗口大小的组合进行用户任务预测，图 4-18 为这些组合得到的正确率。从图中可以直观地看出不同时间窗口大小对分类正确率的影响，也可以对比出不同特征的表现。

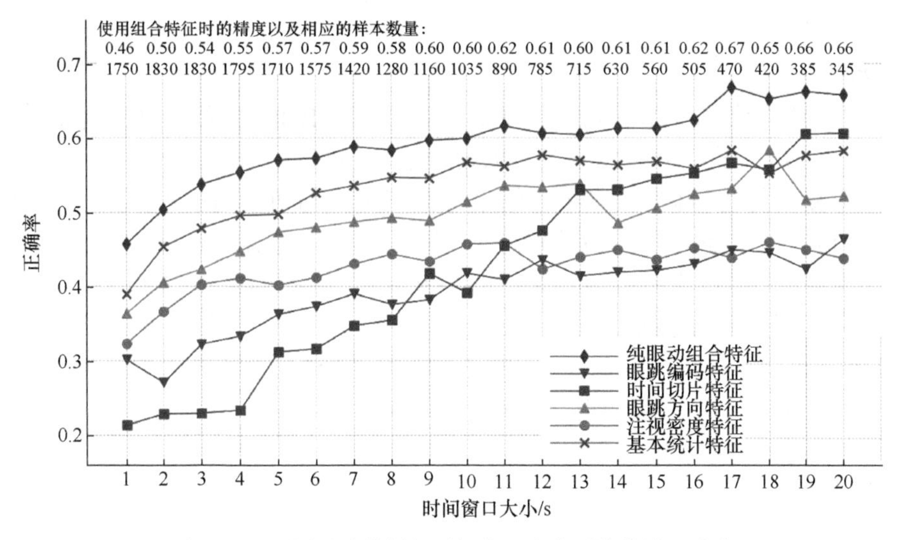

图 4-18　不同眼动特征与时间窗口大小下的分类正确率

2. 混淆矩阵

混淆矩阵 (confusion matrix) 又称误差矩阵，是把分类结果按照分类对错分类统计到一张表格上的模型评估方法。混淆矩阵是用来衡量分类表现最直观、简单的方法。实际上，表 4-4 就是一个二分类的混淆矩阵。以下是一个实例：现需要从眼动数据中判断用户是否对当前的导航环境熟悉，因此该问题是一个二分类问题，即对环境熟悉或对环境陌生。将某一次的分类结果按照实际行为和分类模型预测行为整理成混淆矩阵，如表 4-5 所示。

表 4-5　用户空间熟悉度预测的混淆矩阵

项目		真实		精确度
		熟悉	陌生	
预测	熟悉	196	66	74.81%
	陌生	43	297	87.35%
召回率		82.01%	81.82%	81.89%

二分类的混淆矩阵很容易推广到多分类，在上述用户任务推测的实例 (Liao et al., 2019a) 中，图 4-19 为使用组合特征在时间窗口为 17 s 时的混淆矩阵。

实际类别 \ 预测类别	T1	T2	T3	T4	T5	合计	召回率
T1	46	6	12	19	11	94	0.489
T2	4	62	6	1	21	94	0.660
T3	20	5	57	10	2	94	0.606
T4	8	1	1	79	5	94	0.840
T5	8	12	0	4	70	94	0.745
合计	86	86	76	113	109		总体精度
精确率	0.535	0.721	0.750	0.699	0.642		0.668

图 4-19 行人导航用户任务预测结果的混淆矩阵

3. ROC 曲线

受试者操作特征 (receiver operating characteristic，ROC) 曲线，又称为感受性曲线 (sensitivity curve)。图 4-20 展示了某一次使用逻辑回归对驾驶员视觉注意预测的 ROC 曲线，图中横坐标为假阳率 (FPR)，纵坐标为真阳率 (TPR)。图中左上角的点坐标为 (0,1)，即 FPR = 0，TPR = 1，意味着这是一个完美的分类器，因为所有的样本都被正确分类。图中右下角的点坐标为 (1,0)，即 FPR = 1，TPR = 0，意味着这是一个表现最差的分类器，因为它成功避开了所有的正确答案。图中左下角的点坐标为 (0,0)，即 FPR = TPR = 0，表明分类器预测所有的样本都为负样本。类似地，右上角的点坐标为 (1,1)，FPR = TPR = 1，表明分类器预测所有的样本都为正样本。这说明：ROC 曲线越接近左上角，分类器的性能表现越好。

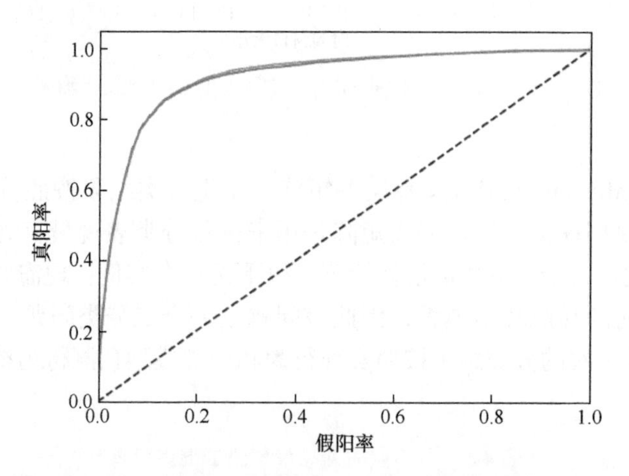

图 4-20 使用逻辑回归对驾驶员视觉注意预测的 ROC 曲线

图中的虚线 (对角线) $y = x$ 上的点表示的是一个采用随机猜测策略的分类器的结果，表明分类器随机猜测一半的样本为正样本，另一半的样本为负样本。

4. 累积匹配曲线

累积匹配 (cumulative match characteristic, CMC) 曲线，同 ROC 曲线一样是模式识别，

尤其是生物特征识别 (如指纹、虹膜识别) 系统评价的重要指标，一般同 ROC 曲线一起给出。在每一次分类中，机器学习模型会计算每一个样本被分到每一个类别的概率，按照概率从大到小对样本进行排序。Rank-*k* 即指排序位置为前 *k* 个的样本。CMC 曲线绘制了对应每一个 Rank(*x* 轴) 的识别率 (identification rate，IR)(*y* 轴)。例如，Rank-*k* IR 是指在前 *k* 个候选样本中被正确识别的样本个数占总样本个数的比例。特别地，当 $k=1$ 时，Rank-1 IR 即指排序为第 1 位的样本数占总样本数的比例，也即上述提到的总体精度 (正确率)。图 4-21 展示了使用眼动特征识别用户个体的 CMC 曲线和 5 个时间窗口下的 CMC 曲线以及 Rank-1 IR 和 Rank-5 IR。

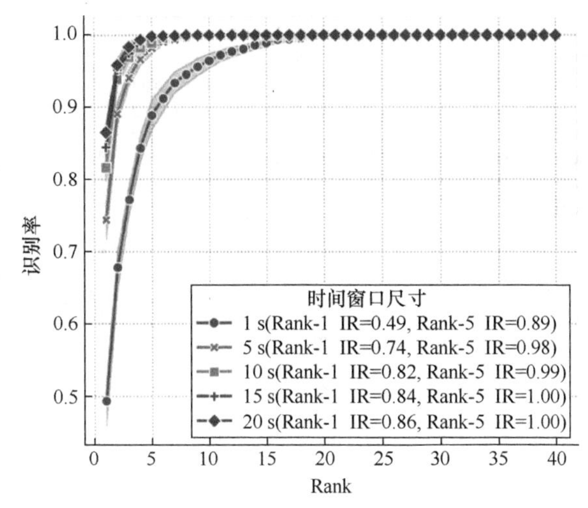

图 4-21　使用眼动特征识别用户个体的 CMC 曲线

4.6.2　特征重要性分析

基于数据驱动的机器学习过程在多数情况下是“黑箱”，即无法确切地得知它内部的运行过程。因此，在分类完成以后，应当考虑做一些分类后分析，以便对研究问题有更全面的认知。其中，特征重要性分析就是分类后分析的一种。对特征的重要性进行分析有助于进一步理解在分类任务中哪些特征扮演了重要角色。

接下来的问题是：如何得到特征重要性？可以考虑以下几种思路。

(1) 在特征选择阶段得到特征重要性，特征选择方法已在 4.5 节中进行了阐述，实质上这并不属于分类后分析。

(2) 通过某些分类器得到特征重要性。例如，随机森林方法具备在分类过程中评估特征重要性的能力。在一些开源的机器学习库中 (如 Scikit-Learn Python) 可以直接获得每一个特征的重要性值。类似的机器学习库 , 如 Gradient boosted trees 或者 xgboost 也可以获取特征重要性值。对于回归模型来说，变量的系数表明了特征的重要性，系数的绝对值越大，说明该系数对应的特征越重要。

(3) 用单个特征建立分类器 (如决策树、逻辑回归等) 并进行验证，哪个特征的模型表现越好，说明这个特征越重要。如果特征数量较大，可以对特征进行分类或分组，用不同类别的特征分别建立分类器进行分类，哪一组特征的表现越好(如正确率越高)，则说明这一组的特征越重要。

(4) 向后选择。先用全部特征进行分类，然后删除某个/某组特征再进行分类，删除某个/某组特征前后分类结果的差异就可以看作这个特征的重要性，差别越大，说明该特征越重要。

图 4-22 是在一次用户任务预测中得到的最重要的 15 个特征，图 4-22 中的点表示该特征在某一次分类中的重要性排序。

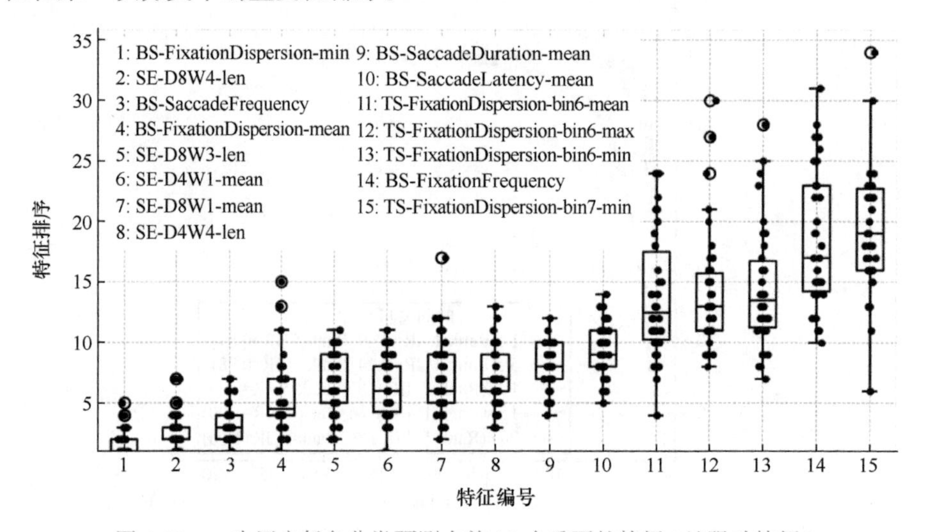

图 4-22 一次用户任务分类预测中前 15 个重要的特征(纯眼动特征)

4.7 深度学习方法

4.7.1 深度学习方法简介

深度学习 (deep learning，DL) 方法是最近十余年来形成的一种人工智能算法，是机器学习方法的分支。相比于传统的机器学习方法，深度学习方法侧重于自动学习模式特征，并将特征学习融入到建立模型过程中，从而减少人为设计特征造成的信息不完备性。深度学习算法主要依托深度神经网络 (deep neural network，DNN) 建立，人工神经网络 (artificial neural network，ANN) 被视为对人等生物大脑的神经元结构和功能的模仿，并采用数学和物理的方法对其进行抽象，进而构成一种对图像、声音、文本等数据进行编码 - 解码传播的信息处理系统(韩敏，2014)。而最初的神经网络技术起源于 20 世纪 50~60 年代，即感知机 (perceptron)，输入的特征向量通过线性与非线性运算得到分类结果。而单个感知机可以求解的分类任务太过简单，需要大量的感知机通过串联、并联等方式形成隐含层，进行特征的提取与传播，而在当时的技术条件下，算力的严重不足成为制约神经网络技术发展的最大瓶颈。而后的数十年，随着计算机软硬件系统的迭代升级，算力得到了极大的提升，使得神经网络的隐含层不断加深，形成了如今的 DNN 网络，并演化出多种变体。常见的深度学习神经网络有卷积神经网络 (CNN)、循环神经网络 (recurrent neural network，RNN) 等，这些网络及其变体依托其对图像、文本、音频数据的强大处理能力，被应用于计算机视觉 (computer vision，CV)、自然语言处理 (natural language processing，NLP)、语音识别 (speech recognition，SR) 等领域。深度学习方法近年来被引入地图学空间认知研究中，但仍处于探索阶段。以下仅简要介绍深度学习的基本原理。

4.7.2　神经网络基本原理

神经网络模型构建与训练，可以被视为使用给定的输入特征 (feature) 和标签数据 (label)，对一个拥有海量权重参数的“黑箱”进行优化与迭代的过程 (龙良曲，2020)。

对于一个神经网络，其基本的单元被称为感知机。感知机模型是 20 世纪 40~50 年代由美国神经科学家 Warren Sturgis McCulloch 和数理逻辑学家 Walter Pitts 受生物神经元结构启发，由美国神经物理学家 Frank Rosenblatt 在 50~60 年代抽象并实现的模型。如图 4-23 所示，对于一个输入向量 $x_{input} = [x_1, x_2, x_3, \cdots, x_n]$，有一个权重向量 $\omega = [\omega_1, \omega_2, \omega_3, \cdots, \omega_n]$ 对 x_{input} 进行加权求和，随后对加权求和的值进行偏置量为 b 的偏置运算，形成感知机线性运算部分的结果，随后通过引入激活函数 (activation function)$\sigma(x)$ 对上述结果进行非线性运算，常用的激活函数有 ReLU 函数、Sigmoid 函数，Tanh 函数等。上述过程可表示为

$$x_{output} = \sigma(\omega^T x_{input} + b) \tag{4-22}$$

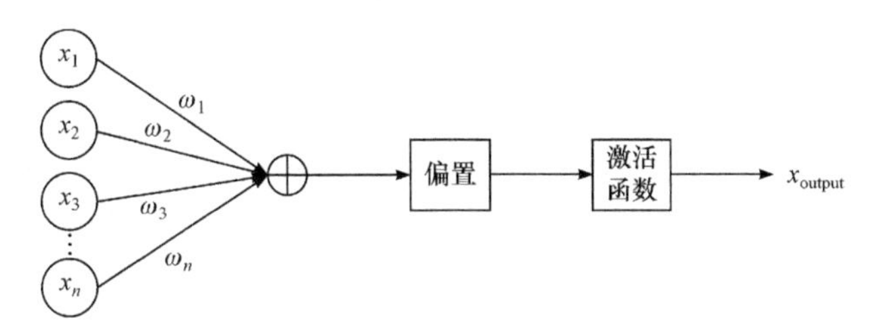

图 4-23　感知机结构

通过对多个的感知机进行并联或串联组织，可以形成一个简易的神经网络结构 (图 4-24，图中每个箭头代表一个感知机过程)，一个神经网络由输入层、一个或多个隐层及输出层构成。参数在网络中的传递关系是由前向后的，因此通过感知机进行的参数传递称为前向传播 (forward propagation，FP)。依托这一结构或由其产生的变体，可以使输入层的数据编码经多层感知机的传播，预测数据标签值或对数据标签的概率分布。而预测结果往往与标签真值存在偏差，因此需要设计损失函数 (loss function) 来定量描述这一偏差，常见的损失函数有均方差、交叉熵等。

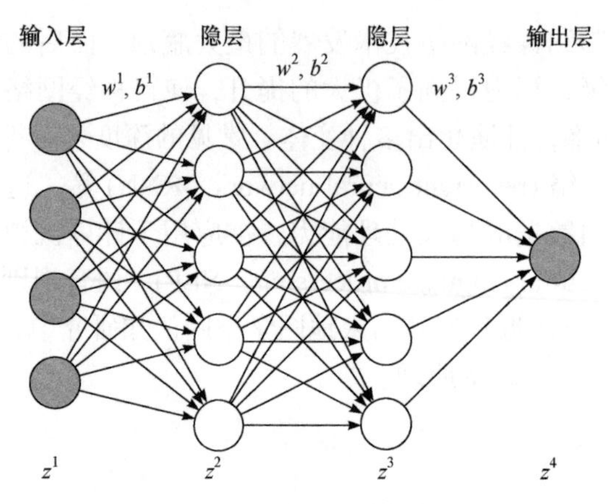

图 4-24　神经网络结构

训练神经网络的本质是求损失函数的最小化值，使模型预测结果尽可能地逼近真值，因此，需要使用优化器 (optimizer) 对各层权重进行优化。损失函数 L 是一个关于 ω、b 的函数，通过函数求偏导的方式可以求解使 L 趋近最小取值时的各权重大小，使用求解结果更新参数，完成一轮的迭代。与感知机的前向传播不同，优化过程的参数传递是后向的，因此优化过程也称为反向传播 (back propagation，BP) 过程。前向传播与反向传播过程交替进行，使神经网络结构得以运行，网络内的权重参数得以更新迭代，获得更优的预测精度。

4.8　小　结

本章介绍了地图空间认知行为模式挖掘的机器学习方法，以传统的机器学习方法为主要内容，从数据预处理、特征提取、特征选择、分类方法选择、超参数优化、训练与交叉验证方法以及模型评价等方面进行了详细阐述。最后简要介绍了认知行为模式挖掘的深度学习方法。因为机器学习方法在大多数情况下都是“黑箱”，无法得知其具体的运行过程，所以结合理论驱动与数据驱动的方法进行分析有助于对研究问题产生更全面的理解。

第 5 章　地图学空间认知眼动实验应用案例

当前，眼动跟踪实验方法在地图学空间认知研究中已得到了广泛应用。在地图学空间认知眼动实验中，眼动数据反映了人对地理空间和地图的认知过程和认知结果。根据研究对象和具体研究问题的不同，眼动实验设计和具体实施中应重点考虑的因素也有一定差别。此外，地图眼动数据还可以应用到各个方面，如空间能力衡量、眼控地图设计、用户任务识别等。

本章首先介绍了对认知主体(人群差异，5.1 节)、认知表达(地图类型差异，5.2 节)、认知客体(环境差异，5.3 节)等地图学研究对象的空间认知研究实例，详细描述了开展地图学空间认知研究眼动实验时的科学问题凝练、实验设计思路、实验开展过程、数据分析方法和结果讨论总结的全部流程。在 5.4 节中，对地图眼动数据在多个领域的应用研究以案例的形式进行介绍，包括数据选取、方法构建、结果评估等方面。

本章以脚注的形式在小节标题标注了每一个案例的文献引用，如果读者对某个案例的具体研究感兴趣，可查阅相应的文献以进一步了解。

5.1　针对认知主体的地图空间认知研究

作为地图空间认知的主体和地图信息传输的终点，不同的读图者对地图信息的搜索方式和加工过程均存在差异，这些差异是由于生理特征、先验知识和专业水平的不同导致的。针对认知主体的研究是空间认知的基本问题。为研究这类问题，需要依据性别、年龄、专业等人群背景对认知主体进行分类，设计相关实验任务，通过眼动实验方法探究每类主体的地图空间认知过程与结果，进而评价不同认知主体的地理空间认知模式与能力差异。

5.1.1　不同性别室内寻路的地图认知差异研究①

不同性别的人群在寻路过程中对地图和环境的认知规律是地图学空间认知的核心议题之一。性别差异是寻路和导航研究中一个重要的内部影响因素。研究表明，在寻路策略方面，男性更善于把握整体情况，倾向使用定向策略；而女性则更注意局部特征并倾向使用路线策略。同时，在寻路过程中，女性较易出现焦虑情绪。已有研究表明，

① Zhou Y, Cheng X, Zhu L, et al. 2020. How does gender affect indoor wayfinding under time pressure? Cartography and Geographic Information Science, 47(4): 367-380

情绪会影响人的认知，从而影响寻路效率。在视觉注意方面，男性在使用三维地图时比使用二维地图更注意地标，而女性在使用这两种类型的地图时没有明显的差异。性别差异在空间能力和空间认知的多个方面都有体现，而在有时间压力和任务的情况下，性别带来的差异可能会进一步被放大。

本节开展了真实地下室内环境中的行人寻路眼动实验。实验的自变量是有无时间压力，分别对男 / 女两组人群开展实验。在这项研究中，共招募了 38 名被试，年龄为 17~26 岁。被试完成了圣巴巴拉方向感测试量表 (SBSOD)，并在实验前进行了空间旋转测试，以确保不同组的被试具有相似的空间能力。经过被试筛选，无时间压力组有 18 人 (6 名男性和 12 名女性)，有时间压力组有 20 人 (9 名男性和 11 名女性)。被试对实验区 (图 5-1) 并不熟悉。

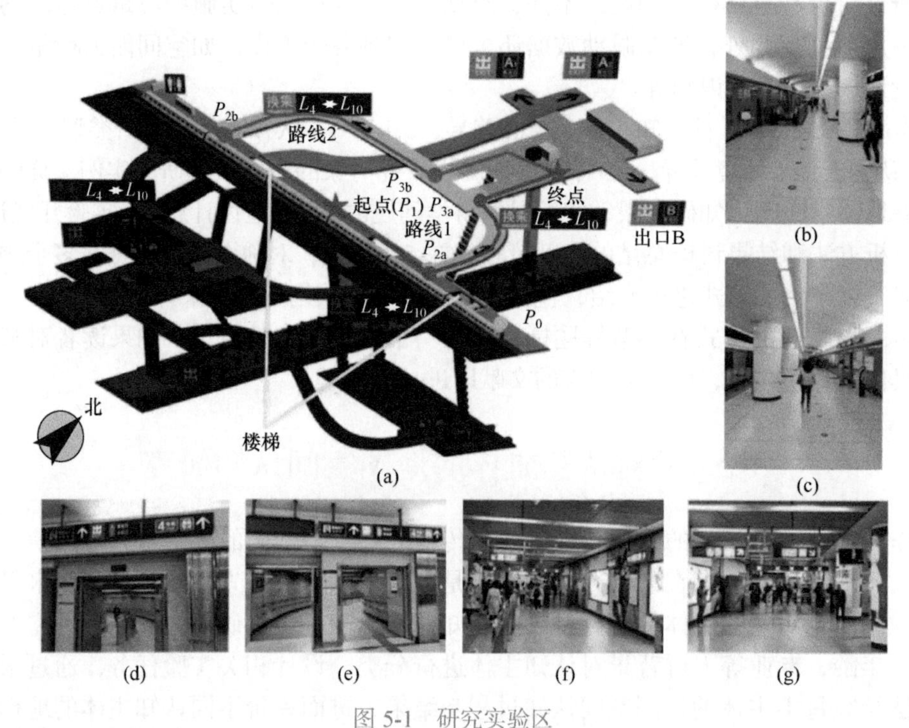

图 5-1　研究实验区

(a) 为室内地铁站寻路区域。寻路共分为三个部分，(b)、(c) 为第一个部分的两个方向；(d)、(e) 分别为第二个部分的 a、b 点；(f)、(g) 为第三个部分的 a、b 点

所有被试在寻路过程中佩戴 SMI 移动式眼动仪，在寻路过程中，该眼动仪将同步录制第一人称视角视频。实验时，被试乘坐地铁来到实验区，在绿点 P_0 处下车 [图 5-1(a)]。被试被引导到起点位置后，需要在有或无时间压力的情况下完成同样的寻路任务。

有时间压力组的情景：假设今天是星期一，你有一个非常重要的面试，需要尽快在 B 出口处出站，到达办公大楼。

无时间压力组的情景：假设今天是星期天。想象一下，你是相当轻松的，有很多空闲时间，只想一个人在商场闲逛。你需要在 B 出口处出站，到达商场。

在寻路任务完成之后，主试对被试进行访谈，与被试共同回看眼动仪所记录的视频，并请被试回忆他们在寻路过程中的想法和决策方式。

本节对地图和环境空间认知的评价主要通过眼动数据进行衡量，眼动指标的选取类型和含义如表 5-1 所示。研究者统计了被试在整体环境中的眼动指标，代表被试对室内环境的关注程度和视觉分布，“指示牌”等特定地标和室内地图上的眼动指标，代表被试对地标和地图的关注程度和视觉分布。

表 5-1　实验分析指标与定义

	指标	定义
信息处理指标	注视点数量	AOI 内注视点个数
	注视点平均持续时长	平均单个注视点的持续时长
	注视频率	单位时间内注视点个数
视觉搜索指标	眼跳频率	单位时间内的眼跳次数

在本节中：①访谈结果证实男性更有冒险精神，在有时间压力的情况下更倾向于冒险，而女性则始终保持保守的寻路策略。在眼动数据上表现为男性比女性有更高的扫视频率，这意味着他们能更有效地在地铁站内搜索信息。当男性在搜索过程中拥有更高的效率时，他们可以更快地收集信息。②在没有时间压力的情况下，男性比女性有更高的注视频率，而他们在指示牌上的注视时间则明显较短 (图 5-2)。也就是说，男性能够比女性更有效、更容易地从指示牌上提取信息。然而，只有在没有时间压力的情况下，性别造成的差异才是显著的。这表明时间压力可能会消除在提取指示牌信息方面的性别差异。

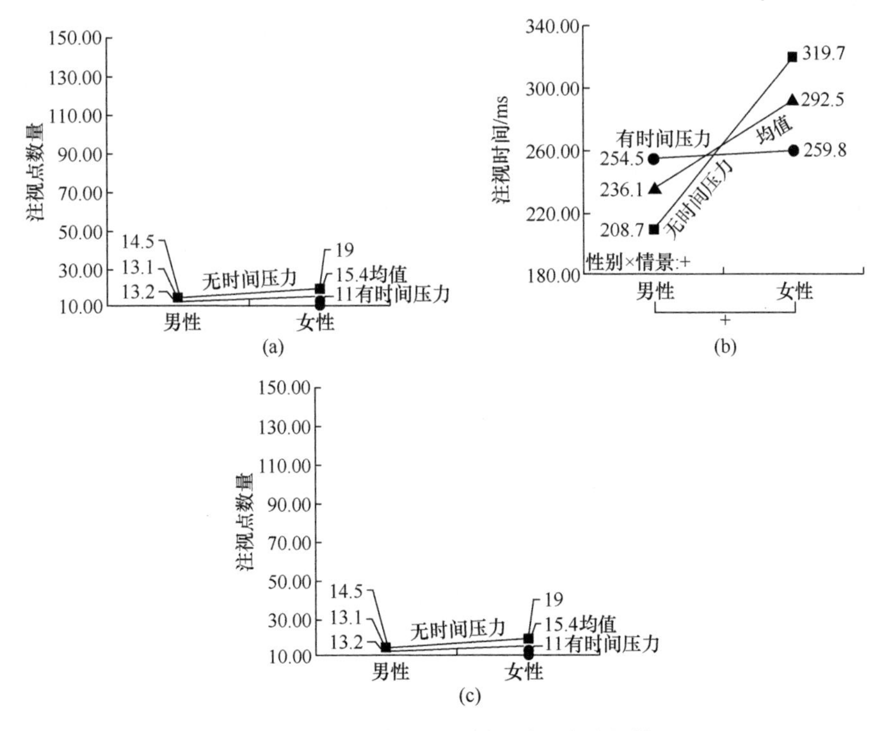

图 5-2　对指示牌兴趣区的视觉注意分析结果

本节探讨了有无时间压力下不同性别人群在室内寻路过程中的差异。眼动实验结果表明，男性在有时间压力时更倾向于冒险，而女性则始终保持保守的寻路策略。此外，在整个实验中，男性被试寻找信息的速度更快。在视觉注意力方面，在没有时间压力的情况下，男性比女性能更有效地从指示牌上提取信息。在时间紧迫的情况下，男性和女性被试在阅读地图时都遇到了更多困难。通过本小节的研究，能够理解不同性别用户的空间认知和在时间压力下的寻路策略，并可为设计更适用于紧急情况的室内导航或寻路系统提供方向。

5.1.2 不同教育背景学生的地图空间能力差异研究①

作为与工作生活息息相关的一种能力，空间能力的训练和提升也是地理学重点关注的问题之一。空间能力具有可塑性，通过进行相关训练可以提升空间能力；而不同专业背景、不同的培养方式可能会导致学生空间能力的差异。空间能力包括空间定位、定向和空间可视化能力。在地图学研究中，主要关注如何使用地图理解空间信息、完成空间定位和空间可视化的过程。但目前，关于不同专业背景的空间认知能力是否存在差异的研究依然较少。本节利用眼动追踪技术，以地理学专业学生和非地理学专业学生为认知主体，以一种直观、过程化的方式研究这两类群体在地图空间能力上的差异。

本节探讨的基于地图的空间能力体现在以下 3 个方面：基于地图的空间定位能力、空间定向能力和空间可视化能力。通过桌面式眼动仪开展地图阅读实验，收集了多类数据来评估地理学专业学生和非地理学专业学生在上述三方面的差异。

研究从北京师范大学招募了 32 名本科生和研究生，年龄为 17~21 岁，其中，26 名为女性，6 名为男性。主试将所有被试分为地理学专业和非地理学专业两组(每组 16 人)。实验任务参考了普通高等学校招生全国统一考试题库中地形图相关题型，重点为海拔、剖面、坡度、地形信息获取的题型，并进一步选取了有代表性的试题及其各自的地形图(图 5-3)。最终实验包含四个类型的任务(表 5-2)，任务 #1[图 5-3(a)] 可用于验证被试的空间定位能力，任务 #2[图 5-3(b)] 可用于验证被试的空间定向能力，任务 #3[图 5-3(c)] 和任务 #4[图 5-3(d)] 则可用于验证被试的空间可视化能力。

表 5-2 各实验任务具体内容

任务	任务内容
任务 #1	基于等高线地图进行点定位
任务 #2	基于等高线地图判断剖面线方向
任务 #3	等高线地图的坡度可视化
任务 #4	通过可视化等高线地图确定地形

为了比较地图空间能力的差异，实验收集了一系列数据用于定性和定量分析，从四个方面分析两组被试之间的差异。

① Dong W H, Zheng L Y, Liu B, et al. 2018. Using eye tracking to explore differences in map-based spatial ability between geographers and non-geographers. ISPRS International Journal of Geo-Information, 7(9): 337

定量分析主要为通过眼动数据和行为数据分析被试的地形解读过程 (包括答题正确率、反应时间、信息处理指标和视觉搜索指标)(表 5-3)，考虑到关键信息可能分布在整个地形图上，选择整个地图作为 AOI 进行统计分析。定性分析包括绘制直观的单注视点热图和注视序列图。通过这些数据，分析被试的地图阅读过程与地图阅读习惯，进而探究不同群体间的能力差异。

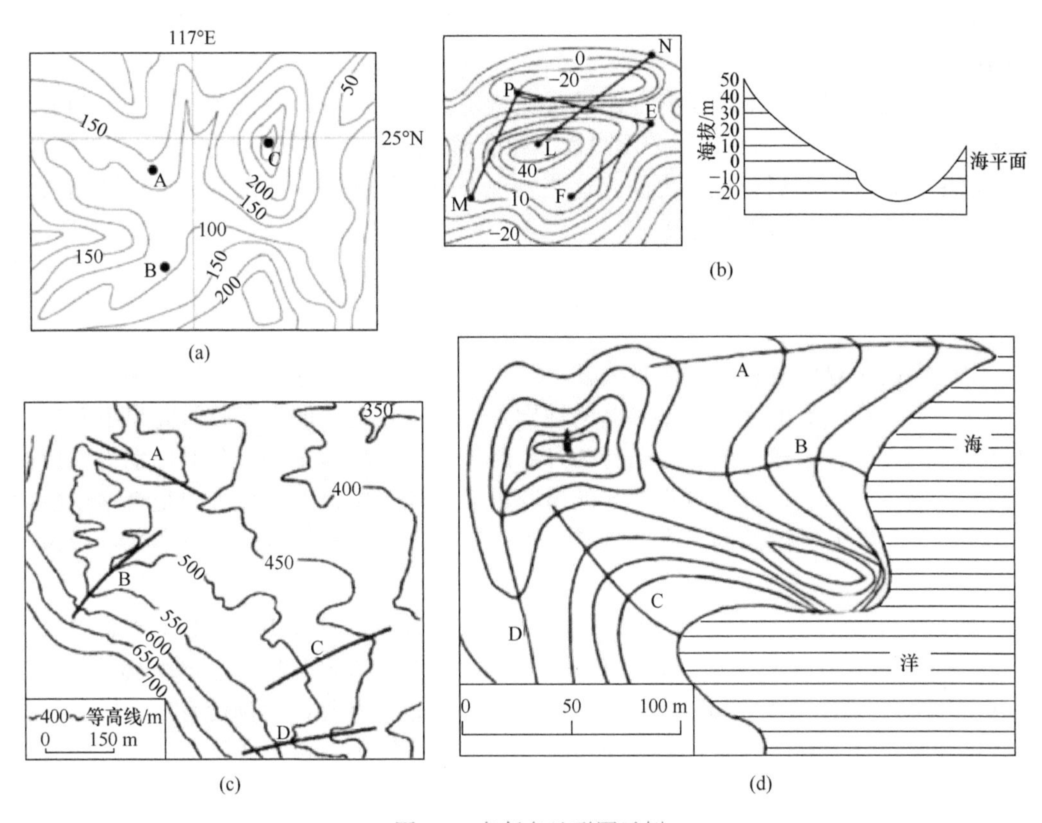

图 5-3　各任务地形图示例

表 5-3　实验分析指标与定义

指标类型	指标	定义
任务评价指标	答题正确率	被试完成任务的正确率
	反应时间	被试完成任务所用时长
信息处理指标	注视点数量	AOI 内注视点个数
	注视频率	单位时间内注视点个数
视觉搜索指标	眼跳次数	任务中眼球快速移动次数

定性分析的结果表明，与非地理学专业组相比，地理学专业组表现出更规律的注视序列，他们的注视点更集中在关键信息上。非地理学专业组的注视点较分散，注视顺序紊乱，注视点区域也包含更多不相关的信息。而地理学专业组倾向于寻找有用的信息来

解决问题，非地理学专业组并没有特定的搜索模式，他们的目光在整张地图上徘徊。

定量指标的分析结果表明：①在空间定位能力方面，地理学专业组比非地理学专业组反应时间更短，注视频率更高，眼跳次数更少，且组间差异显著。②在空间定向能力方面，与非地理学专业组相比，地理学专业组的反应时间明显较短，注视次数更少，眼跳次数更少，同时注视频率显著更高。③在空间可视化能力方面，地理学专业组的反应时间明显短于非地理学专业组，但在注视次数、注视频率或眼跳次数方面，两组之间没有显著差异。

研究者还发现，非地理学专业组通常花费了更多的时间来完成读图任务。与非地理学专业组相比，地理学专业组的读图效率和准确度更高，对关键信息点的关注度更高，视点数更少，关键点提取速度更高。这些发现表明，地理学专业组在完成地图阅读问题上更加具有针对性，效率更高。

5.1.3 不同性别空间定向视觉行为的差异研究①

空间定向是寻路过程的一个重要任务。一般来说，人们通过观察地图和地标等完成定向任务。在已有的文献中，寻路的性别差异是存在的，但大多数研究集中在探索寻路能力的差异，而较少研究寻路行为和寻路策略，或探讨定向任务的性别差异。视觉是人类的主要感官，视觉行为模式的研究可能有助于发掘定向任务中是否存在性别差异，以及存在差异的原因。本节将基于眼动实验，探究空间定向任务中视觉行为的性别差异。

研究者共设计了 20 个空间定向任务。每个定向任务展现在由街景和地图拼接成的图片上 (图 5-4)。在街景地图上显示了四个不同的方向，用箭头表示，并分别标记为 A、B、C 和 D。图片下方有覆盖该位置一定范围内的地图。在地图上标记有一条标明起点和终点且包含一个转向的路径。地图上路径的转折点位于道路交叉口，对应街景当前位置。

一共有 40 名被试参与了本次实验，年龄为 20~30 岁，其中，20 名为女性，20 名为男性。在实验中，被试需要想象自己的位置在道路交叉口附近，正在按照地图上的路线前往目的地。被试需要根据地图和街景提供的线索，在规定时间内从给定的四个备选方向中找到正确的前进方向。

本节对行为实验和眼动实验数据进行了分析，行为实验数据表明，男性和女性在定向正确率上没有差异，但是男性的完成时间短于女性，并且结果显著。为研究男女的视觉行为差异，研究者使用语义分割方法从刺激材料中提取五类 AOI(图 5-5)，包括道路、建筑、路牌、地图和其他类别 (即没有实质寻路线索的区域)，并统计分析了不同性别在各类 AOI 上的注视次数、注视时长和注视时长的统计分布之间的差异，具体实验指标的选取和含义如表 5-4 所示。

---

① Dong W H, Zhan Z C, Liao H, et al. 2020. Assessing similarities and differences between males and females in visual behaviors in spatial orientation tasks. ISPRS International Journal of Geo-Information, 9(2): 115

图 5-4　定向实验界面

(a) 原始图像

(b) 分割图像

图 5-5　语义分割图像结果

表 5-4　实验分析指标与定义

指标类型	指标	定义
任务评价指标	答题正确率	被试完成任务的正确率
	反应时间	被试完成任务所用时长
信息处理指标	注视点数量	AOI 内注视点个数
	注视时长	注视该类 AOI 的时长
	AOI 间切换次数	注视点在地图和其他 AOI 间切换的次数

眼动指标分析结果显示，男性观察道路的次数高于女性，且结果显著；男女对建筑、路牌、地图和其他物体的注视次数没有明显差异。男女对各 AOI 的注视时长均没有明显差异；对男女注视时长进行指数分布拟合，发现对于指数分布的指数项，女性明显高于男性；在地图交互方面，女性在地图和路牌之间的交互次数显著高于男性。

本节通过视觉行为分析，发现男性对道路更感兴趣，而女性在地图与路标之间切换得更频繁。结果还显示男性和女性在注视行为上存在一些相似之处。本节揭示了男性与女性的空间定向特征模式，对理解不同性别在空间定向方面的不同行为有所帮助。

5.2 针对认知表达的地图空间认知研究

地图是对复杂地理空间信息的抽象化表达。通过视觉变量、符号系统和比例尺等，制图者得以对地理信息进行简化，最终将三维地理空间降维映射至二维地图空间。为了选取合适的地图表达方法，就需要开展对地图上不同要素的可用性研究。针对认知表达的地图空间认知研究的核心是探究用户使用不同表达媒介时的认知过程与结果。

用户的地图空间认知过程与结果为制图表达媒介的发展提供了重要的参考。制图者得以通过用户实验的分析结果检查表达媒介针对特定用途的可用性，并发掘表达媒介的潜在应用场景。可用性是评价认知表达媒介的关键，其主要包含 3 个方面：①有效性，反映用户完成特定任务的准确率；②效率，反映用户完成特定任务花费的时间；③满意度，反映用户使用认知表达媒介完成特定任务的满意程度。通过眼动实验，可以从指标、序列和可视化图等多方面衡量地图可用性，从而完成对认知表达各要素的精准评估。

5.2.1 流型地图要素可用性评价研究 ①

传统地图以单个地理单元的可视化为主，与之相比，流型地图通过流线和箭头，强调多个地理单元间关系的可视化。因此，在节点的符号化设计之外，流型地图的表达受到流线的形状、尺寸、颜色等视觉变量的影响更大。流线形状在表达地理流位置、方向等空间信息的过程中起决定性作用。合理地变化流线形状能够有效改善地理流空间布局，降低信息复杂度，从而提高用户对局部地理流与全局地理流网络的空间感知效果。尺寸与颜色等视觉变量通常被用作表达地理流的非空间信息部分，是读图者进行非空间数据类别与量值感知的重要视觉参考。这些要素影响着流型地图的可用性。

本节开展了基于眼动追踪的流型地图可用性评价实验。实验自变量包括流线形状、尺寸与颜色，实验中分别比较了直线 / 曲线 (表达地理流位置) 和线宽 / 颜色梯度 (表达地理流流量) 两组变量对流型地图可用性的影响。眼动实验共计包含 40 名被试，所有被试均为本科生或研究生，年龄为 20 ～ 23 岁。实验数据源为中国部分城市间移动通话数据集，实验刺激材料 (即所用流型地图) 表现了特定时段内的城市间移动通话频

① Dong W H, Wang S K, Chen Y Z, et al. 2018. Using eye tracking to evaluate the usability of flow maps. ISPRS International Journal of Geo-Information, 7(7): 281

次，体现了城市间的移动通信规模。其中，数据流的形状由直线或曲线表示，不同的线条粗细和颜色梯度则被用来表示数据流的流量。

实验中，40 名被试被分配到 A/B 两个小组 (图 5-6)，其中，A 组所使用的地图的变量设置为 (线条粗细 + 直线) 或 (线条粗细 + 曲线)，B 组为 (颜色梯度 + 直线) 或 (颜色梯度 + 曲线)。实验过程中，被试被要求阅读屏幕上显示的地图并完成预先给定的任务，包括：① A 城市的流出中，流向哪个城市的流量最大 (最小)；②流入 A 市的流量中，哪个城市的流量最大 (最小)；③最大 (最小) 的数据流发生在哪两个城市之间。

本节结合了眼动数据和非眼动数据 (表 5-5)，从有效性和效率两方面进行数据分析。被试总体眼动注视点分布如图 5-7 所示。结果表明，曲线比直线在表达地理流时有效性更高，被试使用曲线流地图时具有更高的任务正确率。眼动数据结果表明，使用曲线流地图的被试在感兴趣区域 (正确答案对应的数据流) 中表现出了更多的注视点以及注视点百分比，表明被试更容易在曲线流地图中完成对关键数据流的搜索、识别与对比。

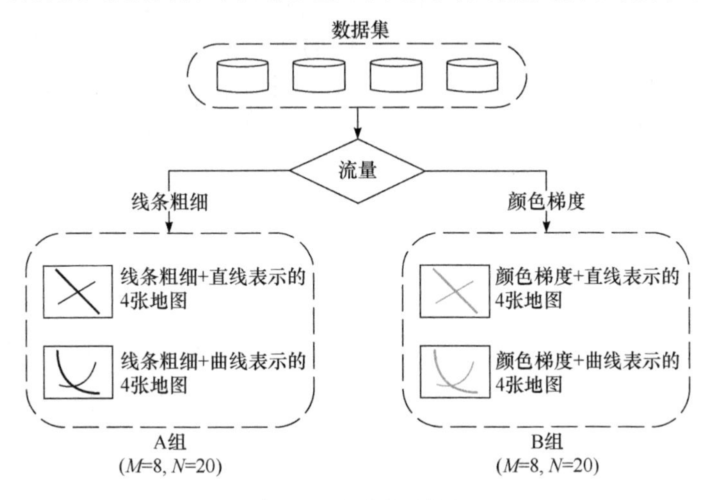

图 5-6　眼动实验框架

表 5-5　实验分析指标与定义

指标类型	指标	定义
任务评价指标	答题正确率	被试完成任务的正确率
	反应时间	被试完成任务所用时长
信息处理指标	注视点数量	AOI 内注视点个数
	AOI 内注视点比例	AOI 内注视点个数除以总注视点个数
	首次进入 AOI 前用时	首次到达 AOI 之前的时间

在效率方面，曲线流地图的被试完成任务的效率更低，需要更长的反应时间，这主要体现在被试的识别曲线和直线流向时的阅读行为差异。识别曲线时，被试需要沿曲线进行视觉追踪，以此判断曲线的两个端点的所在位置。识别直线时，被试仅需要确定端点的位置，不需要沿直线进行视觉追踪，因此节省了地图阅读的时间。

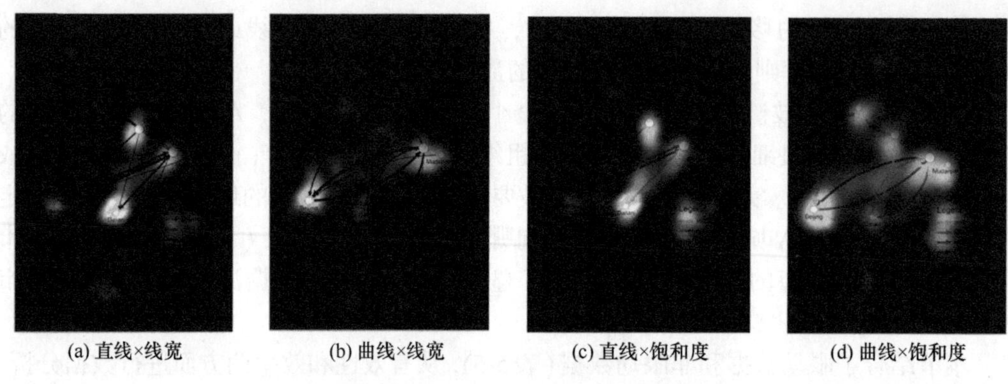

(a) 直线×线宽　(b) 曲线×线宽　(c) 直线×饱和度　(d) 曲线×饱和度

图 5-7 被试总体眼动注视点分布图

此外，研究者发现使用颜色梯度表示流量比使用线条粗细有效性更高。被试使用颜色梯度地图时具有更高的任务正确率，这表明被试对于流线的颜色梯度区分能力比线宽区分能力更强，在流型地图设计时，应优先使用颜色梯度表达流量。

本节探讨了视觉变量对流型地图可用性的影响。眼动实验结果表明，使用曲线流比使用直线流更有利于流型地图的可用性，因为使用曲线可以减少地图要素的重叠与交叉，提高地图的清晰度。此外，与使用不同粗细线条相比，使用颜色梯度表达流量的流型地图更有效。这些结果能够为流型地图设计提供参考，提高流型地图的可用性。

5.2.2 二维与三维行人导航电子地图可用性评价研究 ①

近年来，随着智能移动终端的发展和普及，行人导航电子地图在人们日常生活中的应用越来越广泛。除了传统的二维地图，三维地图的研究与应用也越来越受到关注。不同于二维地图，三维地图通过三维信息展现立体图形符号和真实纹理，并提供多种视角和自由操作的地图交互，使得三维地图符号更易于识别，同时也带来一些操作的不适应。行人导航电子地图的可用性表现在其是否能够有效地传递信息、吸引视觉注意并促进用户对环境和地图的认知过程从而准确并高效地完成任务。因此，从地图空间认知的角度来评价行人导航电子地图的可用性，不仅有助于进一步揭示地图空间认知机理，而且对于地理信息可视化设计具有重要的指导作用。但是目前结合地图认知与空间认知评价导航电子地图可用性的研究仍然极少。

由于基于野外的地图可用性评价存在缺陷并且使用移动眼动仪可能存在问题，本节使用探索性方法：首先在实验室环境中模拟行人导航，使用眼动跟踪方法结合出声思维法来评价二维与三维导航电子地图的可用性。这将作为野外实地可用性评价的第一步。

研究选取了20名被试进行实验，年龄为19～23岁，其中，14名为女性，6名为男性。实验系统使用 Google API 开发（图 5-8)，二维和三维地图分别为 Google Map 与 Google

① Liao H, Dong W H, Peng C, et al. 2017. Exploring differences of visual attention in pedestrian navigation when using 2D maps and 3D geo-browsers. Cartography and Geographic Information Science, 44(6): 474-490

Earth，导航环境使用 Google 街景来模拟。Google 街景提供街道级别的高分辨率 360°全景视图，用户使用谷歌街景进行漫游和导航，可产生沉浸的用户体验。实验区域位于美国华盛顿地区哥伦比亚特区 (图 5-9)。

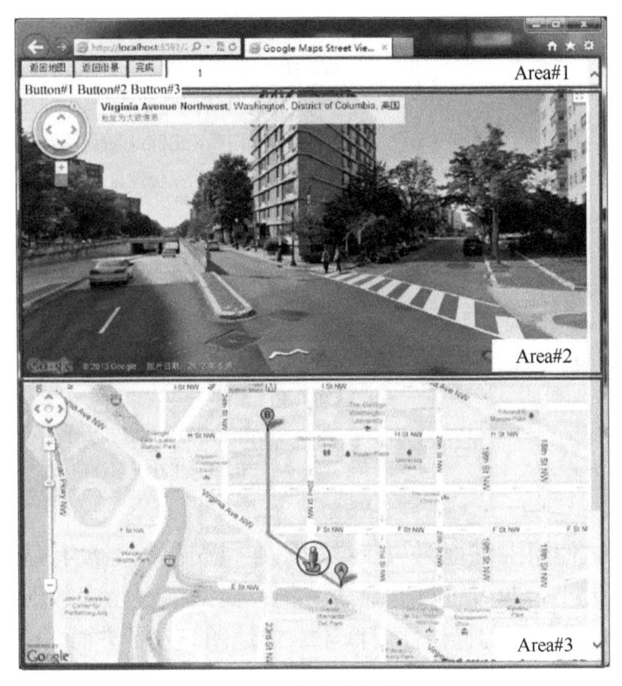

图 5-8　实验系统界面

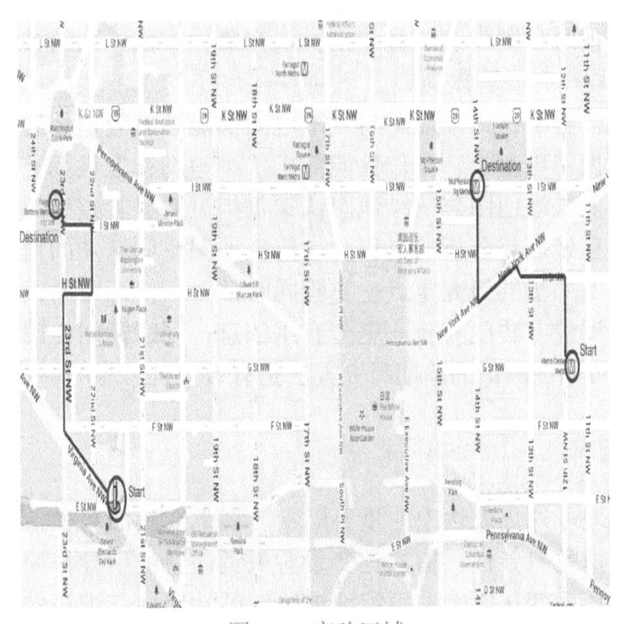

图 5-9　实验区域

本节使用的可用性评价指标包括三大类：有效性、效率和认知负担。有效性包括错误次数、眼跳距离和鼠标键盘次数；效率包括总时长、地图注视时长、街景注视时长和注视频率；认识负担包括平均瞳孔大小和最大瞳孔大小。各指标定义如表 5-6 所示。

表 5-6　实验分析指标与定义

指标名称	定义
	有效性
错误次数	导航时走错的次数
眼跳距离 /(px/ 眼跳)	总眼跳距离除以眼跳次数
鼠标键盘次数	查看地图时鼠标键盘点击次数
	效率
总时长 /min	导航总用时
地图注视时长 /min	读图时注视时间
街景注视时长 /min	导航是注视街景所用时间
注视频率 /(次 /s)	读图时每秒注视次数
	认知负担
平均瞳孔大小 /mm	读图时的平均瞳孔大小
最大瞳孔大小 /mm	读图时瞳孔大小峰值

结果表明，被试使用二维地图与三维地图在错误次数上没有显著差别；眼跳距离反映视觉搜索半径大小，两者也没有显著差别；而鼠标键盘次数则是三维地图显著高于二维地图，说明三维地图的操作性要低于二维地图。效率方面，由于实验不限时间，两组被试完成实验所用的时间没有显著差别。但是地图注视时长则是三维地图明显多于二维地图，注视频率二维地图显著高于三维地图，这反映了二维地图有更高的信息传递效率。街景注视时长则没有明显差别。认知负担方面，两组被试在平均瞳孔大小和最大瞳孔大小上均没有显著差别。

从实验结果可以看出，二维地图与三维地图都能够有效地传递信息，但是三维地图的交互特点使其操作更复杂，操作性能低于二维地图；在效率上，二维地图显著高于三维地图；总体上二维地图与三维地图认知负担没有显著差别。行人导航的认知过程是一个复杂的信息处理与分析的过程，如何从地图空间认知的角度进一步将认知过程细化与分析将是下一步的研究重点。实验同时证明，使用眼动跟踪方法结合出声思维等传统的可用性评价方法能够获取更多有用信息；同时说明使用室内环境模拟行人导航作为野外实地可用性测试的前期研究方法是有效并且可靠的。

5.2.3　三维视觉变量稳定性与恒常性研究①

视觉变量是地理可视化表达中的重要因素。视觉变量的两种主要性质为视觉引导性和视觉恒常性。视觉引导性，指视觉变量对视觉注意的引导作用；视觉恒常性，指视觉变量可以不受环境变化影响、稳定地被感知的性质。三维符号的视觉引导性与恒

① Liu B, Dong W H, Meng L Q. 2017. Using eye tracking to explore the guidance and constancy of visual variables in 3D visualization. ISPRS International Journal of Geo-Information, 6(9): 274-288

常性对于快速和稳定认知理解三维地理可视化至关重要。以前的研究都集中在二维符号相关的视觉变量的引导性和恒常性上，而没有很好地研究三维符号的相关性质。

在这项研究中，研究者使用眼动追踪技术来分析三维符号的形状、色调和尺寸的视觉引导性，以及形状、颜色饱和度和尺寸的视觉恒常性。36 名被试参与了研究，平均年龄为 22 岁，其中，24 名女性，12 名男性。实验包括两部分：视觉引导性实验和视觉恒常性实验。实验采用了被试内设计，被试需完成的实验任务较多，每个被试需完成 108 次实验任务，因此采取了拉丁方方法，来平衡实验顺序对实验结果的影响。

使用 Sketch Up 设计实验刺激材料，FOV = 35° ，视点高度 = 50m，采用默认光照和背景设置。颜色自变量包括红色、蓝色、黄色；形状包括球体、圆锥、立方体；在研究尺寸自变量时，某些立方体被增大至原尺寸的 120%。在研究恒常性时，目标物体的颜色饱和度被调整为 75%，或形状变为三棱锥，或尺寸增大为原来的 120%。整个刺激材料被分为等距、等角度的 9 个区域，每个区域内随机摆放 3 个物体 (图 5-10)。在视觉变量引导性实验中，被试需要在不同颜色、形状、尺寸物体中找到指定类别物体 (图 5-11)；在视觉变量恒常性实验中，被试需要比较指定物体与目标物体的颜色、形状或尺寸是否相同。

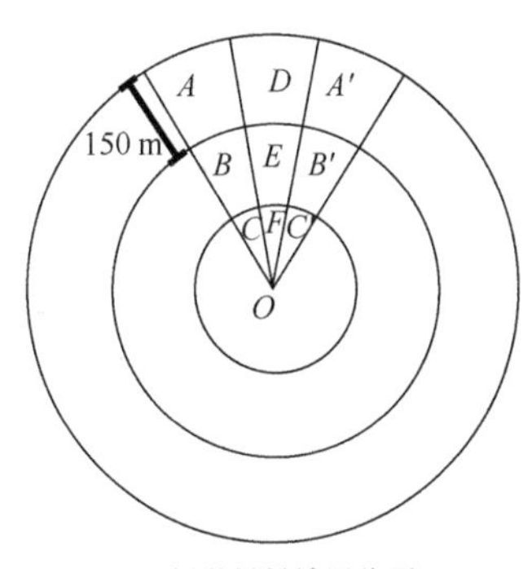

(a) 刺激材料放置位置

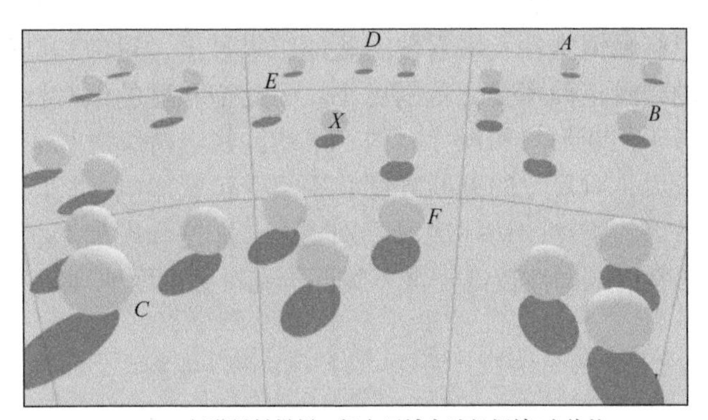

(b) 刺激材料样例，每个区域内随机摆放3个物体

图 5-10　刺激材料操作

图 5-11　形状视觉变量实验任务刺激材料，被试需要找出所有球体

实验评价指标见表 5-7。在视觉引导性实验中，所有正确的目标物体共同组成为 AOI。引导性实验的结果表明，色调和形状的正确率较高，反应时长、首次注视前时间和一次正确判断所需时长均较短，访问比率较高，即色调和形状的视觉引导性较强，而在二维符号中视觉引导性较强的尺寸变量，在三维符号中引导性较差。

表 5-7 实验分析指标与定义

实验	指标	定义
视觉引导性实验	答题正确率	正确地判断次数 / 点击次数
	反应时长	完成任务所用时长
	首次注视前时间	首次到达 AOI 之前所花的时间
	一次正确判断所需时长	反应时长 / 正确判断目标数量
	访问比率	访问 AOI 时长 / 总时长
视觉恒常性实验	正确率	正确判断物体位置次数 / 总判断次数
	反应时间	完成任务所用时长
	平均注视点持续时长	单个 AOI 注视时间均值
	访问次数	单个 AOI 的访问次数

在视觉恒常性实验中，正确率代表了视觉变量的恒常性，眼动指标代表了认知过程，用以解释恒常性。恒常性实验的结果显示，对饱和度的判断正确率更高，且不同位置上的判断正确率变化范围更小，因此饱和度的恒常性更强。在判断饱和度时的反应时间短于判断形状和尺寸时的；平均注视点持续时长表明，对形状的判断难度受位置影响较大，对尺寸的判断难度几乎不受位置影响；访问次数显示，在判断尺寸时，不同位置上的物体的访问次数差别更大，即饱和度和形状的恒常性、准确性较高，而尺寸的恒常性准确性较低。这一实证研究对更全面地理解三维可视化设计具有重要意义。

5.2.4 路网结构对空间认知影响的研究①

道路是人与环境发生交互的重要场景之一，无论是工作、日常出行、旅游等，人们总是在道路环境里。道路的结构，或者说路网结构，对人的即时行为和长期的地理空间能力都有影响。例如，在使用地图进行路线选择时，用户偏爱在起点附近长、直的路线；路网结构的形态影响了人们的空间惯用语的形成，如长期生活在北京等道路走向规则的城市的居民，更倾向使用“东西南北”，而生活在武汉、重庆等道路走向不规则、道路非正交的城市的居民，更倾向使用“前后左右”，这样的差异进一步影响着人们的地理空间思维和地理空间能力。

本节采用眼动跟踪技术，结合功能性核磁共振 (functional magnetic resonance imaging，fMRI) 实验，探索人在不同路网结构中的地理空间认知差异特点。实验中的变量为规则路网和不规则路网，分别是英国林肯郡斯坦福镇 (Stanford，Lincolnshire) 和大曼彻斯特地区阿什顿安德莱恩 (Ashton-under-Lyne，Greater Manchester) 的部分街区

① Liu B, Dong W H, Zhan Z K, et al. 2020. Differences in the gaze behaviours of pedestrians navigating between regular and irregular road patterns. ISPRS International Journal of Geo-Information, 9(1): 45-55

(图 5-12)，保证两实验区建筑风格类似以控制变量，且所有被试对两实验区均不熟悉；实验任务包括方向选择和路线选择这两个基本地理空间任务 (图 5-13)，其中，图 5-12(a) 为不规则路网，图 5-12(b) 为规则路网；红色范围内为预实验的路网范围，蓝色范围内为根据预实验反馈调整后的路网范围。本节包括路网学习、眼动跟踪实验和 fMRI 实验。研究采取被试内设计，共招募了 30 名被试，平均年龄为 22 岁，均为高等学校学生。

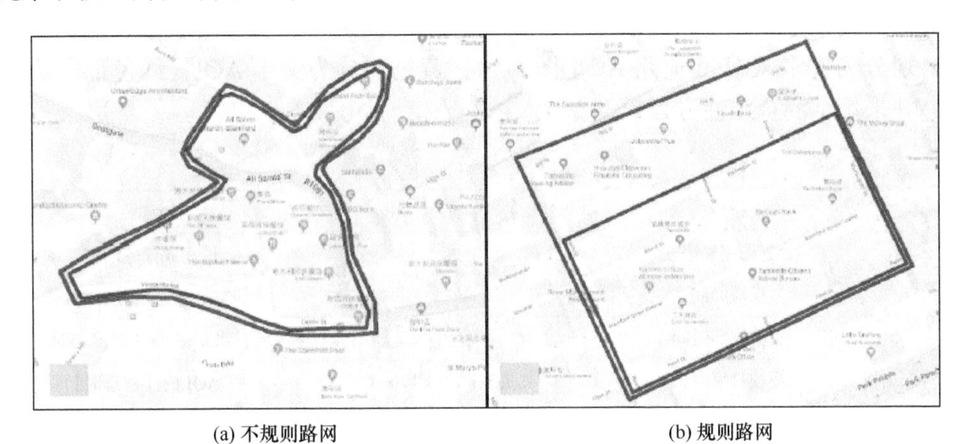

(a) 不规则路网　　(b) 规则路网

图 5-12　路网学习范围

假设所有场景都是从第一视角观察的，从你所站的位置，你无法看到起点和终点
这张照片是在你昨天学习的路网中的某个地方拍摄的，是任务的目的地

方向选择任务

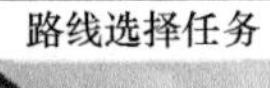

这张照片也是沿着你昨天学习过的路网，从你现在所站的地方(起点)拍摄的
你需要从标记的四个箭头(1~4)中选择目的地的相对方向。如果相对方向不完全是前/后/左/右，请选择最相近的方向

这张照片也是沿着你昨天学习过的路网，从你现在所站的地方(起点)拍摄的
你需要从标记的四个箭头(1~4)中选择通往目的地的最短路径

图 5-13　方向选择 / 路线选择实验刺激材料

首先，被试需要进行路网学习，直至所有被试确保熟悉两个路网结构；接下来，21 名被试参加了眼动跟踪实验，其余 9 名被试参加了 fMRI 实验。本节主要介绍眼动跟踪实验。

在眼动跟踪实验部分，本节结合了眼动数据和非眼动数据 (表 5-8)，对比分析了规则路网和不规则路网中被试的地理空间认知差异。答题正确率表明，在方向选择和路线选择两类任务中，被试均在不规则路网下的表现更好。在分析眼动数据时，将刺激材料划分为文本 AOI 和道路 AOI(图 5-14，黄色部分为文本 AOI，红色部分为道路 AOI)，并采用了混合线性方程模型。

表 5-8　实验分析指标与定义

指标类型	指标	单位	定义
任务评价指标	答题正确率	个数	被试完成任务的正确率
	反应时间	s	被试完成任务所用时长
信息处理指标	首注视前时间	s	首次到达 AOI 之前的时长
	注视持续时长	s/ 像素点个数 ×10000	AOI 内注视总时长
	注视点数量	个数 / 像素点个数 ×10000	AOI 内注视点个数
	注视点平均时长	s	单个注视点持续时长

图 5-14　AOI 实例

结果表明，无论在规则路网 / 不规则路网，方向选择 / 路线选择任务中，被试均首先关注文本信息，再关注道路信息；在文本信息上的注视点数量更多，注视点平均时长也更长。在两类任务中，路网结构均对首注视前时间没有影响。在完成方向选择任务时，与规则路网相比，在不规则路网中，被试在文本 AOI 和道路 AOI 上的注视点平均时长更长；在道路 AOI 上的注视点个数更多，在文本 AOI 上的注视点个数更少；在道路 AOI 上的注视持续时长更长。结合 fMRI 实验结果，即在完成方向选择任务时，在不规则路网下，与决策和眼动相关的大脑功能区更活跃，方向选择任务在不规则路网结构下的难度更大。在完成路线选择任务时，眼动数据的差异只体现在道路 AOI 上。与规则路网相比，在不规则路网中，被试在道路 AOI 上的注视点平均时长更长。

本节研究说明，无论在何种任务下，被试在不规则路网中对道路的关注度总超过在规则路网中。这一结论证实了特殊的道路交叉点可以作为路标。因此，在导航过程中，可以通过某些可视化方法来突出显示特殊的路口，以方便用户使用。

5.3　针对认知客体的地图空间认知研究

人类赖以生存的地理空间受到自然、社会、人文等诸多因素的影响，不同地区之间往往存在巨大差异。揭示人类在不同环境中的认知模式是针对认知客体的地图空间认知研究的主要任务。为研究这类问题，需要依据环境特点对认知客体进行分类，探讨地形、气候、土地利用类型、室内 / 室外等因素对人类空间认知模式的影响。随着增强现实 (AR)、虚拟现实 (VR)、混合现实 (MR) 等技术的发展，基于 AR、VR、MR 空间的应用与服务逐渐普及。人类在具有不同沉浸性、具身性和交互性的环境中的认知模式是新时代地图空间认知研究的重点。

5.3.1　虚拟现实环境与桌面环境地图读图认知差异[①]

近年来，虚拟现实 (VR) 技术已经在地理科学领域得到普及。由于虚拟现实技术提供了高度逼真、身临其境的体验和较为自然的交互，可以有效地模拟真实地理环境。研究者认为，与传统的桌面环境 (desktop environment, DE) 相比，虚拟现实技术可以促进地理信息交流的过程，并带来更好的用户体验。但不同虚拟环境下地图使用过程的具体特点仍然有待讨论和研究。

随着 VR 技术的发展，基于 VR 的地图应用便应运而生，由此带来了一系列新的问题。如：①在桌面环境下得出的关于地图设计和空间认知的诸多结论，在虚拟环境下是否有效？②虚拟环境下的地图可用性和桌面环境的差异在于什么？本节围绕着这两个问题，通过对不同环境下用户地图使用的实证比较，来探究产生这些差异的原因。

本节实验采用了被试间双变量实验设计，2 种虚拟环境 (DE/VR) × 2 种地图类型 (平面地图 / 球面地图)。120 名被试参与了实验，年龄为 19 ～ 25 岁，其中，70 名为女性，50 名为男性。从问卷调查结果来看，所有被试之前均未使用过或仅偶尔使用过 VR。此外，所有被试都对任务中涉及的 1804 年世界史非常不熟悉。所有被试被随机、平均分成四组：MD(平面桌面环境地图) 组、GD(球面桌面环境地图) 组、MV(平面虚拟环境地图) 组和 GV(球面虚拟环境地图) 组。

在桌面环境实验中，研究者开发了基于 HTML5 的答题系统，允许被试与系统进行交互。被试可以使用鼠标移动 / 旋转和缩放地图。在 VR 实验中，研究者使用 Vizard

① Dong W H, Yang T Y, Liao H, et al. 2020. How does map use differ in virtual reality and desktop-based environments? International Journal of Digital Earth, 13(12): 1484-1503

6引擎构建了虚拟问答系统，被试可以通过VR控制器来回答问题。为了降低先验地理知识对实验的影响，刺激材料基于1804年的世界政区图制作，包括国家、首都和重要城市等信息。

考虑到实际使用情况，MD组和GD组的被试坐在桌面眼动仪前；MV组和GV组的被试保持站立并佩戴头戴式显示器。被试需通过地图尽快回答6个有序的单项选择问题，包括2个估计任务(面积估计和距离估计)，2个排序任务(属性排序和面积排序)，和2个关联任务(点-面关联和面-面关联)。实验结束后，通过眼动数据、行为数据和交互数据计算出4组定量指标(表5-9)，这些指标在以前的眼动跟踪研究中普遍用于测量地图使用表现。接下来，采用非参数测试来确定反应时间、信息搜索、信息处理和交互指标的组间差异显著性；4组间两两比较采用Kruskal-Wallis H检验；采用卡方检验分析准确性和主观评价指标。

表5-9 实验分析指标及定义

指标类型	指标	定义
任务评价指标	答题正确率(AC)	被试完成任务的正确率
	反应时间(RT)	被试完成任务所用时长
信息搜索指标	平均眼跳时长(ASD)	平均单次眼跳的持续时长
	眼跳频率(SF)	单位时间内眼跳次数
信息处理指标	平均注视时长(AFD)	平均单个注视点的持续时长
	注视频率(FF)	单位时间内注视点个数
交互指标	放大/缩小次数(ZC)	缩放地图次数
	平移/旋转次数(PRC)	平移、旋转地图次数

实验结果汇总见图5-15。该图通过指标的相对优势和劣势，对不同环境和地图使用任务的读图认知进行了排序。本节在以下三个方面发现了不同环境下地图读图认知的差异性：①通过反应时间可以看出，VR和DE环境在地图使用效率方面存在显著差异。在VR组中，部分被试效率较低。②在信息搜索方面，平均眼跳时长和眼跳频率的结果表明，在VR地图上被试更难查找到有效信息，搜索效率更低。③在信息处理方面，VR环境带来的沉浸感极大地改善了用户的地图使用过程，用户的视觉注意力完全集中在地图上，显著提高了信息处理的效率。这些差异也提醒研究者，DE环境和VR环境下用户的地图学空间认知并不能完全混为一谈，在设计针对VR环境的地图时，要考虑以往在DE环境下得出的用户认知特点是否依然适用。

本节研究同时发现，在使用不同环境下的地图时，被试的地图阅读正确率和主观可读性/满意度评价没有显著差异，而地图任务、地图类型带来的认知差异远远小于环境带来的差异。本节的结论对提高虚拟现实地图应用的可用性具有一定的指导意义，有助于设计出适应人类认知、体现虚拟现实优势的新型地图。

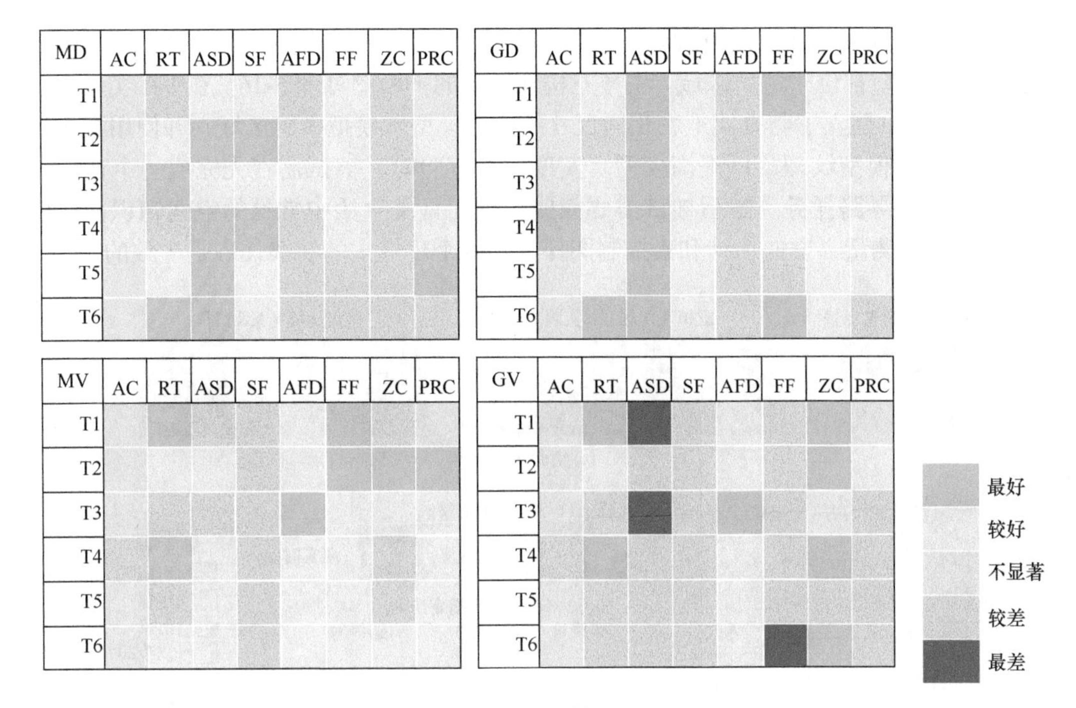

图 5-15　实验结果汇总

图中缩写：T1(面积估计任务)，T2(距离估计任务)，T3(属性排序任务)，T4(面积排序任务)，T5(点－面关联任务)，T6(面－面关联任务)。绿色代表相对表现较佳，红色代表相对表现较差

5.3.2　真实环境与虚拟现实环境的室内寻路与空间知识获取差异 ①

虚拟现实 (VR) 技术的快速发展，从桌面到完全沉浸式的各种虚拟环境设置，为研究寻路行为和空间知识获取提供了新的实验方法。通过开展包含各类自然感觉信息 (如视觉、触觉、运动) 的虚拟实验，可以高沉浸感地模拟被试在现实世界的行为与交互。因此，VR 环境可以减少实验室环境和真实世界环境 (real world environment, RE) 之间的认知差距。然而，目前研究者对 VR 环境在寻路方面的生态有效性了解甚少，仍不清楚人在 VR 和 RE 中的导航是否表现出相同的寻路行为，以及能否获得相当的空间知识。厘清不同环境中空间知识的相似性，以及发现人在不同环境中寻路时获取空间知识的差异，可以为未来 VR 在寻路导航中的应用提供认知理论基础。

本节研究假设：VR 环境中的行人会表现出与 RE 环境中的行人同样的寻路行为，并且获得同等的空间知识。本节研究设计了在 RE 环境和 VR 环境中的室内寻路实验。实验中，主试收集了行人在寻路过程中的眼动数据，并进行了回顾性的访谈和实验后的问卷调查。一共有 65 名大学生参加了实验，他们被分为两组 (VR 组 40 人，RE 组 25 人)。两组被试的空间能力通过圣巴巴拉方向感测试量表 (SBSOD) 测试，测试结果显示两组被试的空间能力无显著差异。

① Dong W H, Qin T, Yang T Y, et al. 2022. Wayfinding behavior and spatial knowledge acquisition: Are they the same in virtual reality and in real-world environments? Annals of the American Association of Geographers, 112(1): 226-246

寻路实验区位于北京师范大学主楼内。主楼被分为两个区域(A 区和 B 区)，行政办公室和会议室都位于这个区域。主楼三楼和四楼的平面图见图 5-16。在 VR 实验中，使用 Sketch Up 建立了与真实地物相同尺寸的三维模型来模拟实验区域，并使用真实环境的照片作为模型纹理，以提高模型真实度。在实验时，被试需首先完成一个自由观看任务和三个寻路任务。随后被试需要完成一系列日常生活中常见的空间知识衡量任务，包括距离测量、方向估计和素描制图任务。两个环境中的实验任务是一致的。

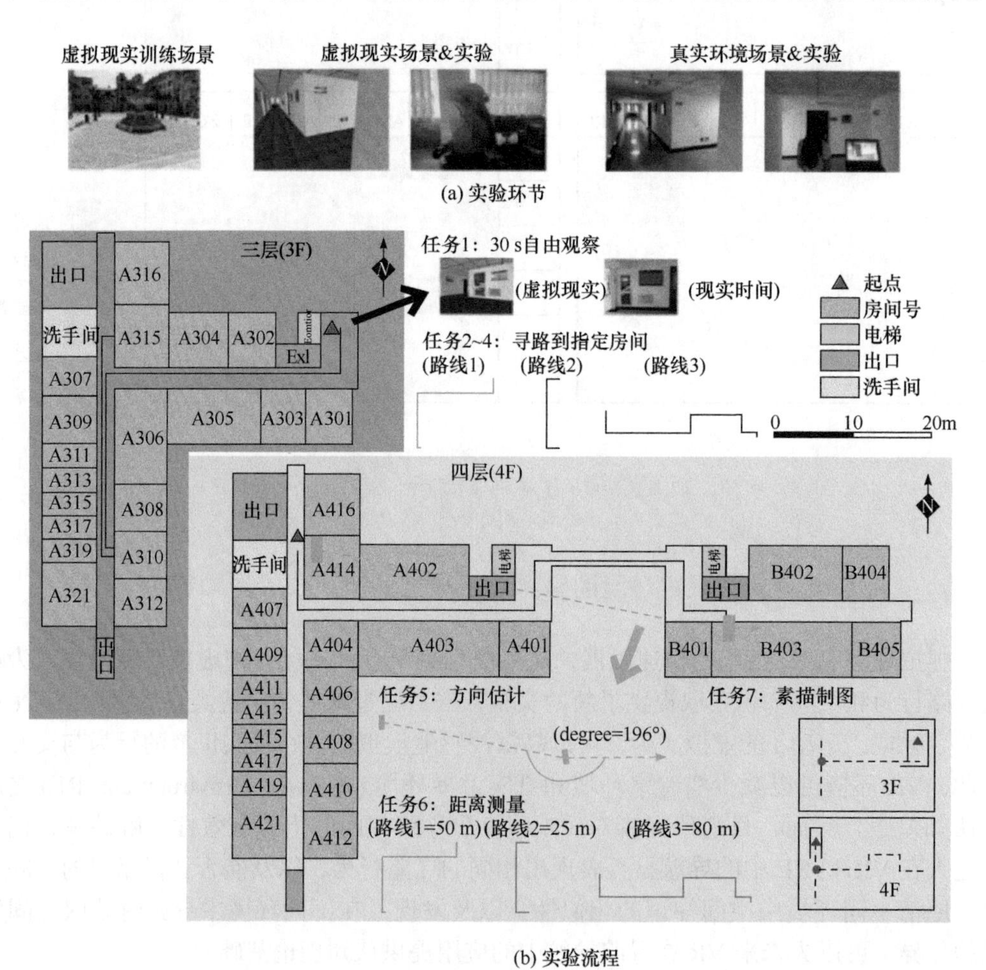

图 5-16 实验区的平面图

本节主要通过眼动数据衡量不同环境下用户的视觉行为差异，及其对寻路表现和空间学习的影响。研究的流程和指标如图 5-17 所示，包括两个阶段，即寻路行为和空间知识获取。①寻路行为指标，主要包括寻路任务、用户体验和视觉注意。②空间知识获取指标，主要包括距离 / 方向估计误差以及认知草图绘制结果。③视觉行为，包括为对环境整体的眼动指标 (视觉信息搜索指标和视觉信息处理指标)，以及对指示牌地标的眼动指标 (注视地标的被试人数、每个地标上的注视点数量，以及每个地标上的平均注视时长)。

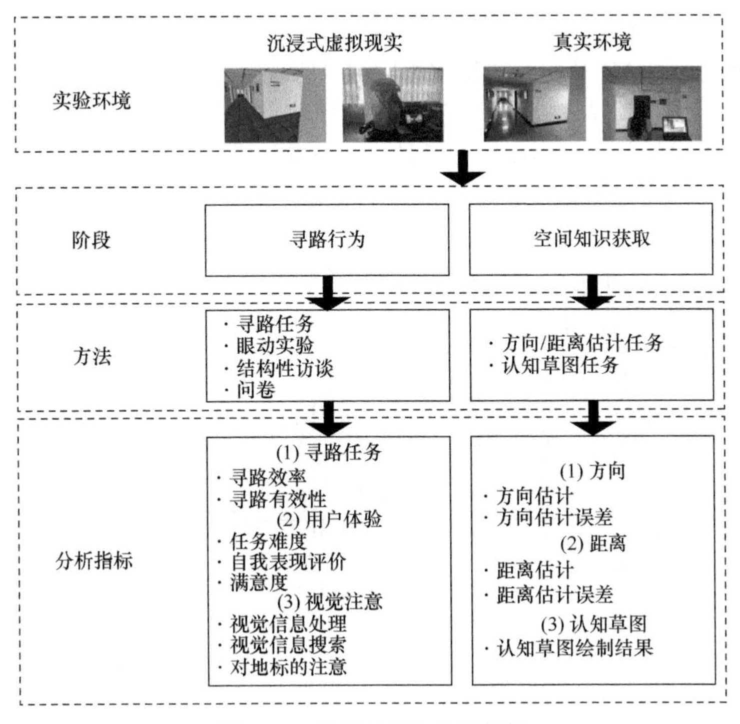

图 5-17　数据处理和分析框架

研究结果 (图 5-18) 表明，不同环境的被试在路线学习中受到了不同类型视觉注意的引导。其中，VR 环境被试的眼跳频率较高，更倾向对信息进行多次搜索，而 RE 环境的被试注视频率更高，加工视觉信息的时间比例更高。这表明两个环境中被试表现出不同的视觉行为，进而影响了他们的路线搜索和空间知识学习过程。此外，22 个指示牌地标的眼动数据分析结果显示，他们的眼动指标在两个环境下没有显著差异，说明不同环境中人对关键地标信息的获取是没有明显区别的，这可以解释被试在寻路表现和空间知识获取结果无明显差异。

本节全面比较了人在 VR 环境和 RE 环境中的寻路行为，探索环境因素对寻路行为和空间知识获取的影响。结果显示，两种环境下的寻路行为最明显的区别是视觉注意力，注意力影响了寻路行为和空间知识获取的效率。本节研究表明，在与地图学空间认知领域中寻路和获得空间知识相关的研究中，未来虚拟现实环境有潜力替代真实环境，成为地图学空间认知研究的核心环境，并具有高度的生态效度性，能取得和真实环境实验类似的结果。

5.3.3　AR 导航和平面电子地图在行人导航中的对比研究①

增强现实技术 (AR) 是指将计算机生成的三维虚拟物体整合到现实场景中并进

① Dong W H, Wu Y L, Qin T, et al. 2021. What is the difference between augmented reality and 2D navigation electronic maps in pedestrian wayfinding? Cartography and Geographic Information Science, 48(3): 225-240

行可视化的技术。目前，这一技术在多个领域都有不同程度的运用。AR 导航 (AR navigation) 则是运用 AR 技术，对摄像头所记录的现实场景进行计算建模，生成与实景紧密整合的三维图形，从而指引用户寻路的导航工具。近年来，多家提供地理信息服务的企业纷纷推出了各自的 AR 导航产品，如谷歌地图的 AR 导航工具 (图 5-19)。AR 导航根据环境中的实景影像生成对应的三维虚拟图形，直接告知用户行进方向。对坐标转换、方位定向、读图识图存在困难的群体而言，AR 导航可以极大程度降低导航寻路的难度。然而，AR 导航相比于传统平面电子地图的可用性差异仍然鲜有人关注。

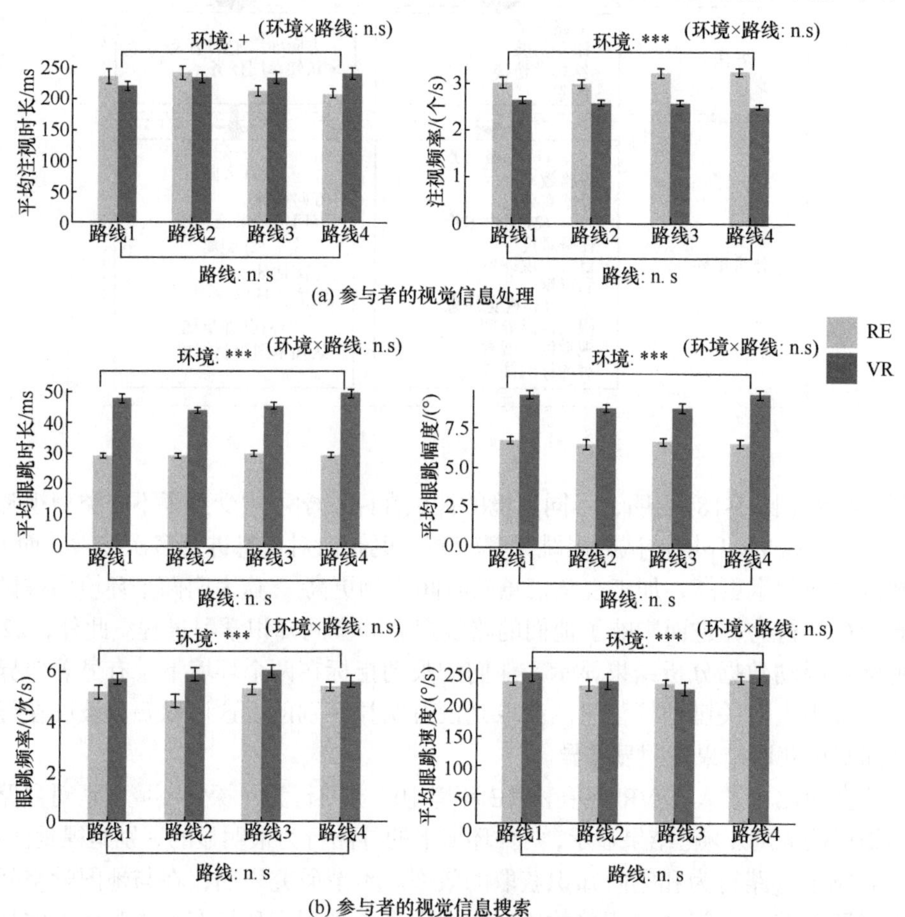

图 5-18 两种环境中寻路过程对环境注视的眼动指标

所有指标进行双因素 (环境任务) 的显著性检验

比较评价两种导航工具在空间认知层面的差异，有助于了解不同导航工具在用户层面的认知特性，为适人化、高效率新型导航系统的设计开发提供理论依据。在可用性工程研究思路的启发下，研究者设计了一项对比性研究：通过设计真实环境下手持导航系统的寻路实验，揭示用户在使用平面电子地图和 AR 导航两种导航工具进行寻路时在寻路行为、空间视觉认知和知识获取等层面的差异，以对比评价两种工具。

本节的实验区为北京邮电大学海淀校区，共三条实验路线 (图 5-20)，并招募了 75 名大学生被试参与实验。主试将被试随机分成两组，分别使用高德地图导航和百度 AR

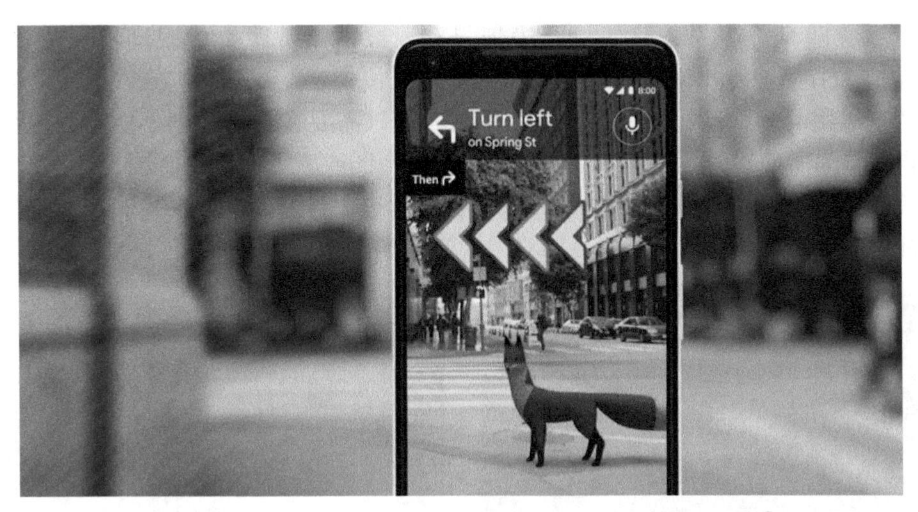

图 5-19　谷歌公司开发的谷歌地图 AR 导航模块界面示意图①

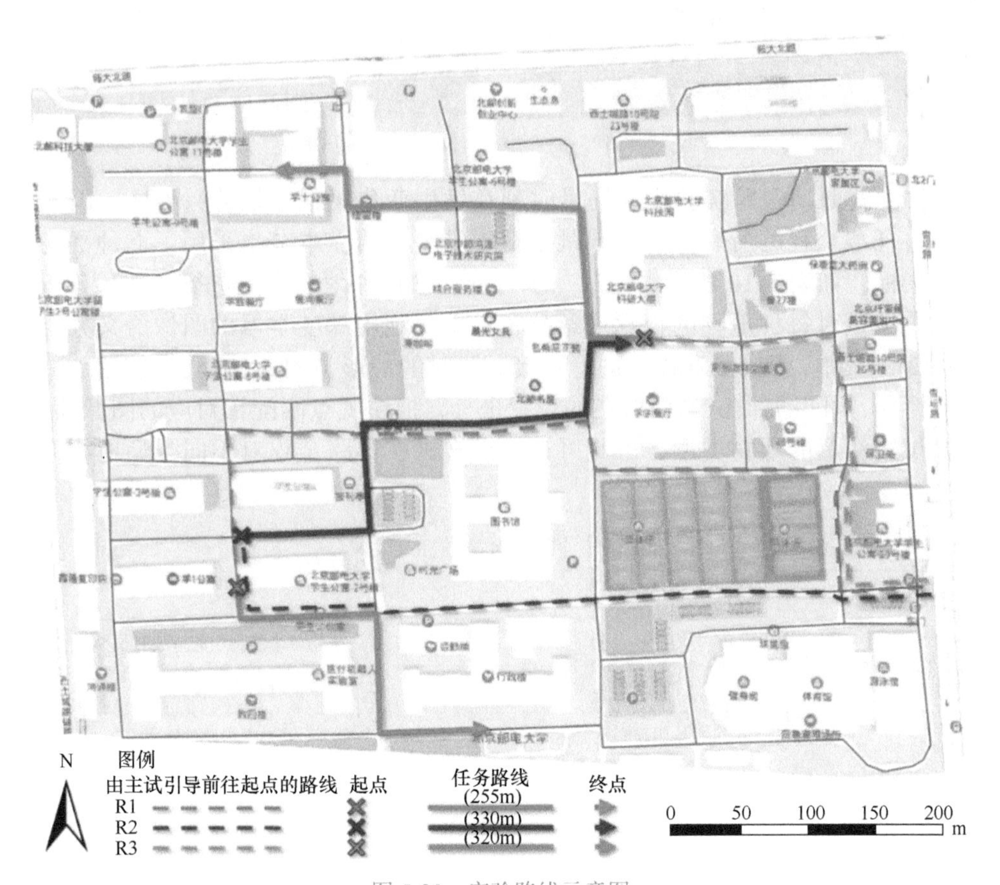

图 5-20　实验路线示意图

① 图片来源：https：//www.theindianwire.com/wp-content/uploads/2019/08/ar-navigation-google-maps.jpg

导航工具，随机分配一条路线进行模拟寻路。被试佩戴眼镜式眼动仪 (eye-tracking glasses，ETG) 从起点出发，使用手中的导航工具按指定路线到达终点。眼动仪会记录被试的行进用时和眼动数据。在实验结束后，被试需要在纸质地图上绘制行进路线。实验自变量为所使用的导航工具 (两水平，电子地图或者 AR 导航)(图 5-21) 和行进路线 (三水平，分别对应三条路线)；因变量包括行进用时、多种眼动指标和手绘路线的正确性。预期结果是对各指标进行的双因素检验在导航工具因素上存在显著差异。

图 5-21　研究所采用的两种工具界面示意图

在移动式眼动跟踪实验中，场景时刻在发生变化，很难划分兴趣区，因此以往研究常将任务全程的所有注视、眼跳数据等求平均值。本节也采用了七种平均化全局眼动指标，如表 5-10 所示，但进一步对眼动数据和地物类型进行匹配，分析了寻路过程中被试对每种地物的视觉注意分布水平。利用深度学习的图像语义分割方法 (图 5-22)，其中，图 5-22(a) 为进行直接寻路时的情形，图 5-22(b) 为使用工具进行导航的情形，可根据被试当前所在的位置坐标，把注视点匹配在对应的图像帧位上，判断被试所注意的地物类型，由此可计算出被试在寻路全程对不同类型地物的注意水平。

表 5-10　实验分析指标及定义

指标类型	指标	定义
信息处理指标	平均注视时长	平均单个注视点的持续时长
	注视频率	单位时间内注视点个数
视觉搜索指标	平均眼跳幅度	平均单次眼跳的距离
	平均眼跳时长	平均单次眼跳的时长
	眼跳频率	单位时间内眼跳次数
	单位时间内眼动轨迹长度	单位时间内眼动轨迹总长度
认知负担指标	平均瞳孔大小	实验中被试瞳孔大小的均值

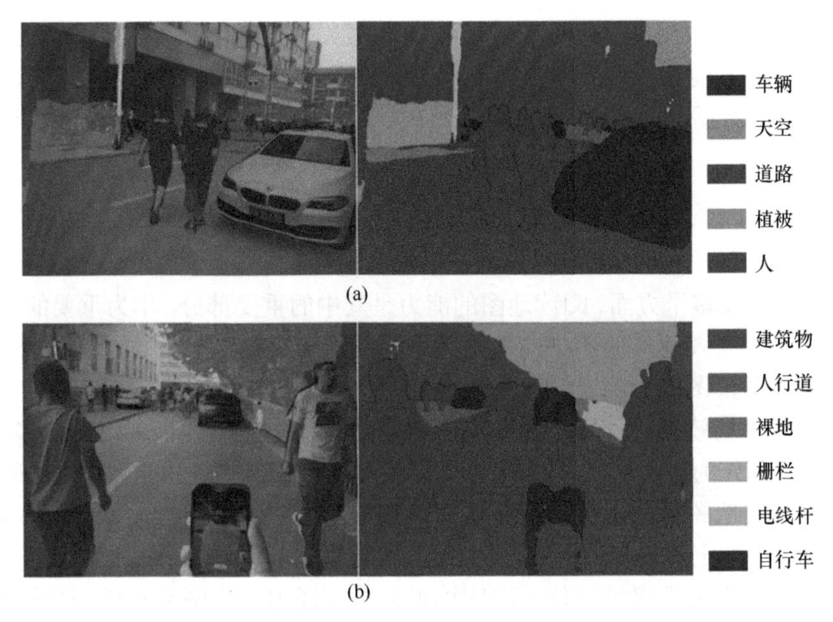

图 5-22　研究所采用的 Deeplabv3+ 深度学习框架分割示意图
最右侧为分割赋值的标签

结果显示：两种工具的使用者在寻路用时上并不存在显著差异，也就是说 AR 导航工具并不能显著提升用户的寻路速度。然而：①使用 AR 导航被试的平均注视时长显著更短、平均眼跳幅度显著更大且平均瞳孔大小显著更小，这意味着他们呈现出更加短促而快速的信息加工、更加广泛的视觉搜索和更低的认知负担水平，从视觉认知层面证明了 AR 导航系统用户友好、方便使用的特性。②对手绘路线正确性的分析表明，AR 用户回答的正确率远低于地图用户，说明 AR 导航系统确实会在一定程度上阻碍空间知识获取。这种现象可部分归因于用户对不同类型地物注意水平的差异，即 AR 用户对于具有地标知识作用的建筑物的关注显著少于地图用户，但对行人的关注则显著更多。较少注意建成环境中具有指示作用的建筑物，可能是造成其空间知识获取水平偏低的原因。

本节利用移动式眼动仪和深度学习技术，在真实场景中进行实验，从行为和认知层面对比评价了电子地图和 AR 导航的可用性差异，一方面验证了 AR 导航工具拥有较高的适人度，但是也从另一方面揭示了适人化导航工具对空间能力潜在的负面影响。研究结果可在认知层面对未来 AR 导航系统的设计提供更加以人为本的建议。

5.4　地图眼动数据应用研究

随着研究人员对地图学眼动数据的挖掘和理解不断深入，眼动数据为地图的交互和控制提供了新的思路。已有研究表明，眼动数据和地图认知任务有很强的相关性。在深入挖掘两者之间的关系时，应明确定义地图认知任务，确保实验中目标任务之间的可分性和独立性。同时，不同用户人群的眼动规律可能有所不同，因此也应明确参与实验的用户背景。在具体应用中，地图学眼动实验数据可以用于空间能力评价、识别用户任务、用户身份匹配和地图控制等。此外，随着地图学眼动实验的普及和眼动数据集的增加，研究人员也可以直接从现有数据集中挖掘信息，或将其用于与视觉相关的研究。

5.4.1 使用眼动和贝叶斯结构方程模型评估地图阅读技能①

空间能力涉及多个方面，阅读地图的能力是其中的重要部分。作为重要的教学工具，培养学生准确、高效地从地图中获取空间信息的能力是地理教育中的重要环节。研究并建立评价地图读图能力的方法，可以使地图阅读能力的培养更有针对性，也能更好地反映能力培养的效果。传统评价空间能力或地图读图能力的量表或题目多使用答题正误和反应时间作为评价标准，无法全面、定量地反映被试的空间能力和地图阅读水平。

眼动实验在地图学中已经被广泛应用，它可以反映人们阅读地图时的认知过程，为地图学提供更加定量的研究方法。地图阅读水平的差异可以在眼动指标上得到体现，眼动实验因此可以用于定量评价地图阅读者的读图能力。将眼动实验与传统的空间能力测试或地图阅读测试题目结合起来，可以使空间能力和地图读图能力的评价更为定量化。

本节在眼动实验的基础上，使用眼动指标建立基于题目的地图读图能力评价模型，并用传统指标对模型结果进行验证。实验中使用了 Tobii T120 桌面型眼动仪，共招募被试 272 人，其中 14 人因无法准确采集眼部数据而退出，最终收集了 258 位被试在完成 5 道地图阅读题目时 (无时间压力) 的眼动数据，被试全部为北京师范大学地理科学学部在读本科生，分布在三个年级。按照回答题目所必须关注的关键区域划分兴趣区 (图 5-23)，采用六项眼动指标作为评价指标 (表 5-11)，同时还收集了被试的答题正确率和答题时间用于衡量被试整体表现。

表 5-11 实验分析指标及定义

指标类型	指标	定义
信息处理指标	兴趣区内首注视时长	第一次在 AOI 内注视持续时长
	首次进入 AOI 前用时	首次到达 AOI 前所花时间
	AOI 内注视点比例	AOI 内注视点数量 / 总注视点数量
	AOI 内注视时长比例	AOI 内注视时长 / 总注视时长
视觉搜索指标	眼跳次数	任务中眼球快速移动次数
	眼跳路径长度	任务中眼跳路径总长度

① Dong W H, Jiang Y H, Zheng L Y, et al. 2018. Assessing map-reading skills using eye tracking and Bayesian structural equation modelling. Sustainability, 10(9): 1-13

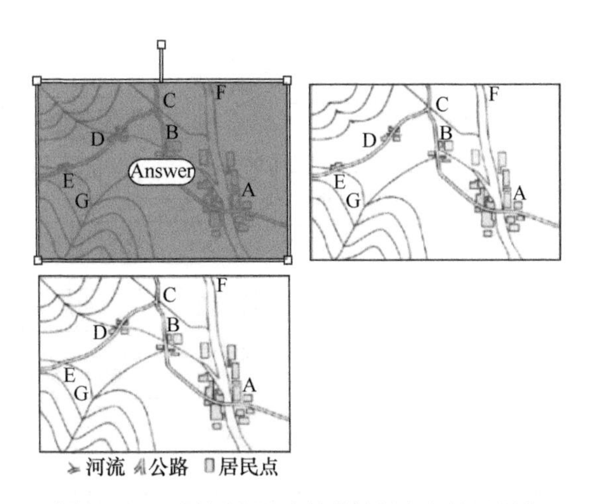

图 5-23　地图阅读测试刺激材料和兴趣区划分

某地区北部有一条公路，向南分为两条，每条公路分布经过 2 处居民地，且有 3 处居民地有河流经过，最符合以上描述的是（上北下南）

在数据采集后，筛除采样率低于 70% 的数据。接下来，根据各项眼动数据，利用结构方程模型建立针对题目的地图读图能力评价模型，并采用贝叶斯插补的方法计算被试在各潜在变量上的得分。本节使用 SPSS-AMOS 软件进行结构方程建模。根据理论模型建立如图 5-24 所示的结构方程，模型包括无测量值的潜在变量（地图读图能力、首注视指标、信息搜索指标、信息处理指标）和各项实测的眼动指标。得到理论模型后，使用答题正确率和答题时间两项传统指标对模型得出的地图读图能力得分进行验证。

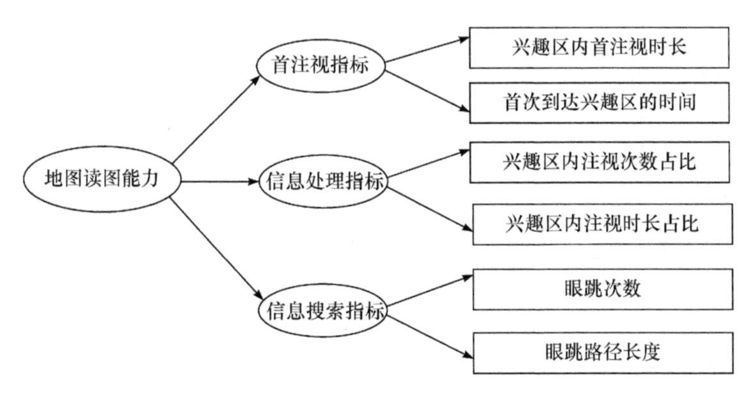

图 5-24　结构方程理论模型

对全部 5 道题目进行贝叶斯插补，各题目的 χ^2/df 均小于 2，NFI 均大于 0.95，并且 RMSEA 均小于 0.05，说明数据拟合良好。图 5-25 展示了其中一个题目的结构方程模型。模型结果表明，地图读图能力得分主要体现在信息处理指标中，其次是首注视指标，再次是信息搜索指标。首次到达兴趣区的时间的指示作用远大于兴趣区内首注视时长的指示作用。而信息处理指标与信息搜索指标中的眼动指标对它们的贡献都在 0.9 以上并且数值接近，说明这些指标可以较好地表现信息处理和信息搜索能力。

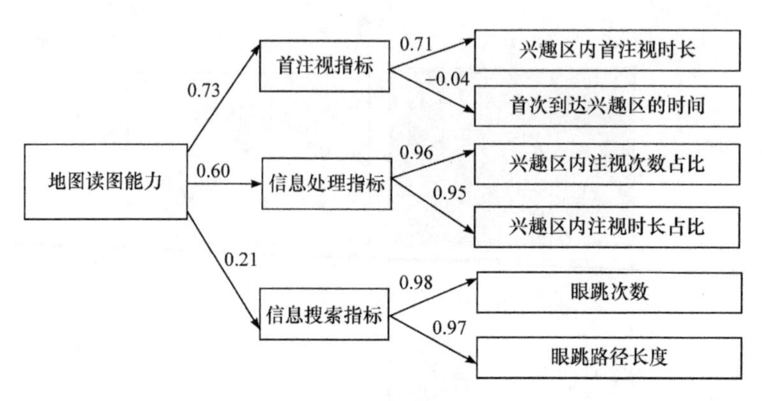

图 5-25 结构方程模型结果示例

本节还计算了模型得到的被试读图能力与答题正确率及答题时间的关系。回答正确的被试和回答错误的被试在地图读图能力得分上有显著差异，且模型得出的针对题目的读图能力得分在被试的答题正确率和答题时间上都有所体现，表明该得分可以从一定程度上反映被试在每道题目上展现的读图能力。本节研究构建的结构方程模型可以为空间思维能力的系统评价提供参考。

5.4.2 眼动控制的交互式地图设计①

20 世纪 80 年代以来，计算机技术、地球科学和地图学的结合促使传统静态平面地图开始向动态、可交互的地图发展。传统的地图交互方式主要包括鼠标键盘控制和触摸设备控制，对根据人类视觉通道、利用眼动控制进行地图交互的研究还很少。眼动控制输入速度快、实时性强，眼动数据还可以透露出人的心理状态和兴趣，因此眼动控制的交互方式能够增加交互的可靠性及便利性。

本节进行了眼动控制的交互式地图设计。首先利用 Tobii EyeX 眼动仪获取眼动数据。人的眼球运动主要有注视、眼跳和平滑跟随三种形式。其中，注视可以揭示注意、心理加工，故将其作为交互时输入的眼动数据。为了准确计算出用户在交互界面上的注视点，每次获取眼动数据前都需要使用 Tobii 眼动追踪软件进行校准。

为了利用高频流式眼动数据实时地控制地图交互，避免产生明显的交互反馈延迟，本节提出：①注视点过滤算法，降低注视点的更新频率；②注视多边形定位算法，提高交互界面的反馈速度。

注视时眼球的轻微运动会使一些注视点在屏幕上非常接近，导致注视点的冗余，因此需要过滤出有效注视点。本节依据人的最小注视时长将 200ms 设定为过滤注视点的阈值，并且为了简便，用注视点个数阈值代表注视时长阈值：

$$N = \frac{t \cdot f}{1000} \tag{5-1}$$

其中，N 表示注视点个数阈值；t 表示注视时长阈值；f 表示眼动仪工作频率 (60Hz)。

① 朱琳，王圣凯，袁伟舜，等. 2020. 眼动控制的交互式地图设计. 武汉大学学报：信息科学版，45(5): 736-743

根据式 (5-1)，得到注视点个数阈值为 12。综合考虑有效性和合理性，本节将 200ms 注视中所有注视点的坐标的平均值作为有效注视点的坐标，将注视中最后一个注视点的时间戳作为有效注视点的时间戳。有效注视点坐标的计算公式为

$$\bar{X} = \frac{X_1 + X_2 + \cdots + X_N}{N} \tag{5-2}$$

$$\bar{Y} = \frac{Y_1 + Y_2 + \cdots + Y_N}{N} \tag{5-3}$$

其中，X、Y 分别表示有效注视点的横坐标和纵坐标；X_1、X_2、⋯、X_N 表示各注视点的横坐标；Y_1、Y_2、⋯、Y_N 表示各注视点的纵坐标。图 5-26 是过滤注视点的示意图。每个浅灰色方块代表一个注视点，而每个深灰色方块代表一个有效注视点。

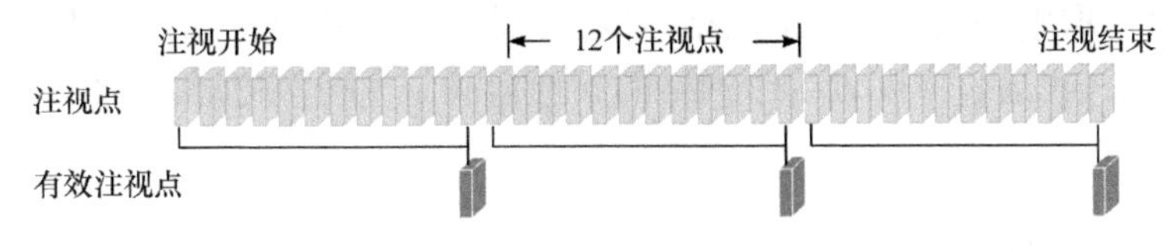

图 5-26　过滤注视点

当计算用户正在注视某个面要素时，可以提前为交互地图建立空间索引，利用注视多边形定位算法快速确定注视点落在哪个多边形内，显示多边形的属性并将其在地图上高亮显示。本节研究建立结构较为简单的格网空间索引，设计注视多边形定位算法来快速确定注视点落在交互图层的哪个多边形上，算法的基本原理如图 5-27 所示。

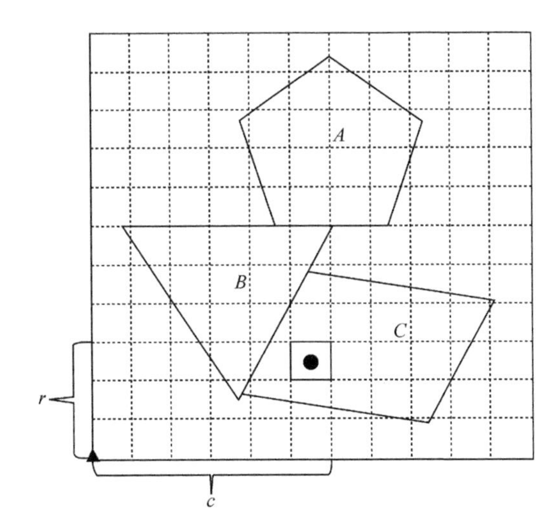

图 5-27　眼动注视多边形定位算法示意图

图 5-27 的整个区域表示进行交互的面图层，A、B、C 分别代表该面图层上不同的多边形要素；圆点 P 代表用户某一时刻的注视点，坐标设为 (X, Y)；三角形点 $P_0(X_{\min}, Y_{\min})$ 是该图层的左下角点；定位注视多边形首先需要确定注视点对应的空间索引，也就是确定 P 落在哪个网格上。网格的序号用 i 表示，因为所有网格 i 从左下角到右上角沿着横向和纵向逐个递增，所以图 5-27 中的 c 表示注视点所在网格的列号，r 表示注视点所在网格的行号，计算公式为

$$c = \text{int}\left(\frac{X - X_{\min}}{w}\right) + 1 \tag{5-4}$$

$$r = \text{int}\left(\frac{Y - Y_{\min}}{h}\right) + 1 \tag{5-5}$$

其中，int() 表示取整函数；w 表示网格宽度；h 表示网格高度。由注视点的坐标可以确定其所在网格 i，再通过空间索引中网格的属性值确定注视多边形。i 的计算公式为

$$i = (r - 1) \times n + c - 1 \tag{5-6}$$

其中，n 表示网格的列数。

此外，注视点数据需要先从屏幕坐标转换成地图控件坐标，再从地图控件坐标转换成所交互地图的投影坐标，才能进一步用于定位注视多边形 (图 5-28)。

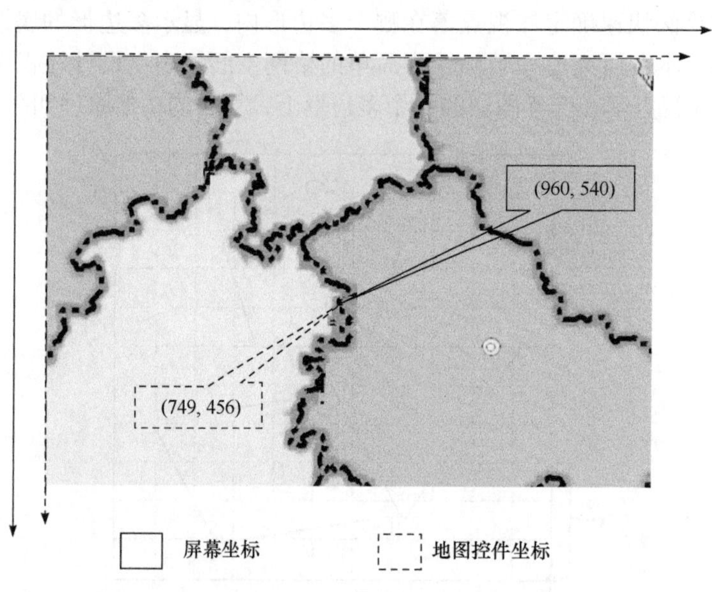

图 5-28　坐标转换示意图

本节还建立了注视感应区来创建用户交互习惯的眼控控件，通过缩小注释感应区虚拟范围 (图 5-29)、设定触发注视感应区时间间隔的方式避免连续触发多次注视；开发出了一套眼动控制的、能够实时反馈的交互式地图原型系统，主要包括地图眼控交互和用户管理两大功能模块，如图 5-30 所示。

(a) 优化前　　(b) 优化后

图 5-29　放大控件

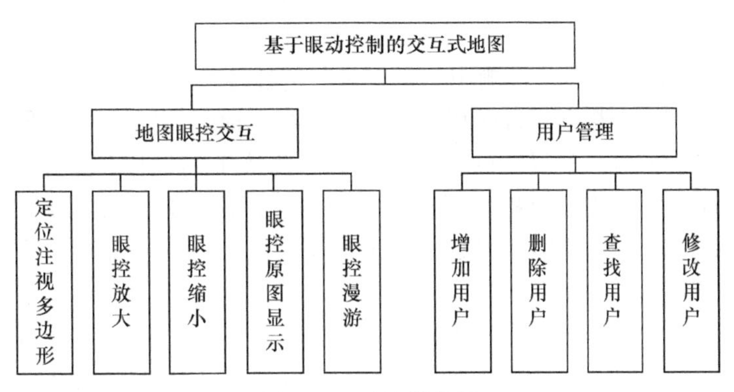

图 5-30　功能模块图

系统主界面如图 5-31 所示。菜单栏包括打开或关闭地图文档，选择开启眼控模式或鼠标控制模式下的功能，管理用户信息等；工具栏中包括开启交互功能的快捷方式；状态栏显示注视点的坐标。注视点气泡是眼动仪核心软件在屏幕上实时绘制的用户注视区域。开启定位注视多边形功能后，地图显示区实时高亮显示用户正在注视的多边形。属性显示区则显示注视多边形的属性表。眼控漫游、眼控放大、眼控缩小、眼控原图显示控件都在开启相应眼控交互功能后才可以使用。

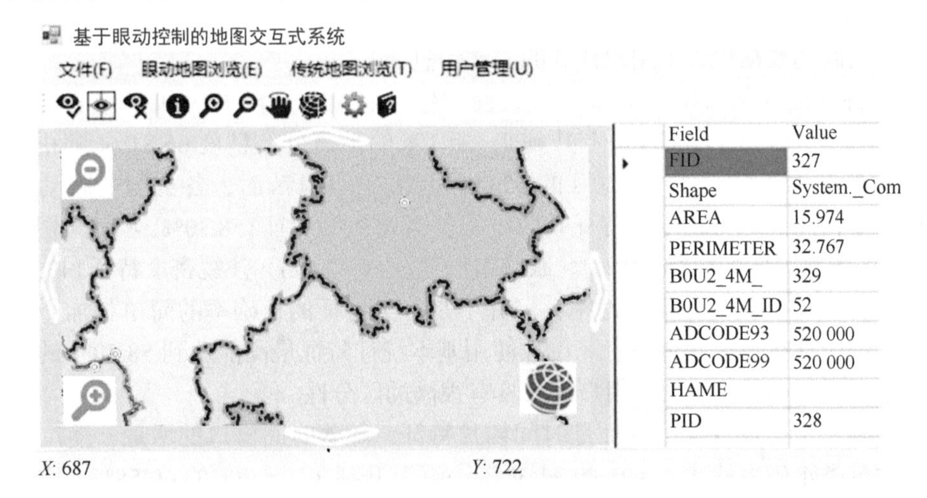

图 5-31　系统主界面

为了对注视多边形定位算法的效率和眼控控件的可用性进行评价，本节招募了30名用户(14名男性、16名女性)分别用眼动控制和鼠标控制方式完成地图浏览任务。实验结果显示，用户用眼动控制和鼠标控制完成交互任务的耗时没有显著差异。本节提出的地图眼控交互算法效率能够满足用户进行实时的地图眼控交互，但真正实现眼控交互优于鼠标交互还需要进一步提高眼控交互的精度和效率。

5.4.3 真实环境下的行人地图导航用户任务识别①

本节探讨的是第4章中提出的行人导航用户任务推测问题。研究关注的核心问题是：是否可以通过眼动行为来推测用户正在进行的任务？

在真实环境下通过眼动行为推测用户任务在行人地图导航中具有重要的应用潜力。因为人使用地图导航是一个复杂的空间认知和行为决策的过程，高效地在陌生的环境中完成导航具有较高的认知负担。因此，如何通过推测用户任务来提供相关的信息、辅助导航和降低用户认知负担，甚至提供个性化的行人地图导航服务是GIS和LBS研究中的一个重要问题。

本节开展了真实环境下的行人地图导航实验，采集了38个有效被试的眼动数据。被试在实验中需要完成5个任务：自我定位定向(T1)、环境目标搜索(T2)、地图目标搜索(T3)、地图路线记忆(T4)和路线跟随(T5)。本节提取了两大类眼动特征：纯眼动特征(包括基本统计特征、空间分布特征、眼跳方向特征、时间切片特征和眼跳编码特征，特征提取方法详见第4章)和加入地图、环境信息的眼动特征(包括校正空间分布特征、注视语义特征)。本节使用随机森林和留一被试交叉验证方法对比不同特征在不同时间窗口(时间窗口大小T_{win}变化范围为[1, 20]，单位：s)下的分类表现。

使用纯眼动特征的正确率如图5-32所示。不管使用何种特征，总体精度在最初的几秒钟(7~8s)持续增长。当时间窗口大小从9s到16s，总体正确率从60%升高到62%。随着时间窗口的继续变大，分类正确率的增长就非常缓慢了。这些结果说明最初的几秒钟的眼动数据包含了用户任务的关键信息。

组合特征比其他特征的效果更好，使用组合特征时，随着时间窗口的增大，分类正确率从T_{win} = 1s的45.71%上升到T_{win} = 17s的最高分类精度66.81%(随机水平 = 20%)，随后略微下降到T_{win} = 20 s的65.80%。在T_{win} = 17s时，各类型的眼动特征的分类正确率由高到低为：组合特征(66.81%) > 基本统计特征(58.30%) > 时间切片特征(56.60%) > 眼跳方向特征(53.19%) > 眼跳编码特征(44.89%) > 注视密度特征(43.83%)。使用组合特征可以提高分类正确率，但并不是各类特征的正确率的简单相加，这说明在组合特征中存在很多冗余信息。单独使用基本统计特征最高能达到58.30%的分类正确率，这说明基本眼动特征对用户任务具有很高的区分性。

注意到一个比较特殊的特征是时间切片特征，随着时间窗口的增加，使用时间切片特征的分类正确率从T_{win} = 1s的21.32%一直上升到T_{win} = 20s的60.58%，增长幅度

① Liao H, Dong W H, Huang H S, et al. 2019. Inferring user tasks in pedestrian navigation from eye movement data in real-world environments. International Journal of Geographical Information Science, 33(4): 739-763

超过其他四个类型的特征。使用注视点空间特征的分类精度随着时间窗口的变大变化比较平稳，位于 40% ～ 45%，在 T_{win} < 11s 时高于时间切片特征和眼跳编码特征，在 T_{win} > 11s 时略高于眼动编码特征。在真实环境中的眼动由于大多集中在视野中央靠下的部分，因而区分度不高。

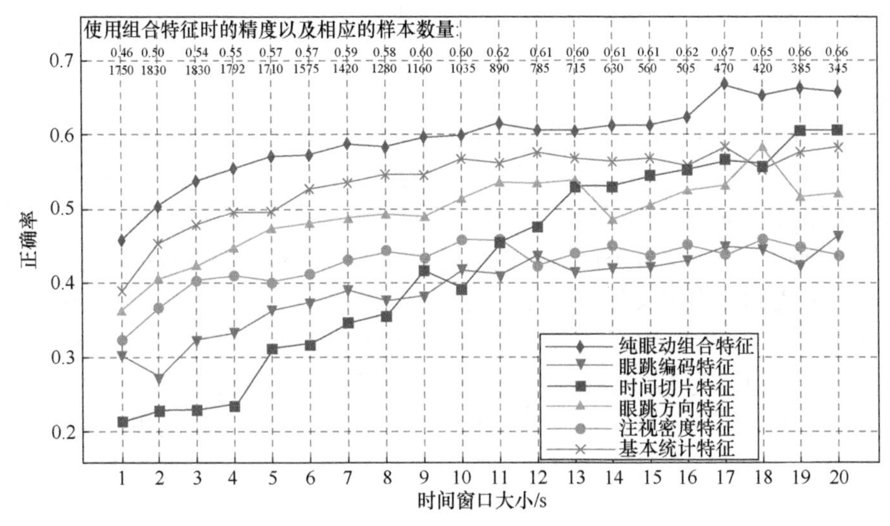

图 5-32　不同眼动特征与时间窗口大小下的分类正确率 (纯眼动特征)

眼跳编码特征的分类正确率从 T_{win} = 1s 的 30.17% 上升到 T_{win} = 20s 的 46.38%，在 T_{win} > 10 s 时略低于注视空间分布特征，是分类精度最低的一类。

加入地图和环境信息以后的各类特征分类结果以及与纯眼动组合特征的比较如图 5-33 所示。从图中可以看出，加入地图和环境信息以后的分类正确率得到大幅提升，使用所有特征 (包括纯眼动特征) 时的正确率在 T_{win} = 6s 开始便达到 80%，并在 T_{win} = 12s、

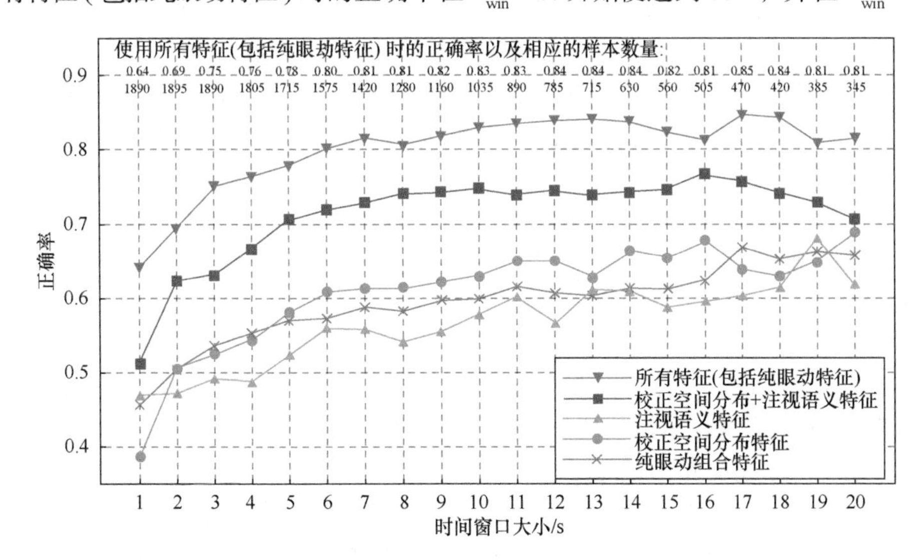

图 5-33　不同眼动特征与时间窗口大小下的分类正确率 (加入地图和环境信息)

13s 和 14s 时达到 84%，随后在 T_{win} = 16 s 时下降至 81%，又在 T_{win} = 17s 时升高到 85%，最后下降到 T_{win} = 20s 时的 81%。使用校正空间分布 + 注视语义特征时，正确率在 T_{win} = 5s 时达到 70%，并在随后的时间窗口内保持在 70% 以上。

值得注意的是，仅使用校正空间分布特征时的正确率就能略微超过纯眼动组合特征的正确率，这是由于把注视点进行空间校正以后，不同任务之间的注视点空间分布的差异显著增大，从而使它的区分性显著增大。仅使用注视语义特征的正确率略低于纯眼动特征的正确率。

总体上不同眼动特征对于分类的有效性从高到低为：所有特征 (包括纯眼动特征)> 校正空间分布+注视语义特征 > 校正空间分布特征 > 纯眼动组合特征 > 注视语义特征。

本节采用自下而上 (机器学习) 的方法从眼动数据中推测用户导航任务，即把用户任务识别问题转化为一个分类问题：使用机器学习方法对一部分数据进行训练，然后把测试样本分类到预先定义的五个任务类别中。结果表明：在使用纯眼动特征时，分类器在时间窗口为 17s 时达到最高分类正确率 67%；在加入地图和环境信息以后，分类器最高在时间窗口为 17s 时达到最高分类正确率 85%。这说明了在真实环境中，通过眼动数据来推测用户任务是可以实现的。研究结果证明了不同的用户任务产生显著不同的眼动行为模式，并且这些眼动行为模式的差异反过来可以推测出用户正在进行的导航任务。

5.4.4 用于智能驾驶的动态场景视觉显著性多特征建模方法

近年来，智能驾驶领域发展迅猛，提高控制系统对环境的感知和理解是该领域的重大挑战之一。在智能驾驶系统开发中，引入人类驾驶员的认知和判断机制能够降低系统需要处理的信息量，提高其对驾驶环境的理解效率，并有助于预测和定位潜在的风险。视觉是驾驶过程中驾驶员感知和理解道路场景信息的主要途径。在驾驶过程中，驾驶员会通过视觉选择性地关注场景中感兴趣的信息，而忽略不重要的信息，这种机制称为驾驶过程的视觉选择性注意机制。被驾驶员选择性注意的区域称为视觉显著区域。能够模拟人类视觉注意机制的视觉显著性建模方法，通过提取场景中的显著区域，能有效支持智能驾驶系统的信息处理和决策。对驾驶员在驾驶过程中的视觉注意机制进行研究，开展真实道路场景下动态道路场景的视觉显著性建模，能够准确和快速地提取动态驾驶场景的视觉显著区域，从而提高智能驾驶系统的环境理解效率和能力。

目前对场景的视觉显著性研究主要集中在行人导航等地理信息领域，而驾驶环境下道路场景的视觉显著性建模的研究相对较少，主要原因是驾驶场景相对复杂。首先，驾驶过程具有动态性，这体现在 3 个方面：场景的变化，即驾驶场景随车辆位置的改变而不断变化；驾驶关注区域的变化，即驾驶员的视觉注意区域的改变；车辆的运动，即车辆的速度、加速度和位置随时间的改变。场景动态特征通常用光流图表征，它定义为后一个时刻场景像素相对于前一个时刻场景像素位移的方向和强度。其次，驾驶场景的复杂性来自道路场景的多样性，主要表现在道路类型、道路结构、交通状况和空旷度等方面，而这些道路属性也是自动驾驶所需要的基本信息。最后，驾驶环境下驾驶员具有双重任务，其不仅要保证行驶方向的正确，更要确保行车过程的安全。

本节在分析驾驶员视觉特征的基础上，创新性地引入了表征动态性的驾驶速度和表征场景类型复杂性的道路结构为建模要素，提取了道路场景的低级视觉特征、以语义信息为主的高级视觉特征和动态特征，构建了基于逻辑回归 (logistic regression，LR) 的驾驶环境下动态场景的视觉显著性机器学习计算模型。此外，由于深度学习算法，特别是卷积神经网络在计算机视觉领域具有强大的图像处理、模式识别能力，而相比于传统卷积神经网络，其编码 - 解码网络可以实现像素级尺度的模式识别及预测。因此，除了传统的机器学习分类器 LR，本节进一步对特征进行归并，构建了基于全卷积神经网络 (fully convolutional networks，FCN) 的深度学习模型。上述建模工作对智能驾驶系统的设计与研发具有积极意义。

本节所使用的数据为意大利摩德纳大学发布的 DR(eye)VE 驾驶场景数据集，结合 3 种类别的特征构建动态道路场景的视觉显著性：低级视觉特征、由驾驶环境和驾驶任务决定的高级特征和人眼对动态场景感知的动态特征。表 5-12 列出了本研究中特征的选取及其描述。低级视觉特征中，除了颜色、纹理和亮度之外，还选取了 Itti、SUN 和 GBVS 3 种显著性模型的显著图。高级视觉特征包括语义特征和道路消失点。动态特征则为光流图的运动方向和运动强度分量的组合。

表 5-12 视觉特征列表

特征类别	特征名称	特征描述
低级视觉特征	颜色特征	按照 RGB 颜色空间将原始图片分解成 RGB 通道的灰度特征图
	多尺度纹理特征	构建高斯差分金字塔，并利用 Gabor 算子对差分图像不同尺度的滤波，本研究选取的尺度有 7、9、11、13、15、17
	亮度特征	亮度特征为 RGB 通道求和
	Itti 模型显著图	由 Itti 显著性模型计算得到
	SUN 模型显著图	由 SUN 显著性模型计算得到
	GBVS 模型显著图	由 GBVS 显著性模型计算得到
高级视觉特征	语义特征	包括车辆、行人、标识牌和道路
	道路消失点	基于图像纹理信息提取的道路消失点
动态特征	运动方向	光流图的方向分量
	运动强度	光流图的强度分量

场景的视觉显著性是多特征共同作用的结果，因此建立的模型需要考虑多特征的叠加与融合。在建立 LR 模型前，本节首先分析了车辆速度、道路曲率与驾驶员视觉注意的关系，以考虑驾驶场景的动态性和路面结构特性。分析表明，车辆速度和道路曲率对人的视觉注意的位置和语义信息具有重要的影响。为此，本研究在 LR 模型中引入车辆速度和道路曲率两个因素。

本研究的流程主要包括特征提取、随机像素抽样、模型训练和模型测试评价。将数据集的 74 段视频按 7 ∶ 3 的比例划分为训练集与测试集。由图片和注视点生成的标准显著图大小为 1920px × 1080px，为方便计算重采样成大小为 480px × 360px 的图片。训练数据集占全部数据集的 70%，即 15540 个场景。由于数据场景数量太多，为了保证每一个场景都能参与模型训练，且训练的样本足够，本研究在每一场景中随机选取 10 个显著的像素点和 10 个不显著的像素点作为模型的输入。此外还选用了 ROC 曲线和其下方的面积 (area under curve, AUC) 来评估模型的预测结果。

部分视觉显著图计算结果如图 5-34 所示。灰度值高的区域能够与注视点生成的标准显著图显著区域对应。在不同的驾驶情况下，LR 模型对道路消失点、车辆和指示牌等目标的显著性都能准确预测，模型的 AUC 值达到 90.43%。

(a) 注视点分布　　(b) 预测显著图

图 5-34　预测显著图

结果表明，在所有特征中，消失点对视觉显著图的贡献最大；红色通道的系数明显大于绿色和蓝色通道；在经典显著性模型生成的特征显著图中，GBVS 特征系数远大于 Itti 特征和 SUN 特征，仅次于红色通道的系数；高级视觉特征中的 4 种语义特征均为正值，其中，行人特征图对显著图的贡献最大，其次为车辆特征图。运动强度的系数为正值。在不同道路曲率和车辆速度下，视觉显著性的预测精度有差异。与 Itti 模型、GBVS 模型、SUN 模型、传统 LR 模型相比较，本研究提出的扩展的 LR 模型精度最高，而 Itti 模型和 SUN 模型预测精度均小于 0.5。

此外，本节考虑驾驶场景的任务背景、场景的景深与动态性，在表 5-12 视觉特征的基础上将特征进一步归并为色彩、光流、深度与语义特征，分别表征动态驾驶场景的外界环境色彩信息、动态信息、三维景深信息与语义信息，提出了一种融合了上述特征的多分支深度学习模型——全卷积特征融合神经网络 (feature integration fully convolutional networks，FIFCN)，对驾驶场景下的驾驶员注视区域进行预测。每个特征的单分支子网络均为一个具有完整收缩 - 扩张结构的 FCN 网络，利用单一特征对视觉

显著区域进行预测 [图 5-35(a)]，随后通过一个特征融合网络将四个单分支子网络的预测结果融合为最终作为输出结果的预测显著图 [图 5-35(b)]。

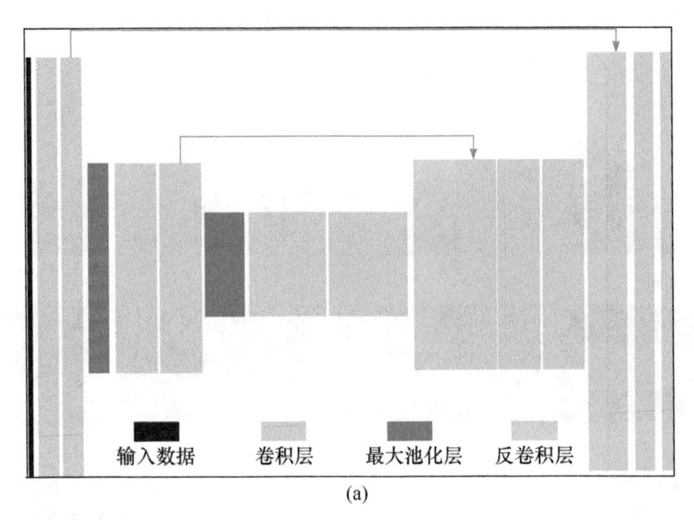

(a)

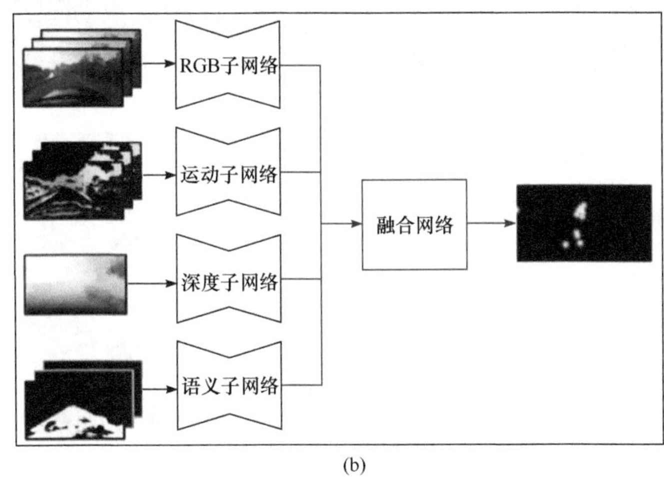

(b)

图 5-35　FIFCN 网络结构

通过建立 FIFCN 网络，实现了图像、运动、深度、语义四种特征与预测显著图之间的映射关系。本例中，损失函数选用标准显著图 Y 与预测显著图 $\hat{Y}$ 的二值交叉熵。

$$L\left(Y,\hat{Y}\right)=-\frac{1}{N}\sum_{i=1}^{N}\left[Y\log\left(\hat{Y}\right)+\left(1-Y\right)\log\left(1-\hat{Y}\right)\right] \tag{5-7}$$

如图 5-36 所示，FIFCN 模型的预测结果在可视化层面更接近于人类被试的注视显著区域。将 FIFCN 模型与两种经典的显著性计算模型 Itti、GBVS 以及一种深度学习模型 MSI-Net 在 DR(eye)VE 数据集上进行精准性、鲁棒性维度的对比，发现 FIFCN 模型在精准性评价上表现突出，优于现有的经典视觉显著计算模型与深度学习模型 (表 5-13)，在鲁棒性上同样具有较强的竞争力，应对天气与道路环境变化的能力在多种模型之间的表现最优(表 5-14)，说明本模型与基于图像特征的自底向上的预测模型相比更适用于预测存在自顶向下的认知行为的视觉显著区域。与机器学习模型相比，深度学习模型参数多、计算开销大，但能取得更为精确的预测结果，两种模型在视觉显著区域预测方面各有千秋，具有可行性和优越性。

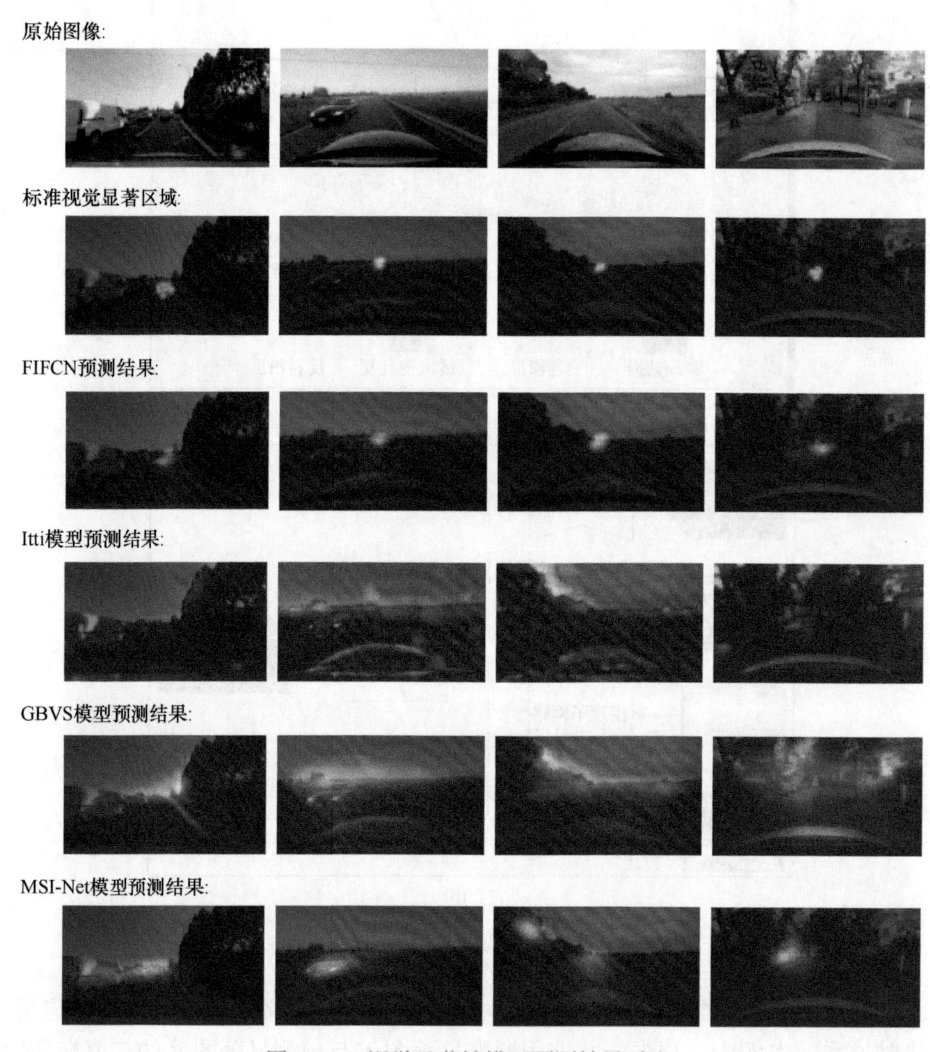

图 5-36 视觉显著性模型预测结果对比

表 5-13 预测模型的精准性评价指标

模型	AUC-Judd ↑	NSS ↑	CC ↑	KL ↓	SIM ↑
FIFCN	0.8856	2.2184	0.5710	1.6764	0.3738
Itti	0.5625	0.1558	0.0284	3.5319	0.0589
GBVS	0.8473	1.2656	0.2207	2.9152	0.0909
MSI-Net	0.8716	1.7916	0.3544	2.5627	0.1538

注：标注有“↑”的属性数值越高，标注有“↓”的属性数值越低，则模型预测效果越精准

表 5-14　预测模型的鲁棒性评价指标

ΔAUC	FIFCN	Itti	GBVS	MSI-Net
车速	13.7%	21.7%	7.7%	10.2%
时间	3.0%	3.8%	0.4%	0.5%
天气	1.9%	16.0%	2.7%	4.0%
道路类型	5.9%	22.7%	6.8%	9.7%

注：ΔAUC 为不同环境下模型预测 AUC 指标的相对变异大小，加粗代表该指标下表现最好的模型

5.5 小　　结

本章通过研究实例，解释说明了在针对不同类别的研究对象，即认知主体（认知人群）、认知表达（地图表达类型）、认知客体（认知环境）和使用地图眼动数据进行眼动跟踪实验时的研究问题拆解与实验设计思路。针对认知主体的研究，需要在已有研究基础上作出合理假设，并注意目标群体的被试招募难度。在研究不同认知表达时，多从有效性、效率和用户满意度三方面来全面考察某种地图学表达方式的可用性。技术进步也使得地图的表达方式越来越多样，因此研究人员也需要注意，以往的适用于某种认知环境，如平面地图的结论，在新的认知环境中是否依然正确。随着地图学空间认知眼动研究的发展，眼动实验数据已从简单地揭示认知规律，逐步转变为通过地图认知过程和指标来评价、推测和交互。

通过这一系列研究可以看出，研究问题的拆解是至关重要的，眼动跟踪实验的根本目的是解决和回答科学问题，而非实验本身。只有明确了研究问题，才能设计出合理的实验，有力地回答科学问题。在实验的实施过程中，很多因素影响着实验的进行，如被试的选择和招募、眼动数据的丢失、采样率的选择、兴趣区的划分和数据分析方法的选择等，都需要进行有意的选择，以符合实验条件和实验目标。

同时，我们也能看到，随着眼动跟踪技术的进步，设备的更新换代，眼动跟踪技术将应用于更多场景，将从平面走向三维、从现实世界进入虚拟世界。同时眼动跟踪实验也将和更多的实验方法结合，如 EEG、fMRI 等，新技术的融合必将对解答科学问题提供更多帮助。

第6章 未来展望

随着眼动跟踪技术的进步，眼动实验可与其他技术手段相结合，进一步揭示人对地理空间认知过程与特点，发挥其在地图学空间认知领域的巨大潜力。本章在现有研究的基础上，总结提出了一些可能的研究手段、研究方向，希望能够给读者以启发，并推动地图学空间认知原理与应用的发展。

6.1 地图空间认知与脑神经科学

6.1.1 引言

探究人类执行各类任务时的大脑激活模式，分析并揭示其微观神经机制是脑神经科学的重要研究方向。理解并解释人的复杂空间认知规律背后的神经机制，也将为地图学的发展提供新的动力。当前地图空间认知研究仍局限于对视觉或空间行为的探索，因此开展联合视觉行为与脑神经机制的地图学空间认知研究便显得尤为重要。

当前，采集人类大脑活动信号的方法主要有功能性核磁共振 (functional magnetic resonance imaging，fMRI) 与脑电图 (electroencephalogram，EEG)。这两种方式的侧重点各不相同，fMRI 将大脑看作由一个个体素构成的三维矩阵，通过测量血液动力的变化间接反映体素对应脑区的神经激活情况。在执行地图空间任务时，人脑通常会呈现出特定的体素激活模式。由此可以分析执行该任务时所调用的脑功能区，以及分析脑区间协同工作的脑功能连接情况。EEG 则通过放置在头皮上的电极监测人脑的自发性生物电位，并通过可视化得到反应的脑细胞群的自发性、节律性电活动的图形。从所采集数据的角度看，fMRI 数据具有较高的空间分辨率，但时间分辨率较低，而 EEG 则正相反。二者相比，fMRI 适用于大脑内部的空间分析，如脑功能区分析；EEG 在分析执行某项任务的过程中大脑活动随时间的变化情况时更为有效。在地图学空间认知研究过程中，视觉行为数据与脑神经活动数据往往存在时间不匹配、任务不统一、环境差异大等问题。若能克服这些问题，建立基于视觉 - 神经联合的地图学认知实验与分析框架，将为开展未来地图学空间认知研究，回答地图学底层的基本认知规律提供重要的方法基础。

6.1.2 未来研究问题

1) 尺度

尺度是影响人类空间认知与行为的关键因素，是地图学空间认知的重要研究对象之一。作为度量地理空间与地理实体尺寸的基本属性，尺度也能够反映人类通过直接经验理解空间的难度。随着尺度的增大，人类对地图等空间表达介质的依赖程度逐渐增强，因此人类对大尺度地理空间的认知结果主要受到间接经验的影响。现有的以人类为对象的研究主要关注在如房间、建筑、街区等中小尺度的地理空间下的认知过程与行为模式，而有关大尺度地理空间下的实验仍然较少，缺乏系统性的结论。此外，对于人类空间认知的内在神经机制的研究仍停留在实验室尺度，因技术所限，更大尺度下的空间认知问题还难以解决。眼动追踪技术与 fMRI、EEG 的结合，既能反映人类宏观的视觉 / 空间认知与行为规律，同时也能揭示微观层面人脑的神经加工机制。这为探究人类对大尺度空间认知的特点提供了良好的解决方案。在此基础上，如何揭示人类尺度依赖 / 自由的空间认知加工系统，为构建面向多尺度的地理空间类脑智能奠定理论基础是未来的重点研究方向。

2) 时间

作为与空间并存的另一个地理基本概念，时间也是地理学研究的重要课题。然而，对于时间认知的研究目前仍然较少。人类认识时间，一方面是对“时刻”的认识，包括对事件发生时刻的把握，以及对多个事件时刻的排序；另一方面是对“时间间隔”的认识，包括对某种状态持续时间的把握，以及对状态时间跨度长短的比较等。目前少数对时间的研究往往基于经验主义与访谈，讨论人对抽象时间的感性认识，然而在实证主义范畴上，时间认知研究仍缺乏基础的实验范式和分析手段。借助认知神经科学的手段，研究者可以从大脑机制的角度探究一些关于时间的基本问题。例如，在交通通勤期间，人搭乘不同交通工具所花费时间的认知差异，或者人对于不同时间尺度的认知差异等。值得一提的是，由于磁共振技术对脑血氧水平信号监测的滞后性，fMRI 技术很难和眼动技术一样实时监测认知过程。因此，如何将 fMRI 实验采集到的数据与眼动数据结合，发挥各自的优势，是运用脑影像学手段研究时间问题的难点。

3) 抽象层次

通过 fMRI，研究者还可以对地图学的一系列基础问题展开讨论。已有的研究结果仅停留于表面的地图读图结果和读图的行为过程上，无法从更深层的认知神经科学的角度去揭示规律。例如，制图者可以使用不同类型的地图符号表达相同空间信息，而读图者在读图时大脑中的视觉认知机制和空间认知机制究竟是怎么样的，目前尚不清楚。这一认知过程的神经机制究竟是与阅读普通图片相似，还是与真实空间下的认知过程相似，还需要脑影像学上的证据。另外，读图者在使用不同抽象层次和复杂度的地图时，认知机制会有哪方面的差异，也是一个值得思考的问题。针对这类问题开展地图学 fMRI 实验，主要有两方面的挑战。一方面，地图作为复杂的图像，很难做到与普通图形实验一致的高度控制性；而变量被高度控制的地图，又是平常读图者不会选择使用的。因此研究者需要努力平衡实验的生态效度和变量可控制性。另一方面，与“所见即所得”的眼动数据不同，研究者并不能从 fMRI 的血氧水平依赖 (blood oxygenation level dependent，BOLD) 信号直接得到被试的地图阅读信息。研究者需要结合统计技术、已有文献和合理推断，逐层对数据进行从行为层面到地图认知层面上的机理解释。

4) 从物理感官到心理满足的需求

未来的研究应该重视地图用户在地图使用过程中的需求。根据马斯洛理论，人的需求可以分为物理感官层、生理安全层和心理满足层。目前的地图学空间认知研究可以通过眼动追踪技术了解用户的视觉行为，实证研究结果可以用于优化地图设计和地理信息表达，满足用户物理感官层面的需求。随着用户对地图产品期待的升高，未来的研究应进一步满足用户对地图空间认知更高层次的需求。这需要借助其他生理传感器获取用户更多的生理数据，如肌电图 (electromyogram，EMG)、心电图 (electrocardiogram，ECG)、呼吸等来监测用户地图空间认知过程中的生理活动，以及使用 fMRI、EEG 来监测用户地图空间认知过程中的大脑活动，将显式的眼球运动和隐式的生理与大脑活动相结合，能够实时了解用户的健康、认知负担、压力、注意力、情绪等身心状态。如何通过这些指标得到地图空间认知规律，进而满足用户在生理安全层面和心理满足层面更高的需求，值得进一步地研究与讨论。

5) 可重复性和生态效度

因数据的隐私问题和被试的有偏性，大多数基于眼动追踪的地图学空间认知实证研究结论难以重现。此外，大多数研究在实验室虚拟环境开展，严格的控制性让结果更加有说服力，但是却忽视了实验结果的生态效度问题，以及发现的规律是否适用于用户在真实环境中的地图空间认知过程。这些问题会导致实验规律与真实情况产生偏差。未来的研究仍然具有挑战。一方面，未来的研究需要尝试建立标准的地图学空间认知任务库，收集大样本的被试数据，如他们的眼动数据以及大脑数据。这需要实验基准，并且保护用户的隐私。另一方面，开展更多真实环境中的实证研究，因为真实环境的不可控性，这样的研究是具有挑战性的。但如第 5 章中所介绍的，目前已有一些在真实环境中进行的基于眼动跟踪的地图学空间认知实验，眼动数据与真实环境的匹配等难题也有了初步的解决方法。在此基础上，未来可以借助其他移动性强的生理传感器 (EEG、fNIRS 等) 监测用户在真实世界的大脑活动，更好地解释用户的认知规律。此外，哪些地图空间认知规律能够从虚拟环境有效适用于真实环境，需要更多环境之间的对比研究。

6) 多源数据的同步

未来地图空间认知的研究需要进行多层次的认知过程描述，搭建起脑电活动监测与眼动追踪相结合的同步测量系统，实现眼动和脑电多模态数据融合分析，进而从神经电活动以及视觉行为的角度诠释地图空间认知过程。在此类多模态系统中，眼动行为和多通道生理信号在时间上应准确同步。眼动作为一种视觉行为，不仅能推测个体内在的地图认知过程，还能在同步数据流之后为 EEG 数据分析发挥监控状态的作用，而 EEG 则可以发挥其神经电活动监测的作用，揭示地图学空间认知涉及的大脑区域和编码过程。将地图认知过程中的视觉行为数据实时融入脑电数据中，分析视觉诱发电位，也是未来地图空间认知研究的需求。

6.2 人工智能与眼动技术

6.2.1 引言

人工智能 (artificial intelligence，AI) 是计算机科学的一个重要分支，是一种利用计算机编码的方式模拟、延伸与扩展人类智能的技术科学。人工智能技术伴随着计算机算力、算法的更新迭代，分别衍生了机器学习 (详见 4.5 节)、深度学习 (详见 4.7 节) 等算法，近年来在强化学习 (reinforcement learning)、知识图谱 (knowledge graph) 和类脑智能 (brain-inspired intelligence) 等领域发展迅速。

与眼动技术结合，人工智能可用于提取眼动行为模式，服务于地图学空间认知研究中对人类视觉行为机制的发现以及预测工作。数据、算法和算力是人工智能发展的三大要素。研究人员根据所研究的科学问题，选择刺激材料，设计实验任务，开展眼动实验，获取各类眼动数据，并构建眼动标签数据集。一般眼动数据集可分为图像眼动数据集和视频眼动数据集：图像眼动数据集有 CAT2000、PASCAL-S、SALICON 等，视频眼动数据集有驾驶环境中采集的 DR(eye)VE 等。利用深度学习算法，研究人员可以从大量的眼动标签数据中提取行为模式，如视觉显著性 (详见第 4 章)、眼动轨迹等，应用于自动驾驶、眼控交互、遥感图像自动识别分类、地图制图评价和生物识别等场景。

6.2.2 未来研究及应用

1) 基于深度学习的视觉显著性预测

基于全卷积神经网络等深度学习算法，可预测人类对场景的视觉热点区域，即视觉显著性。开展预测的场景有自然场景 (如静态图像、动态视频等)、行人导航场景和驾驶场景等。在自然场景下的视觉显著性预测，主要目的是研究人类视觉对外界刺激作出响应的空间分布，以服务于注视规律发现、注视行为模拟等地图学空间认知科学研究。在导航场景下，可以研究不同导航任务 (如自我定位、自我定向、寻路、导航等) 下被试的视觉行为机制，并可以通过研究借助 VR 导航、AR 导航等新型导航工具进行导航任务时的眼动行为，提出针对这类导航工具的开发与优化建议。在驾驶场景下，可以研究驾驶员在任务背景下的眼动行为，结果可服务于辅助驾驶系统、驾驶技能训练系统的构建与开发，提升道路交通安全。

2) 遥感影像目标识别与自动分类

现在，遥感技术已成为人类研究地球资源环境的有力手段，提高遥感影像产品的可解释性和可用性也是地图学空间认知的重要内容之一。而随着遥感技术的进步，空间、时间、光谱以及辐射分辨率不断提高，面对海量的遥感数据，信息的自动化提取显得尤为重要。然而，当前遥感影像的目标识别与分类仍然依赖于人工目视解译，主要原因在于遥感影像中目标种类多、结构复杂以及混合像元难以区分等。传统方法缺乏对深层特征的挖掘，分类精度低，而深度学习的方法需要大量的标签数据作为训练集，并且还有类别不平衡、背景复杂、大场景小目标等问题亟待解决。因此，开展针对遥感影像的地图学空间认知眼动实验，利用人工智能技术挖掘眼动数据中蕴含的人类认知规律，将人类认知规律进行抽象，通过模拟人类目视解译的过程，构建学习速度快、样本量需求小、鲁棒性强、计算速度快的模型算法，对提高遥感影像可用性有重要意义。

3) 地图设计与评价

建立适人化的地图表达方式是实现地理信息精准、高效、个性化表达的关键和前提，也是地图学的一个重要课题。在现今条件下，地图产品是否设计合理、富有美感，往往取决于人的主观评价，而且为设计个性化、适人化的地图，需要投入大量的人工和时间对地图产品进行评价。而眼动跟踪数据可大大缩短这一评价过程。已有的对景观的评价任务研究表明，视觉感受能够反映景观美感，而眼动指标能够反映视觉感受，因此眼动指标在景观评价领域的应用具有可行性。将这一理论推广到地图学研究中，基于机器学习、深度学习算法构建分类器，可以建立人的眼动指标、眼动行为等多维数据与地图主观评价之间的联系，使得仅需要视觉数据便可得到对地图设计的评价得分。这一应用有助于提高地图个性化表达的效率、准确性等。

4) 基于眼动的生物特征识别

现有的生物特征识别主要是基于身体特征（指纹、面部等）或行为特征（语音、笔迹等），这些特征具有唯一性、不易复制性，对生物个体的区分性强，可以用于支付、签到等场景下的用户身份认证。从人的眼动行为提取不同个体的行为模式，可以为生物特征识别的行为特征提供一种新的思路。与其他行为特征类似，眼动行为特征同样在不同个体间存在差异性，而同一个体的眼动行为往往存在一种固定的模式，因此可以作为一种区分个体的手段。地图学空间认知任务往往较为复杂，眼动行为特征更加难以模仿，因此适宜作为区分个体的手段。现有的研究通过采集被试阅读文本材料、街景图像、地图等刺激材料的眼动数据，通过长短期记忆网络、随机森林等人工智能算法构建分类器，实现对用户身份标签的识别。虽然现有的研究在识别的准确率上仍然存在一定的上升空间，但是证实了地图学空间认知眼动数据在用户识别方面的潜在可能，同时，基于眼动的生物特征也将促进个性化与自适应的基于注视的地图交互系统的开发。

5) 基于眼动的人机交互

在某些场景下，如驾驶、运动甚至作战的时候，传统的对于地图的操控方法将不再适用。因此，需要一种可以解放双手的地图操控方法。现有研究证明，利用视觉行为数据推测用户的地图操作意图，实现人机交互是可行的。通过收集各种用户对地图操作的行为数据与眼动数据，利用深度学习等方法进行综合分析和推断，可实现对个体用户的行为预测。在未来的研究中，一方面可以利用眼动数据推测用户的意图，搭建能够定制化推荐、操作的自适应地图；另一方面开发使用眼动行为操控的眼控地图，配合穿戴式设备等硬件产品，能够服务于驾驶导航、作战指挥等场景。

6) 地理空间类脑智能

地理空间智能以人工智能模型为基础，耦合地理空间基本规律，旨在实现精准、高效的地理空间演化与预测。现有的人工智能模型往往受限于空间与信息的类型，无法建立不同空间或信息之间的映射关系，从而难以有效地组织多源异构信息，形成完整且逻辑自洽的知识体系，也就难以完成复杂地理现象的模拟与预测。人脑则擅长将多元信息汇总、归纳形成知识并将其并入现有的人脑知识结构，这使得人类能够高效地获取知识。基于高度组织且逻辑自洽的知识结构，人脑可以进行复杂的知识关联与映射，推理并解决复杂问题。脑神经科学研究发现人脑神经元对地理空间信息和概念空间信息的编码是同时进行且不独立的，这从微观层面揭示了人脑的信息加工系统能够统一编码不同空间的信息，实现高效的信息融合与知识提取，奠定了人脑知识映射与复杂推理的神经基础。因此，揭示人脑对地图学空间认知与知识的加工机制，构建基于该机制的类脑智能，是地理空间智能计算未来发展的重要方向。

6.3 小 结

本章从脑神经科学和人工智能两个角度，对地图学研究和眼动技术应用的未来进行了探讨。眼动跟踪技术虽然是一种有效的研究地图学空间认知问题的手段，但是在许多方面存在着瓶颈和局限性。使用眼动技术讨论地图空间认知过程时，研究者往往只能通过视觉注意的角度去描述读图者的信息加工和搜索过程，但是信息加工的过程终究是要通过大脑来完成的，注视行为只是一种对读图者思维过程的外显。因此，需要将眼动技术与脑科学研究方法结合起来，将外显行为和内在思考结合起来，才能从最根本的角度去解释人类对地图和空间的认知问题。

同时，也要看到眼动技术和人工智能深度结合的广阔前景。在人机智能结合的大背景下，将眼动数据特征、地图空间特征融入到人工智能算法中，一定会为影像目标识别、地图智能制图、地学知识图谱、地理空间类脑智能等未来应用赋予更加充沛的“能量”。

参考文献

鲍敏，黄昌兵，王莉，等. 2017. 视觉信息加工及其脑机制. 科技导报，35(19): 15-20.

程昌秀，史培军，宋长青，等. 2018. 地理大数据为地理复杂性研究提供新机遇. 地理学报，73(8): 1397-1406.

邓绶林. 1992. 地学辞典. 石家庄：河北教育出版社.

董卫华，廖华，詹智成，等. 2019. 2008 年以来地图学眼动与视觉认知研究新进展. 地理学报，74(3): 599-614.

高闯. 2012. 眼动实验原理：眼动的神经机制、研究方法与技术. 武汉：华中师范大学出版社.

高俊. 1992. 地图的空间认知与认知地图学 // 中国测绘学会地图制图专业委员会，中国地图出版社地图科学研究所. 中国地图学年鉴 (1991). 北京：中国地图出版社.

高俊. 2012. 地图学寻迹：高俊院士文集. 北京：测绘出版社.

高俊，曹雪峰. 2021. 空间认知推动地图学学科发展的新方向. 测绘学报，50(6): 711-725.

高雪原，董卫华，童依依，等. 2016. 场认知方式、性别和惯用空间语对地理空间定向能力影响的实验研究. 地球信息科学学报，18(11): 1513-1521.

郭仁忠，应申. 2017. 论 ICT 时代的地图学复兴. 测绘学报，46(10): 1274-1283.

韩敏. 2014. 人工神经网络基础. 大连：大连理工大学出版社.

李德仁，姚远，邵振峰. 2014. 智慧城市中的大数据. 武汉大学学报：信息科学版，(6): 631-640.

李泳波. 2017. 基于 RANSAC 的道路消失点自适应检测算法. 中国科技信息，(13): 80-82.

刘瑜，康朝贵，王法辉. 2014. 大数据驱动的人类移动模式和模型研究. 武汉大学学报：信息科学版，(6): 660-666.

龙良曲. 2020. TensorFlow 深度学习：深入理解人工智能算法设计. 北京：清华大学出版社.

罗布·基钦，马克·布来兹. 2018. 地理空间认知. 万刚，曲云英，陈晓慧，等译. 北京：测绘出版社.

毛赞猷. 1989. 地图感受论中的格式塔原则. 地图，(4): 9-14.

毛赞猷，朱良，周占鳌，等. 2017. 新编地图学教程. 3 版. 北京：高等教育出版社.

毛征宇，刘中坚. 2010. 一种三次均匀 B 样条曲线的轨迹规划方法. 中国机械工程，21(21): 2569-2572, 2577.

宋长青. 2016. 地理学研究范式的思考. 地理科学进展，35(1): 1-3.

王成舜，陈毓芬，郑束蕾. 2018. 顾及眼动数据的网络地图点状符号用户兴趣分析方法. 武汉大学学报：信息科学版，(9): 1429-1437.

王家耀. 1993. 普通地图制图综合原理. 北京：测绘出版社.

王家耀，钱海忠. 2006. 制图综合知识及其应用. 武汉大学学报：信息科学版，(5): 382-386.

王家耀，孙群，王光霞，等. 2014. 地图学原理与方法. 2 版. 北京：科学出版社.

王家耀，吴战家，武芳. 1992. 制图综合专家系统工具研究. 测绘科学技术学报，(4): 66-72.

王庸. 1959. 中国地图史纲. 北京：商务印书馆.

吴增红，陈毓芬. 2010. 地图学认知实验方法研究. 测绘科学，35(1): 53-55.

肖丹青. 2013. 认知地理学：以人为本的地理信息科学. 北京：科学出版社.

闫国利，张莉，李赛男，等．2018. 国外儿童词汇识别发展眼动研究的新进展．心理科学，41(2): 351-356.
杨乃．2010. 基于空间认知的三维地图设计若干问题的研究．武汉：武汉大学博士学位论文．
张攀，郑珂，王军德，等．2015. 拓扑模型下的导航地图道路曲率引入．测绘通报，(11): 52-56.
赵新灿，左洪福，任勇军．2006. 眼动仪与视线跟踪技术综述．计算机工程与应用，42(12): 118-120.
郑束蕾．2016. 个性化地图的认知机理研究．郑州：解放军信息工程大学博士学位论文．
郑束蕾．2021. 地理空间认知理论与地图工具的发展．测绘学报，50(6): 766-776.
智梅霞．2017. 基于眼动追踪的城市建筑物地标视觉显著度模型构建．郑州：解放军信息工程大学硕士学位论文．
朱琳，王圣凯，袁伟舜，等．2020. 眼动控制的交互式地图设计．武汉大学学报：信息科学版，(5): 736-743.
祝国瑞．2004. 地图学．武汉：武汉大学出版社．
Alaçam Ö, Dalci M. 2009. A usability study of webmaps with eye tracking tool: The effects of iconic representation of information. The 13th International Conference on Human-computer Interaction.San Diego, USA.
Allen G L. 1999. Spatial Abilities, Cognitive Maps, and Wayfinding. Baltimore: Johns Hopkins University Press.
Allen G L, Kirasic K C, Dobson S H, et al. 1996. Predicting environmental learning from spatial abilities: An indirect route. Intelligence, 22(3): 327-355.
Anagnostopoulos V, Havlena M, Kiefer P, et al. 2017. Gaze-Informed location-based services. International Journal of Geographical Information Science, 31(9/10): 1770-1797.
Anderson N C, Anderson F, Kingstone A, et al. 2015. A comparison of scanpath comparison methods. Behavior Research Methods, 47(4): 1377-1392.
Antes J R, Chang K T, Mullis C. 1985. The visual effect of map design: An eye-movement analysis. The American Cartographer, 12(2): 143-155.
Arons B. 1992. A review of the cocktail party effect. Journal of the American Voice I/O Society, 12(7): 35-50.
Atkinson A L, Berry E D J, Waterman A H, et al. 2018. Are there multiple ways to direct attention in working memory? Annals of the New York Academy of Sciences, 1424(1): 115-126.
Baddeley A. 2003. Working memory: Looking back and looking forward. Nature Reviews Neuroscience, 4(10): 829-839.
Badrinarayanan V, Kendall A, Cipolla R. 2017. SegNet: A deep convolutional encoder-decoder architecture for image segmentation. IEEE Transactions on Pattern Analysis and Machine Intelligence, 39(12): 2481-2495.
Baluch F R, Itti L. 2011. Mechanisms of top-down attention. Los Angeles: University of Southern California.
Bartz B S. 1970. Experimental use of the search task in an analysis of type legibility in cartography. The Cartographic Journal, 7(2): 103-112.
Batty M. 2013. Big data, smart cities and city planning. Dialogues in Human Geography, 3(3): 274-279.
Bay H, Ess A, Tuytelaars T, et al. 2008. Speeded-up robust features (SURF). Computer Vision and Image Understanding, 110(3):346-359.
Beanland V, Fitzharris M, Young K L, et al. 2013. Driver in attention and driver distraction in serious casualty crashes: Data from the Australian national crash in-depth study. Accident Analysis & Prevention, 54: 99-107.
Bécu M, Sheynikhovich D, Tatur G, et al. 2020. Age-related preference for geometric spatial cues during real-world navigation. Nature Human Behaviour, 4(1): 88-99.

Bednarik R, Eivazi S, Vrzakova H. 2013. A computational approach for prediction of problem-solving behavior using support vector machines and eye-tracking data// Yukiko N, Cristina C, Thomas B. Eye Gaze in Intelligent User Interfaces. London: Springer: 111-134.

Bedny M, Konkle T, Pelphrey K, et al. 2010. Sensitive period for a multimodal response in human visual motion area MT/MST. Current Biology, 20(21): 1900-1906.

Belkaid M, Cuperlier N, Gaussier P. 2017. Emotional metacontrol of attention: Top-down modulation of sensorimotor processes in a robotic visual search task. PLoS ONE, 12(9): e0184960.

Bennett A T. 1996. Do animals have cognitive maps? Journal of Experimental Biology, 199(1): 219-224.

Bertin J. 2010. Semiology of Graphics. Redlands: ESRI Press.

Bisley J W. 2011. The neural basis of visual attention. The Journal of Physiology, 589(1): 49-57.

Blascheck T, Kurzhals K, Raschke M, et al. 2014. State-of-the-art of visualization for eye tracking data. EuroVis: Eurographics Conference on Visualization (STARs) 2014. Swansea, UK.

Blasdel G G, Lund J S. 1983. Termination of afferent axons in macaque striate cortex. Journal of Neuroscience, 3(7): 1389-1413.

Board C, Taylor R M. 1977. Perception and maps: Human factors in map design and interpretation. Transactions of the institute of British Geographers, 75: 19-36.

Boev A, Hanhela M, Gotchev A, et al.2012. Parameters of the human 3D gaze while observing portable autostereoscopic display: A model and measurement results. Multimedia on Mobile Devices and Multimedia Content Access 2012: Algorithms and Systems VI. Burlingame, United States.

Boisvert J F G, Bruce N D B. 2016. Predicting task from eye movements: On the importance of spatial distribution, dynamics, and image features. Neurocomputing, 207: 653-668.

Bojko A. 2013. Eye Tracking the User Experience: A Practical Guide to Research. London: Rosenfeld Media.

Borji A, Feng M Y, Lu H C. 2016. Vanishing point attracts gaze in free-viewing and visual search tasks. Journal of Vision, 16(14): 18.

Borji A, Itti L. 2014. Defending yarbus: Eye movements reveal observers' task. Journal of Vision, 14(3): 29.

Breiman L. 2001. Random forests. Machine Learning, 45(1): 5-32.

Broadbent N J, Squire L R, Clark R E. 2004. Spatial memory, recognition memory, and the hippocampus. Proceedings of the National Academy of Sciences, 101(40):14515-14520.

Brockmann D, Hufnagel L, Geisel T. 2006. The scaling laws of human travel. Nature, 439(7075): 462-465.

Brownlee J. 2015. Tactics to combat imbalanced classes in your machine learning dataset. Machine Learning Mastery, 19: 278-295.

Brügger A，Richter K，Fabrikant S I. 2016. Walk and learn: An empirical framework for assessing spatial knowledge acquisition during mobile map use. International Conference on GIScience Short Paper Proceedings. http://dx.doi.org/10.21433/B3113hc8k3js.

Bulling A, Ward J A, Gellersen H, et al. 2011. Eye movement analysis for activity recognition using electrooculography. IEEE Transactions on Pattern Analysis and Machine Intelligence, 33(4): 741-753.

Bulling A, Weichel C, Gellersen, H. 2013. Eyecontext: Recognition of high-level contextual cues from human visual behavior.The Sigchi Conference on Human Factors in Computing Systems. Paris,France.

Burch M, Kurzhals K, Kleinhans N, et al. 2018. EyeMSA: Exploring eye movement data with pairwise and multiple sequence alignment. The 2018 ACM Symposium on Eye Tracking Research & Applications . Warsaw, Poland.

Cadwallader M. 1979. Problems in cognitive distance: Implications for cognitive mapping. Environment and Behavior, 11(4): 559-576.

Caivano J L. 1998. Color and semiotics: A two-way street. Color Research and Application, 23(6): 390-401.

Calonder M, Lepetit V, Strecha C, et al. 2010. Brief: Binary robust independent elementary features. The 11th European Conference on Computer Vision. Heraklion, Crete, Greece.

Carrasco M. 2011. Visual attention: The past 25 years. Vision Research, 51(13): 1484-1525.

Catmull E. 1978. The problems of computer-assisted animation. ACM Siggraph Computer Graphics, 12(3): 348-353.

Chang K T, Antes J R, Lenzen T. 1985. The effect of experience on reading topographic relief information: Analyses of performance and eye movements. The Cartographic Journal, 22(2): 88-94.

Chawla N V, Bowyer K W, Hall L O, et al. 2002. Smote: Synthetic minority over-sampling technique. Journal of Artificial Intelligence Research, 16: 321-357.

Chawla N V, Japkowicz N, Kotcz A. 2004. Special issue on learning from imbalanced data sets. ACM Sigkdd Explorations Newsletter, 6(1): 1-6.

Chen L C, Papandreou G, Kokkinos L, et al. 2018. Deeplab: Semantic image segmentation with deep convolutional nets, atrous convolution, and fully connected CRFs. IEEE Transactions on Pattern Analysis and Machine Intelligence, 40(4): 834-848.

Chorley B J, Haggett P. 1967. Models in Geography: Map as Models. London: Methuen & Company Limited.

Christophe S, Hoarau C. 2012. Expressive map design based on pop art: Revisit of semiology of graphics? Cartographic Perspectives, (73): 61-74.

Clavagnier S, Falchier A, Kennedy H. 2004. Long-distance feedback projections to area V1: Implications for multisensory integration, spatial awareness, and visual consciousness. Cognitive Affective & Behavioral Neuroscience, 4(2): 117-126.

Coard C, Robinson A H, Petchenik B B. 1977. The nature of maps: Essays toward understanding maps and mapping. Geographical Journal, 143(2): 347.

Cohen J E. 2007. Cyberspace as/and Space. Columbia Law Review, 107(1): 210-256.

Cohen J E. 2015. Perceptual constancy//Matthen M. The Oxford Handbook of Philosophy of Perception . New York: Oxford University Press: 621-639.

Collins D W, Kimura D. 1997. A large sex difference on a two-dimensional mental rotation task. Behavioral Neuroscience, 111(4): 845-849.

Çöltekin A, Lochhead I, Madden M, et al. 2020. Extended reality in spatial sciences: A review of research challenges and future directions. ISPRS International Journal of Geo-Information, 9(7): 439.

Cornell E H, Hay D H. 1984. Children's acquisition of a route via different media. Environment and Behavior, 16(5): 627-641.

Coroneo M T, Müller-Stolzenburg N W, Ho A. 1991. Peripheral light focusing by the anterior eye and the ophthalmohelioses. Ophthalmic Surgery, 22(12): 705-711.

Couclelis H, Gale N. 1986. Space and spaces. Geografiska Annaler: Series B, Human Geography, 68(1): 1-12.

Couclelis H, Golledge R G, Gale N, et al. 1987. Exploring the anchor-point hypothesis of spatial cognition. Journal of Environmental Psychology, 7(2): 99-122.

Cowan N. 2001. The magical number 4 in short-term memory: A reconsideration of mental storage capacity. Behavioral and Brain Sciences, 24(1): 87-114.

Crawford P V. 1971. Perception of grey-tone symbols. Annals of the Association of American Geographers, 61(4), 721-735.

Credé S, Thrash T, Hölscher C, et al. 2020. The advantage of globally visible landmarks for spatial learning. Journal of Environmental Psychology, 67: 10-13,69.

Cristino F, Mathôt S, Theeuwes J, et al. 2010. ScanMatch: A novel method for comparing fixation sequences. Behavior Research Methods, 42(3): 692-700.

Cybulski P. 2020. Spatial distance and cartographic background complexity in graduated point symbol map-reading task. Cartography and Geographic Information Science, 47(3): 244-260.

de Cock L, Ooms K, van de Weghe N, et al. 2019. User preferences on route instruction types for mobile indoor route guidance. ISPRS International Journal of Geo-Information, 8(11): 482.

Desimone R. 1991. Face-selective cells in the temporal cortex of monkeys. Journal of Cognitive Neuroscience, 3(1): 1-8.

Dewhurst R, Nyström M, Jarodzka H, et al. 2012. It depends on how you look at it: Scanpath comparison in multiple dimensions with multimatch, a vector-based approach. Behavior Research Methods, 44(4): 1079-1100.

Di Stasi L L, Renner R, Staehr P, et al. 2010. Saccadic peak velocity sensitivity to variations in mental workload. Aviation Space and Environmental Medicine, 81(4): 413-417.

Dickes P, Valentova M. 2013. Construction, validation and application of the measurement of social cohesion in 47 European countries and regions. Social Indicators Research, 113(3): 827-846.

Doll T J. 1993. Preattentive processing in visual search. Proceedings of the Human Factors and Ergonomics Society Annual Meeting, 37(10):1291-1294.

Dong W H, Jiang Y H, Zheng L Y, et al. 2018a. Assessing map-reading skills using eye tracking and Bayesian structural equation modelling. Sustainability, 10(9): 1-13.

Dong W H, Liao H, Liu B, et al. 2020b. Comparing pedestrian's gaze behavior in desktop and in real environments. Cartography and Geographic Information Science, 47(5): 432-451.

Dong W H, Liao H, Roth R E, et al. 2014a. Eye tracking to explore the potential of enhanced imagery basemaps in web mapping. The Cartographic Journal, 51(4): 313-329.

Dong W H, Liao H, Xu F, et al. 2014b. Using eye tracking to evaluate the usability of animated maps. Science China Earth Sciences, 57(3): 512-522.

Dong W H, Qin T, Liao H, et al. 2020c. Comparing the roles of landmark visual salience and semantic salience in visual guidance during indoor wayfinding. Cartography and Geographic Information Science, 47(3): 229-243.

Dong W H, Qin T, Yang T Y, et al. 2022. Wayfinding behavior and spatial knowledge acquisition: Are they the same in virtual reality and in real-world environments? Annals of the American Association of Geographers, 112(1): 226-246.

Dong W H, Ran J, Wang J. 2012. Effectiveness and efficiency of map symbols for dynamic geographic information visualization. Cartography and Geographic Information Science, 39(2): 98-106.

Dong W H, Wang S K, Chen Y Z, et al. 2018b. Using eye tracking to evaluate the usability of flow maps. ISPRS International Journal of Geo-Information, 7(7): 281.

Dong W H, Wu Y L, Qin T, et al. 2021. What is the difference between augmented reality and 2D navigation electronic maps in pedestrian wayfinding? Cartography and Geographic Information Science, 48(3): 225-240.

Dong W H, Yang T Y, Liao H, et al. 2020a. How does map use differ in virtual reality and desktop-based environments? International Journal of Digital Earth, 13(12): 1484-1503.

Dong W H, Ying Q, Yang Y, et al. 2019. Using eye tracking to explore the impacts of geography courses on map-based spatial ability. Sustainability, 11(1): 76.

Dong W H, Zhan Z C, Liao H, et al. 2020d. Assessing similarities and differences between males and females in visual behaviors in spatial orientation tasks. ISPRS International Journal of Geo-Information, 9(2): 115.

Dong W H, Zheng L Y, Liu B, et al. 2018c. Using eye tracking to explore differences in map-based spatial ability between geographers and non-geographers. ISPRS International Journal of Geo-Information, 7(9):

337.

Downs R M. 2013. The representation of space: Its development in children and in cartography//Cohen R. The Development of Spatial Cognition. London: Psychology Press: 349-372.

Downs R M, Stea D, Meining D W. 1977. Maps in Minds: Reflections on Cognitive Mapping. New York: Harper & Row .

Duchowski A T. 2007. Eye Tracking Methodology. Berlin : Springer.

Dühr S. 2004. The form, style, and use of cartographic visualisations in European spatial planning: Examples from England and Germany. Environment and Planning A: Economy and Space, 36(11): 1961-1989.

Duque L C, Weeks J R. 2010. Towards a model and methodology for assessing student learning outcomes and satisfaction. Quality Assurance in Education, 18(2): 84-105.

Ebisawa Y, Fukumoto K. 2013. Head-free, remote eye-gaze detection system based on pupil-corneal reflection method with easy calibration using two stereo-calibrated video cameras. IEEE Transactions on Biomedical Engineering, 60(10): 2952-2960.

Eckert M. 1977. On the nature of maps and map logic. The International Journal for Geographic Information and Geovisualization, 14(1): 1-7.

Eisen M B, Spellman P T, Brown P O, et al. 1998. Cluster analysis and display of genome: Wide expression patterns.The National Academy of Sciences of the United States of America, 95 (25):14863-14868.

Elloumi W, Guissous K, Chetouani A et al. 2014. Improving a vision indoor localization system by a saliency-guided detection.2014 IEEE Visual Communications and Image Processing Conference. Valletta, Malta.

Epstein R A, DeYoe E A, Press D Z, et al. 2001. Neuropsychological evidence for a topographical learning mechanism in parahippocampal cortex. Cognitive Neuropsychology, 18(6): 481-508.

Epstein R A, Kanwisher N. 1998. A cortical representation of the local visual environment. Nature, 392(6676): 598-601.

Epstein R A, Parker W E, Feiler A M, et al. 2007. Where am I now? Distinct roles for parahippocampal and retrosplenial cortices in place recognition. The Journal of Neuroscience, 27(23): 6141-6149.

Epstein R A, Patai E Z, Julian, J B, et al. 2017. The cognitive map in humans: Spatial navigation and beyond. Nature Neuroscience, 20(11): 1504-1513.

Epstein R A, Vass L K. 2014. Neural systems for landmark-based wayfinding in humans. Philosophical Transactions of the Royal Society B: Biological Sciences, 69(1635), 201-205, 33.

Everingham M, Ali Eslami S M, van Gool L, et al. 2015. The pascal visual object classes challenge: A retrospective. International Journal of Computer Vision, 111(1): 98-136.

Fabrikant S I, Hespanha S R, Hegarty M. 2010. Cognitively inspired and perceptually salient graphic displays for efficient spatial inference making. Annals of the Association of American Geographers, 100(1): 13-29.

Fang Y M, Lin W S, Chen Z Z, et al. 2014. A video saliency detection model in compressed domain. IEEE Transactions on Circuits and Systems for Video Technology, 24(1): 27-38.

Farr A C, Kleinschmidt T, Yarlagadda, P, et al. 2012. Wayfinding: A simple concept, a complex process. Transport Reviews, 32(6): 715-743.

Feng G. 2003. From eye movement to cognition: Toward a general framework of inference comment on liechty. Psychometrika, 68(4): 551-556.

Franke C, Schweikart J. 2017. Mental representation of landmarks on maps-investigating cartographic visualization methods with eye tracking technology. Spatial Cognition & Computation, 17(1-2): 20-38.

Freundschuh S M. 1991. The effect of the pattern of the environment on spatial knowledge acquisition. Springer Netherlands, 63: 167-183.

Friedman J H, Hastie T, Tibshirani R. 2003. The Elements of Statistical Learning. New York: Springer.

Friedrich M, Rußwinkel N, Möhlenbrink C. 2017. A guideline for integrating dynamic areas of interests in existing set-up for capturing eye movement: Looking at moving aircraft. Behavior Research Methods, 49(3): 822-834.

Gao S, Liu Y, Wang Y L, et al. 2013. Discovering spatial interaction communities from mobile phone data. Transactions in GIS, 17(3): 463-481.

Gardony A, Brunyé T T, Mahoney C R, et al. 2011. Affective states influence spatial cue utilization during navigation. Presence Teleoperators and Virtual Environments, 20(3): 223-240.

Gärling T, Böök A, Lindberg E, et al. 1981. Memory for the spatial layout of the everyday physical environment: Factors affecting rate of acquisition. Journal of Environmental Psychology, 1(4): 263-277.

Gärling T, Golledge R G. 1989. Environmental perception and cognition//Zube E H, Moore G T. Advance in Environment, Behavior, and Design. Boston: Springer: 203-236.

Gärling T, Golledge R G. 1993. Behavior and Environment: Psychological and Geographical Approaches. Amsterdam: Elsevier.

Gazzaniga M S. 2004. The Cognitive Neurosciences Ⅲ . Cambridge: MIT Press.

Giannopoulos I , Kiefer P, Raubal M. 2012. GeoGazemarks: Providing gaze history for the orientation on small display maps. The 14th ACM International Conference on Multimodal Interaction. New York, United States.

Ginsberg J, Mohebbi M H, Patel R S, et al. 2009. Detecting influenza epidemics using search engine query data. Nature, 457(7232): 1012-1014.

Gkonos C, Giannopoulos I, Raubal M. 2017. Maps, vibration or gaze? Comparison of novel navigation assistance in indoor and outdoor environments. Journal of Location Based Services, 11(1): 29-49.

Goldberg J H, Kotval X P. 1999. Computer interface evaluation using eye movements: Methods and constructs. International Journal of Industrial Ergonomics, 24(6): 631-645.

Golledge R G. 1992. Place recognition and wayfinding: Making sense of space. Geoforum, 23(2): 199-214.

Golledge R G. 1993. Geographical perspectives on spatial cognition. Advances in Psychology, 96: 16-46.

Golledge R G. 2003. Human wayfinding and cognitive maps//Rockman M, Steele J. The Colonization of Unfamiliar Landscapes. London: Routledge: 25-43.

Golledge R G, Spector A N. 1978. Comprehending the urban environment: Theory and practice. Geographical Analysis, 10(4): 403-426.

Golledge R G, Stimson R J. 1987. Analytical Behavioural Geography. New York: Croom Helm.

Gonzalez M C, Hidalgo C A, Barabasi A L. 2008. Understanding individual human mobility patterns. Nature, 453(7196): 779-782.

Graham E. 1976. What is a mental map? The Royal Geographical Society, 8(4): 259-262.

Gramann K, Müller H J, Eick E M, et al. 2005. Evidence of separable spatial representations in a virtual navigation task. Journal of Experimental Psychology Human Perception and Performance, 31(6): 1199-1223.

Green M. 1998. Toward a perceptual science of multidimensional data visualization: Bertin and beyond. ERGO/GERO Human Factors Science, 8: 1-30.

Greene M R, Liu T, Wolfe J M. 2012. Reconsidering yarbus: A failure to predict observer's task from eye movement patterns. Vision Research, 62: 1-8.

Griffin A L. 2017. Cartography, Visual Perception and Cognitive Psychology. London: Routledge.

Griffin A L, Robinson A C, Roth R E. 2017. Envisioning the future of cartographic research. International Journal of Cartography, 3(1): 1-8.

Guilford J P, Zimmerman W S. 1948. The Guilford-Zimmerman aptitude survey. Journal of Applied

Psychology, 32(1): 24-34.

Gunzelmann G, Anderson J R, Douglass S. 2004. Orientation tasks with multiple views of space: Strategies and performance. Spatial Cognition and Computation, 4(3): 207-253.

Haji-Abolhassani A, Clark J J. 2014. An inverse yarbus process: Predicting observer's task from eye movement patterns. Vision Research, 103: 127-142.

Harel J, Koch C, Perona P. 2006. Graph-based visual saliency. Advances in Neural Information Processing Systems, 19: 545-552.

Hart R A. 1981. Children's Spatial Representation of the Landscape: Lessons and Questions from a Field Study. New York : Academic Press.

Haxby J V, Horwitz B, Ungerleider L G, et al. 1994. The functional organization of human extrastriate cortex: A PET-rCBF study of selective attention to faces and locations. Journal of Neuroscience, 14(11): 6336-6353.

Hazen N, Lockman J J, Pick H L. 1978. The development of children' s representations of large-scale environments. Child Development, 49(3): 623-636.

He H, Garcia E A. 2009. Learning from imbalanced data. IEEE Transactions on Knowledge and Data Engineering, 21(9): 1263-1284.

Hegarty M, Richardson A E, Montello D R, et al. 2002. Development of a self-report measure of environmental spatial ability. Intelligence, 30(5): 425-447.

Henderson J M. 2003. Human gaze control during real-world scene perception. Trends in Cognitive Sciences, 7(11): 498-504.

Henderson J M, Shinkareva S V, Wang J, et al. 2013. Predicting cognitive state from eye movements. PLoS ONE, 8(5): e64937.

Hochstein S, Ahissar M. 2002. View from the top: Hierarchies and reverse hierarchies in the visual system. Neuron, 36(5): 791-804.

Holmqvist K, Nystrom M, Andersson R, et al. 2011. Eye Tracking : A Comprehensive Guide to Methods and Measures. Oxford: Oxford University Press.

Iaria G, Petrides M, Dagher A, et al. 2003. Cognitive strategies dependent on the hippocampus and caudate nucleus in human navigation: Variability and change with practice. The Journal of Neuroscience, 23(13): 5945-5952.

Ishikawa T, Montello D R. 2006. Spatial knowledge acquisition from direct experience in the environment: Individual differences in the development of metric knowledge and the integration of separately learned places. Cognitive Psychology, 52(2): 93-129.

Itti L, Koch C, Niebur E. 1998. A model of saliency-based visual attention for rapid scene analysis. IEEE Transactions on Pattern Analysis and Machine Intelligence, 20(11): 1254-1259.

Jadallah M, Hund A M, Thayn J, et al. 2017. Integrating geospatial technologies in fifth-grade curriculum: Impact on spatial ability and map-analysis skills. Journal of Geography, 116(4): 139-151.

James W. 1981. The Principles of Psychology . Cambridge: Harvard University Press.

Jianu R, Alam S S. 2018. A data model and task space for data of interest (DOI) eye-tracking analyses. IEEE Transactions on Visualization and Computer Graphics, 24(3): 1232-1245.

Jiménez P, Bregenzer A, Kallus K W, et al. 2017. Enhancing resources at the workplace with health-promoting leadership. International Journal of Environmental Research and Public Health, 14(10): 1264.

Just M A, Carpenter P A. 1980. A theory of reading: From eye fixations to comprehension. Psychological review, 87(4): 329-354.

Kamps F S, Julian J B, Kubilius J, et al. 2015. The occipital place area represents the local elements of scenes.

Journal of Vision, 15(12): 514-526.

Kanan C, Ray N A, Bseiso D N, et al.2014. Predicting an observer's task using multi-fixation pattern analysis. The Symposium on Eye Tracking Research and Applications. Safety Harbor,USA.

Kandel E R, Schwartz J H, Jessell T M, et al. 2000. Principles Of Neural Science. 4th Ed. New York: McGraw-hill Medical.

Keates J S. 1982. Understanding Maps. Hoboken: John Wiley & Sons.

Keskin M, Ooms K, Dogru A O, et al. 2019. EEG & eye tracking user experiments for spatial memory task on maps. ISPRS International Journal of Geo-Information, 8(12): 546.

Kiefer P, Giannopoulos I, Raubal M. 2013. Using eye movements to recognize activities on cartographic maps. The 21st ACM SIGSPATIAL International Conference on Advances in Geographic Information Systems. Orlando, United States.

Kiefer P, Giannopoulos I, Raubal M. 2014. Where am I? Investigating map matching during self localization with mobile eye tracking in an urban environment. Transactions in GIS, 18(5): 660-686.

Kiefer P, Giannopoulos I, Raubal M, et al. 2017. Eye tracking for spatial research: Cognition, computation, challenges. Spatial Cognition & Computation, 17(1-2): 1-19.

Kitchin R M. 1994. Cognitive maps: What are they and why study them? Journal of environmental psychology, 14(1): 1-19.

Kitchin R M, Blades M. 2002. The Cognition Of Geographic Space. 4th Ed. London: I.B. Tauris Publishers.

Kitchin R M, Jacobson R D. 1997. Techniques to collect and analyze the cognitive map knowledge of persons with visual impairment or blindness: Issues of validity. Journal of Visual Impairment Blindness, 91(4): 360-376.

Klatzky R L. 1998. Allocentric and egocentric spatial representations: Definitions, distinctions, and interconnections. Spatial Cognition, 1404: 1-17.

Kluge M, Asche H. 2012. Validating a smartphone-based pedestrian navigation system prototype: An informal eye-tracking pilot test. The 12th International Conference of Computational Science and its Applications. Salvador de Bahia, Brazil.

Koláčný A. 1969. Cartographic information—A fundamental concept and term in modern cartography. The Cartographic Journal, 6(1): 47-49.

Köles M, Hercegfi K. 2015. Eye tracking precision in a virtual CAVE environment. The 6th IEEE International Conference on Cognitive Infocommunications (CogInfoCom). Gyor, Hungary.

Krassanakis V, Cybulski P. 2019. A review on eye movement analysis in map reading process: The status of the last decade. Geodesy and Cartography, 68(1): 191-209.

Krassanakis V, Cybulski P. 2021. Eye tracking research in cartography: Looking into the future. ISPRS International Journal of Geo-Information, 10(6): 411.

Kravitz D J, Saleem K S, Baker C I, et al. 2013. The ventral visual pathway: An expanded neural framework for the processing of object quality. Trends in Cognitive Sciences, 17(1): 26-49.

Krejtz K, Duchowski A T, Çöltekin A. 2014. High-level gaze metrics from map viewing: Charting ambient/focal visual attention. The 2nd International Workshop on Eye Tracking for Spatial Research. Vienna, Austria.

Kucharský Š, Visser I, Truțescu G O, et al. 2020. Cognitive strategies revealed by clustering eye movement transitions. Journal of Eye Movement Research, 13(1): 785-799.

Kuipers B. 1978. Modeling spatial knowledge. Cognitive Science, 2(2): 129-153.

Kumar A, Netzel R, Burch M, et al. 2016. Multi-similarity matrices of eye movement data. 2016 IEEE Second Workshop on Eye Tracking and Visualization. Baltimore, United States.

Lajoie S P. 1987. Individual differences in spatial ability: A computerized tutor for orthographic projection tasks. Educational Psychologist, 38(2): 115-125.

Lamme V A F. 2003. Why visual attention and awareness are different. Trends in Cognitive Sciences, 7(1): 12-18.

Laney D. 2014. 3D data management: Controlling data volume, velocity and variety. Big Data, 1(4): 191-192.

Lawrence M M. 1977. Behavioral and neurological studies in tactile map reading and training by persons who are blind or visually impaired. Eugene: University of Oregon.

Lawton C A. 1994. Gender differences in way-finding strategies: Relationship to spatial ability and spatial anxiety. Sex Roles, 30(11-12): 765-779.

LeCun Y, Bengio Y, Hinton G. 2015. Deep learning. Nature, 521(7553): 436-444.

Lee J, Bednarz R. 2012. Components of spatial thinking: Evidence from a spatial thinking ability test. Journal of Geography, 111(1): 15-26.

Lee T. 1968. The urban neighbourhood as a socio-spatial schema. Human Relations, 21(3): 241-267.

Lei T C, Wu S C, Chao C W, et al. 2016. Evaluating differences in spatial visual attention in wayfinding strategy when using 2D and 3D electronic maps. GeoJournal, 81(2): 153-167.

Levenshtein V I. 1965. Binary codes capable of correcting deletions, insertions and reversals. Doklady Akademii Nauk SSSR, 163(4): 845-848.

Levinson S C. 1996. Language and space. Annual Review of Anthropology, 25(1): 353-382.

Li S, Dragicevic S, Castro F A, et al. 2016. Geospatial big data handling theory and methods: A review and research challenges. ISPRS Journal of Photogrammetry and Remote Sensing, 115: 119-133.

Li X, Çöltekin A, Kraak M J. 2010. Visual exploration of eye movement data using the space-time-cube. Geographic Information Science: 6th International Conference. Zurich, Switzerland.

Liao H, Dong W H. 2017. An exploratory study investigating gender effects on using 3D maps for spatial orientation in wayfinding. ISPRS International Journal of Geo-Information, 6(3): 60-72.

Liao H, Dong W H, Huang H S, et al. 2019a. Inferring user tasks in pedestrian navigation from eye movement data in real-world environments. International Journal of Geographical Information Science, 33(4): 739-763.

Liao H, Dong W H, Peng C, et al. 2017. Exploring differences of visual attention in pedestrian navigation when using 2D maps and 3D geo-browsers. Cartography and Geographic Information Science, 44(6): 474-490.

Liao H, Dong W H, Zhan Z C. 2021. Identifying map users with eye movement data from map-based spatial tasks: User privacy concerns. Cartography and Geographic Information Science, 49(1): 50-69.

Liao H, Wang X Y, Dong W H, et al. 2019b. Measuring the influence of map label density on perceived complexity: A user study using eye tracking. Cartography and Geographic Information Science, 46(3): 210-227.

Liben L S. 1992. Environmental cognition through direct and representational experiences: A life-span perspective// Garling T, Evans G W. Environment, Cognition, and Action. Oxford: Oxford University Press.

Liben L S, Patterson A H, Newcombe N. 1981. Spatial Representation and Behavior Across the Life Span. New York: Academic Press.

Lin C T, Huang T Y, Lin W J, et al. 2012. Gender differences in wayfinding in virtual environments with global or local landmarks. Journal of Environmental Psychology, 32(32): 89-96.

Linn M C, Petersen A C. 1985. Emergence and characterization of sex differences in spatial ability: A meta-analysis. Child Development, 56(6): 1479-1498.

Liu B, Ding L F, Meng L Q. 2021. Spatial knowledge acquisition with virtual semantic landmarks in mixed reality-based indoor navigation. Cartography and Geographic Information Science, 48(4): 305-319.
Liu B, Dong W H, Meng L Q. 2017. Using eye tracking to explore the guidance and constancy of visual variables in 3D visualization. ISPRS International Journal of Geo-Information, 6(9): 274-288.
Liu B, Dong W H, Zhan Z K, et al. 2020. Differences in the gaze behaviours of pedestrians navigating between regular and irregular road patterns. ISPRS International Journal of Geo-Information, 9(1): 45-55.
Liu Y, Sui Z W, Kang C G, et al. 2014. Uncovering patterns of inter-urban trip and spatial interaction from social media check-in data. PLoS ONE, 9(1): e86026.
Lloyd R. 1982. A look at images. Annals of the Association of American Geographers, 72(4): 532-548.
Lobben A K. 2004. Tasks, strategies, and cognitive processes associated with navigational map reading: A review perspective. The Professional Geographer, 56(2): 270-281.
Lobben A K. 2007. Navigational map reading: Predicting performance and identifying relative influence of map-related abilities. Annals of the Association of American Geographers, 97(1): 64-85.
Long J, Shelhamer E, Darrell T. 2015. Fully convolutional networks for semantic segmentation.The IEEE Conference on Computer Vision and Pattern Recognition. Boston, United States.
Lowe D G. 1999. Object recognition from local scale-invariant features. The 7th IEEE International Conference on Computer Vision. Corfu, Greece.
Lowe D G. 2004. Sift-the scale invariant feature transform. International Journal, 2: 91-110.
Luchins A S. 1954. The autokinetic effect and gradations of illumination of the visual field. The Journal of General Psychology, 50(1): 29-37.
Lynch K. 1960. The Image of the City. Cambridge: MIT Press.
MacEachren A M. 1995. How Maps Work: Representation, Visualization, and Design. New York: The Guilford Press.
MacEachren A M, Roth R E, O'Brien J, et al. 2012. Visual semiotics & uncertainty visualization: An empirical study. IEEE Transactions on Visualization and Computer Graphics, 18(12): 2496-2505.
Maier D. 1978. The complexity of some problems on subsequences and supersequence. Journal of the ACM, 25 (2): 322-336.
McGuiness D, Sparks J. 1983. Cognitive style and cognitive maps: Sex differences in representations of a familiar terrain. Journal of Mental Imagery, 10(5): 89-103.
McGuinness C, van Wersch A, Stringer P. 1993. User differences in a GIS environment: A protocol study. The 16th International Cartographic Conference. Cologne, Germany.
Merigan W H, Maunsell J H. 1993. How parallel are the primate visual pathways? Annual Review of Neuroscience, 16(1): 369-402.
Michaelidou E, Filippakopoulou V, Nakos B. 2007. Children's choice of visual variables for thematic maps. Journal of Geography, 106(2): 49-60.
Mishkin M, Ungerleider L G. 1982. Contribution of striate inputs to the visuospatial functions of parieto-preoccipital cortex in monkeys. Behavioural Brain Research, 6(1): 57-77.
Moar I, Bower G H. 1983. Inconsistency in spatial knowledge. Memory & Cognition, 11(2): 107-113.
Moeser S D. 1988. Cognitive mapping in a complex building. Environment and Behavior, 20(1): 21-49.
Moghadam P, Starzyk J A. Wijesoma W S. 2012. Fast vanishing-point detection in unstructured environments. IEEE Transactions on Image Processing, 21(1): 425-430.
Mollenbach E, Hansen J P, Lillholm M. 2013. Eye movements in gaze interaction. Journal of Eye Movement Research, 6(2): 88-96.
Montello D R. 1992. The geometry of environmental knowledge. Lecture Notes in Computer Science, 639:

136-152.

Montello D R. 1993. Scale and multiple psychologies of space. European Conference on Spatial Information Theory: A Theoretical Basis for GIS. Elba Island, Italy.

Montello D R. 2002. Cognitive map-design research in the twentieth century: Theoretical and empirical approaches. Cartography and Geographic Information Science, 29(3): 283-304.

Montello D R. 2005. Navigation. Cambridge: Cambridge University Press.

Montello D R. 2018. Handbook of Behavioral and Cognitive Geography. Cheltenham: Edward Elgar Publishing.

Montello D R, Sutton P C. 2012. An Introduction to Scientific Research Methods in Geography and Environmental Studies. New York: SAGE Publications.

Morrison J L. 1974. Changing philosophical-technical aspects of thematic cartography. The American Cartographer, 1(1): 5-14.

Muja M, Lowe D G. 2014. Scalable nearest neighbor algorithms for high dimensional data. IEEE Transactions on Pattern Analysis and Machine Intelligence, 36(11): 2227-2240.

Munasinghe J N. 2004. An Approach to conceptualizing the environmental image of an urban locality for planning. Moratuwa: University of Moratuwa.

Murakoshi S, Kobayashi T. 2003. Cognitive processes of solving a topographic map reading task. Journal of the Japan Cartographers Association, 41(4): 17-26.

Needleman S B, Wunsch C D. 1970. A general method applicable to the search for similarities in the amino acid sequence of two proteins. Journal of Molecular Biology, 48(3): 443-453.

Netzel R, Ohlhausen B, Kurzhals K, et al. 2017. User performance and reading strategies for metro maps: An eye tracking study. Spatial Cognition & Computation, 17(1-2): 39-64.

Newcombe N. 2013. Methods for the study of spatial cognition//Cohen R. The Development of Spatial Cognition. London: Psychology Press: 303-326.

Newcombe N, Huttenlocher J. 1992. Children's early ability to solve perspective-taking problems. Developmental Psychology, 28(4): 635-645.

Norman D A. 2013. The Design Of Everyday Things: Revised and Expanded Edition. Cambridge: MIT Press.

Noton D, Stark L. 1971. Scanpaths in eye movements during pattern perception. Science, 171(3968): 308-311.

Ooms K, Maeyer P D, Fack V, et al. 2012. Investigating the effectiveness of an efficient label placement method using eye movement data. The Cartographic Journal, 49(3): 234-246.

Orquin J L, Ashby N J, Sclarke A D F. 2016. Areas of interest as a signal detection problem in behavioral eye-tracking research. Journal of Behavioral Decision Making, 29(2/3): 103-115.

Osborne J W. 2011. Best practices in using large, complex samples: The importance of using appropriate weights and design effect compensation. Practical Assessment, Research & Evaluation, 16(12): 1-7.

Papoutsaki A, Sangkloy P, Laskey J, et al. 2016. WebGazer: Scalable webcam eye tracking using user interactions. The Twenty-Fifth International Joint Conference on Artificial Intelligence. New York, United States.

Pasupathy A, Popovkina D V, Kim T. 2020. Visual functions of primate area V4. Annual Review of Vision Science, 6: 363-385.

Peebles D, Davies C, Mora R. 2007. Effects of geometry, landmarks and orientation strategies in the 'drop-off' orientation task. International Conference on Spatial Information Theory. Melbourne, Australia.

Peer M, Ron Y, Monsa R, et al. 2019. Processing of different spatial scales in the human brain. Elife Sciences, 8: e47492.

Peng H C, Long F H, Ding C. 2005. Feature selection based on mutual information criteria of max-dependency, max-relevance, and min-redundancy. IEEE Transactions on Pattern Analysis and Machine Intelligence, 27(8): 1226-1238.

Phan K L, Sripada C S, Angstadt M, et al. 2010. Reputation for reciprocity engages the brain reward center. Proceedings of the National Academy of Sciences, 107(29):13099-13104.

Piaget J, Inhelder B, Szeminska A. 1960. The Child's Conception of Geometry. New York: Basic Books.

Pickle L W, Herrmann D J. 1999. Cognitive research for the design of statistical rate maps. Survey Research Methods Section. Alexandria, United States.

Pinti P, Aichelburg C, Lind F, et al. 2015. Using fiberless, wearable fNIRS to monitor brain activity in real-world cognitive tasks. Journal of Visualized Experiments, (106): 33-36.

Popelka S, Doležalová J. 2015. Modern Trends in Cartography. Berlin: Springer International Publishing.

Potash, L. M. 1977. Design of maps and map-related research. Journal of the Human Factors and Ergonomics Society, 19(2): 139-150.

Rasmussen C. 2004. Grouping dominant orientations for ill-structured road following. 2004 IEEE Computer Society Conference on Computer Vision and Pattern Recognition. Washington DC, USA.

Rayner K. 1998. Eye movements in reading and information processing: 20 years of research. Psychological Bulletin, 124(3): 372-422.

Robinson A C, Demšar U, Moore A B, et al. 2017. Geospatial big data and cartography: Research challenges and opportunities for making maps that matter. International Journal of Cartography, 3(sup1): 32-60.

Robinson A H. 1986. The look of maps: An examination of cartographic design. The American Cartographer, 13(3): 280.

Robinson A H, Morrison J L, Muehrcke P C, et al. 1995. Elements of Cartography. 6th Ed. Hoboken: John Wiley & Sons Inc.

Robinson D A. 1968. Eye movement control in primates: The oculomotor system contains specialized subsystems for acquiring and tracking visual targets. Science, 161(3847): 1219-1224.

Robinson D L, Goldberg M E, Stanton G B. 1978. Parietal association cortex in the primate: Sensory mechanisms and behavioral modulations. Journal of Neurophysiology, 41(4): 910-932.

Roca-González C, Martín-Gutiérrez J, García-Dominguez M, et al. 2017. Virtual technologies to develop visual-spatial ability in engineering students. Eurasia Journal of Mathematics, Science and Technology Education, 13(2): 301-317.

Roth R E. 2013. An empirically-derived taxonomy of interaction primitives for interactive cartography and geovisualization. IEEE Transactions on Visualization and Computer Graphics, 19(12): 2356-2365.

Roth R E. 2017. Visual variables//Roth R E. The International Encyclopedia of Geography. New York: John Wiley: 1-11.

Roth R E, Çöltekin A, Delazari L, et al. 2017a. User studies in cartography: Opportunities for empirical research on interactive maps and visualizations. International Journal of Cartography, 3(sup1): 61-89.

Roth R E, Ross K S, MacEachren A M. 2017b. User-centered design for interactive maps: A case study in crime analysis. ISPRS International Journal of Geo-Information, 4(1): 262-301.

Rublee E, Rabaud V, Konolige K, et al.2011. ORB: An efficient alternative to SIFT or SURF. 2011 IEEE International Conference on Computer Vision. Barcelona, Spain.

Self C M, Golledge R G. 1994. Sex-related differences in spatial ability: What every geography educator should know. Journal of Geography, 93(5): 234-243.

Sharma A, Kumar G J, Kolay S. 2021. Fixation data analysis for complex high-resolution satellite images. Geocarto International, 36(6): 698-719.

Shaw S L, Tsou M H, Ye X Y. 2016. Editorial: Human dynamics in the mobile and big data era. International Journal of Geographical Information Science, 30(9): 1687-1693.

Shea D L, Lubinski D, Benbow C P. 2001. Importance of assessing spatial ability in intellectually talented young adolescents: A 20-year longitudinal study. Journal of Educational Psychology, 93(3): 604-614.

Shepard R N, Metzler J. 1971. Mental rotation of three-dimensional objects. Science, 171(3972): 701-703.

Sholl M J. 1987. Cognitive maps as orienting schemata. Journal of Experimental Psychology Learning Memory and Cognition, 13(4): 615-628.

Shomstein S, Malcolm G L, Nah J C. 2019. Intrusive effects of task-irrelevant information on visual selective attention: Semantics and size. Current Opinion in Psychology, 29: 153-159.

Silverman B W. 1988. Density estimation for statistics and data analysis. Journal of the Royal Statistical Society , 37(1): 120-121.

Slocum T A, McMaster R M, Kessler F C, et al. 2008. Thematic Cartography and Geographic Visualization. Upper Saddle River: Prentice Hall.

Song C M, Koren T, Wang P, et al. 2010. Modelling the scaling properties of human mobility. Nature Physics, 6(10): 818-823.

Steil J, Bulling A.2015. Discovery of everyday human activities from long-term visual behaviour using topic models. 2015 ACM International Joint Conference on Pervasive and Ubiquitous Computing. Osaka, Japan.

Steinke T R. 1975. The optical thematic map reading procedure: Some clues provided by eye movement recordings. International Symposium on Computer-Assisted Cartography (Auto Carto II). Reston, United States.

Stieff M, Uttal D. 2013. How much can spatial training improve STEM achievement? Educational Psychology Review, 27(4): 607-615.

Tolman E C. 1948. Cognitive maps in rats and men. Psychological Review, 55(4): 189-208.

Tsou M H. 2011. Revisiting web cartography in the United States: The rise of user-centered design. Cartography and Geographic Information Science, 38(3): 250-257.

Tu Huynh N, Doherty S T. 2007. Digital sketch-map drawing as an instrument to collect data about spatial cognition. Cartographica: The International Journal for Geographic Information and Geovisualization, 42(4): 285-296.

Tversky B. 1993. Cognitive maps, cognitive collages, and spatial mental models. European Conference on Spatial Information Theory: A Theoretical Basis for GIS. Marciana Marina, Elba Island, Italy.

Ungar S, Blades M, Spencer C. 1997. Strategies for knowledge acquisition from cartographic maps by blind and visually impaired adults. The Cartographic Journal, 34(2): 93-110.

Ungerleider L G, Mishkin M, Ungerleider R M. 1982. Analysis of Visual Behavior. Cambridge: MIT Press.

van Elzakker C P. 2004. The use of maps in the exploration of geographic data. Utrecht: Utrecht University.

van Someren M W, Barnard Y F, Sandberg J A C. 1994. The Think Aloud Method: A Practical Approach to Modelling Cognitive. London: Academic Press.

Viaene P, Vansteenkiste P, Lenoir M, et al. 2016. Examining the validity of the total dwell time of eye fixations to identify landmarks in a building. Journal of Eye Movement Research, 9(3): 1-11.

Wakabayashi Y. 1994. Spatial analysis of cognitive maps. Geographical Reports of Tokyo Metropolitan University, (29): 57-102.

Wang C, Chen Y, Zheng S, et al. 2019. Gender and age differences in using indoor maps for wayfinding in real environments. ISPRS International Journal of Geo-Information, 8(1): 11.

Ward J A, Pinti P. 2019. Wearables and the brain. IEEE Pervasive Computing, 18(1): 94-100.

Wiener J M, Hölscher C, Büchner S, et al. 2012. Gaze behaviour during space perception and spatial decision making. Psychological Research, 76(6): 713-729.

Williams C, Smith A D. 1983. Spatial analysis of cognitive maps. Progress in Human Geography, 7(4): 502-518.

Williams L G. 1971. The role of the user in the map communication process: Obtaining information from displays with discrete elements. Cartographica: The International Journal for Geographic Information and Geovisualization, 8(2): 29-34.

Wolfe J M, Butcher S J, Lee C, et al. 2003. Changing your mind: On the contributions of top-down and bottom-up guidance in visual search for feature singletons. Journal of Experimental Psychology: Human Perception and Performance, 29(2): 483-502.

Wolfe J M, Horowitz T S. 2004. What attributes guide the deployment of visual attention and how do they do it? Nature Reviews Neuroscience, 5(6): 495-501.

Workman J E, Caldwell L F. 2007. Effects of training in apparel design and product development on spatial visualization skills. Clothing and Textiles Research Journal, 25(1): 42-57.

Wraga M, Creem S H, Proffitt D R. 2000. Updating displays after imagined object and viewer rotations. Journal of Experimental Psychology: Learning, Memory, and Cognition, 26(1): 151-168.

Wright J K. 1977. Map makers are human comments on the subjective in maps. Cartographica: The International Journal for Geographic Information and Geovisualization, 14(1): 8-25.

Yang Y, Jenny B, Dwyer T, et al. 2018. Maps and globes in virtual reality. Computer Graphics Forum, 37(3): 427-438.

Yarbus A L, 1967. Eye Movements and Vision. New York: Springer.

Yuan M. 2018. Human dynamics in space and time: A brief history and a view forward. Transactions in GIS, 22(4): 900-912.

Zelinsky G J, Neider M B. 2008. An eye movement analysis of multiple object tracking in a realistic environment. Visual Cognition, 16(5): 553-566.

Zhang F, Zhou B L, Liu L, et al. 2018c. Measuring human perceptions of a large-scale urban region using machine learning. Landscape and Urban Planning, 180: 148-160.

Zhang L Y, Tong M H, Marks T K, et al. 2018a. SUN: A bayesian framework for saliency using natural statistics. Journal of Vision, 8(7): 32.

Zhang X B, Yuan S M, Chen M D, et al. 2018b. A complete system for analysis of video lecture based on eye tracking. IEEE Access, 6(1): 49056-49066.

Zheng Y, Capra L, Wolfson O, et al. 2014. Urban computing: concepts, methodologies, and applications. ACM Transactions on Intelligent Systems and Technology , 5(3): 1-55.

Zhong S H, Liu Y, Ren F, et al.2013. Video saliency detection via dynamic consistent spatio-temporal attention modelling.Twenty-seventh AAAI Conference on Artificial Intelligence. Bellevue, USA.

Zhou Y X , Cheng X Y, Zhu L, et al. 2020. How does gender affect indoor wayfinding under time pressure? Cartography and Geographic Information Science, 47(4): 367-380.

索　引

Q

R

S

T

W

X

Y

Z